グリーンバイオケミストリーの最前線
The Frontier of Green Bio Industrial Chemistry

《普及版／Popular Edition》

監修 瀬戸山　亨，穴澤秀治

シーエムシー出版

はじめに

　この本を手に取られた若い人で，人絹／スフ／レーヨンという言葉をご存知の方はどれほどおられるだろうか？　現在，ほとんど死語になっているこの植物由来の人工繊維は第二次大戦後，隆盛を極めた時期もあったが，品質／生産性等に本質的な弱点があり，ナイロン，ポリエステルに力負けし市場から退場した。その後，植物由来の化学品は生分解性が大きくとりあげられ，さらに近年はカーボンニュートラルな材料＝地球温暖化抑制策として有効なCO_2を素材に変えた再生可能資源として脚光を浴びている。

　しかしながら，期待とは裏腹に大きな市場を獲得したものは数が少ない，あるいはほとんどない。現在市場に存在しているものは，市場要求に起因する淘汰を経験した素材である。筆者の見るところ，バイオマス由来の化学品が市場において地位を獲得する要件は，

① 再生可能資源であり結果的にCO_2排出量が少ないこと
② バイオマス固有の炭化水素骨格を活用した構造（化石資源からは作りづらい構造）であること

の二つに絞られてきているように思われる。

　地球温暖化対策としては①の方向性が重視されるべきであろうが，そこに到達するまでに，過渡的に②の方向性をとるということも正当化され，この過程においてプロセス技術としての完成度が高まっていくということであれば，中長期的視点から，これは肯定しても良いのではないかと考えている。

　一方，①は規模を追求するものであるのに対し，②は機能性の発現という本質的には少量対応技術であることの区別が曖昧となり，両者が混同され誤解されているケースもある。

　本書で取り上げられている化学品の多くは，製品としての立場を比較的明確化できているため，商品としての価値を形成できている。本書の実例を通じて，私たちは何を作れば良いか，作るものにどれほどの価値があるかを考える一助になることを期待する。

2010年2月

㈱三菱化学科学技術研究センター

瀬戸山　亨

普及版の刊行にあたって

　本書は 2010 年に『グリーンバイオケミストリーの最前線』として刊行されました。普及版の刊行にあたり，内容は当時のままであり加筆・訂正などの手は加えておりませんので，ご了承ください。

　2016 年 6 月

シーエムシー出版　編集部

執筆者一覧（執筆順）

瀬戸山　亨	㈱三菱化学科学技術研究センター　合成技術研究所　所長	
穴澤　秀治	㈶バイオインダストリー協会　事業企画部　部長	
荻野　千秋	神戸大学　大学院工学研究科　応用化学専攻　准教授	
蓮沼　誠久	神戸大学　自然科学系先端融合研究環重点研究部　講師	
近藤　昭彦	神戸大学　大学院工学研究科　応用化学専攻　教授	
浦野　直人	東京海洋大学　海洋科学部　海洋環境学科　教授	
古川　彰	東京海洋大学　大学院海洋環境保全学専攻	
高津　淑人	同志社大学　微粒子科学技術研究センター　特任准教授	
福島　和彦	名古屋大学　大学院生命農学研究科　生物圏資源学専攻　教授	
三原　康博	味の素㈱　アミノ酸カンパニー・発酵技術研究所　主任研究員	
山下　洋	㈱林原生物化学研究所　開発センター　化粧品開発室　アシスタントディレクター	
野畑　靖浩	伯東㈱　四日市研究所　研究所長	
田畑　和彦	協和発酵バイオ㈱　バイオプロセス開発センター　主任研究員	
角田　元男	サントリーウエルネス㈱　生産部　課長	
丸山　明彦	協和発酵バイオ㈱　バイオプロセス開発センター　主任研究員	
高久　洋暁	新潟薬科大学　応用生命科学部　応用生命科学科　准教授	
宮﨑　達雄	新潟薬科大学　応用生命科学部　食品科学科　助教	
脇坂　直樹	新潟薬科大学　応用生命科学部　応用生命科学科　応用微生物・遺伝子工学研究室　研究員	
鯵坂　勝美	新潟薬科大学　応用生命科学部　食品科学科　教授	
髙木　正道	新潟薬科大学　応用生命科学部　応用生命科学科　名誉教授	
石塚　昌宏	コスモ石油㈱　海外事業部　ALA事業センター　担当センター長	
生嶋　茂仁	キリンホールディングス㈱　技術戦略部　フロンティア技術研究所　研究員	
植田　正	三菱化学㈱　ポリマー本部　ポリエステル・ナイロン事業部	
賀来　群雄	デュポン㈱　先端技術研究所　所長	
内山　昭彦	帝人㈱　新事業開発グループ　HBM推進班　開発担当課長	
向山　正治	㈱日本触媒　基盤技術研究所　主任研究員	
高橋　典	㈱日本触媒　研究開発本部　研究企画部　主任部員	
土山　武彦	BASFジャパン㈱　ポリマー本部	
井上　雅文	東京大学　アジア生物資源環境研究センター　准教授	
室井　髙城	アイシーラボ　代表；早稲田大学　客員研究員；BASFジャパン㈱　顧問	
松山　彰収	ダイセル化学工業㈱　研究統括部　技術企画グループ　主席部員	
シーエムシー出版編集部		

目次

【第Ⅰ編 概論】

第1章 化学工業からみたバイオマスの利用　　瀬戸山 亨

1 バイオマス化学品の CO_2-LCA について ……………… 4
2 バイオマスの生産性について ……… 8
3 バイオマス由来化学品の製造コストについて ……………………………………… 9
4 機能化学品としてのバイオマス由来化学品 ……………………………………………11

第2章 日本伝統の発酵工業からバイオ化学工業へ　　穴澤秀治 …………12

【第Ⅱ編 原料】

第1章 セルロース・デンプン　　荻野千秋, 蓮沼誠久, 近藤昭彦

1 はじめに ……………………………23
2 デンプン ……………………………23
3 セルロース …………………………26
4 おわりに ……………………………27

第2章 海洋性バイオマス　　浦野直人, 古川 彰

1 はじめに ……………………………29
2 バイオマスのエネルギー利用現状とその問題点 ……………………………30
3 海洋性バイオマスの有効利用 ………32
4 海洋性バイオマス中の多糖類とその糖化 ……………………………………34
5 海洋性バイオマスを原料とするエタノール生産 …………………………37

I

第3章　油脂　　高津淑人

1　はじめに …………………………41
2　油脂の特徴 ………………………41
3　油脂からの化学品合成 …………43
4　油脂化学品製造の研究開発 ……45
5　脂肪酸メチルエステルを合成する固体塩基触媒反応法 …………………47

第4章　リグニン　　福島和彦

1　はじめに …………………………51
2　木質バイオマス（リグノセルロース）の優位性 …………………………51
3　国産未利用木質バイオマス ……52
4　バイオマスに占めるリグニンの位置づけ …………………………………53
5　リグニンの特徴 …………………54
5.1　極めて複雑な構造（多様なモノマー単位間結合）…………………………54
5.2　リグニンの難分解性 ……………56
5.3　リグニン分析するにも限界 ……59
5.4　生合成機構を利用したリグニン構造制御 ……………………………59
6　おわりに …………………………60

【第Ⅲ編　ファインケミカル】

第1章　核酸　　三原康博

1　はじめに …………………………65
2　新規ヌクレオシドリン酸化酵素の探索 …………………………………65
3　ランダム変異法による酸性ホスファターゼの機能改変 ………………67
4　合理的改変による酸性ホスファターゼの機能向上 ……………………69
5　ヌクレオシド発酵菌の開発 ……70
6　反応・精製プロセスの開発 ……70
7　おわりに …………………………71

第2章　トレハロースの酵素的大量生産と応用　　山下　洋

1　はじめに …………………………73
2　デンプンを原料とした酵素法による糖の製造 ……………………………73
2.1　酵素法の特徴 ……………………73
2.2　なぜデンプンなのか？ …………74
2.3　デンプンを原料として製造される

糖類 …………………………74	3.2　デンプンからのトレハロース生成
2.3.1　デンプンのみを原料とする場	系 ……………………………75
合：単糖またはオリゴ糖 ………74	4　トレハロースの応用 ……………………77
2.3.2　他の原料と組み合わせた場合：	4.1　食品への応用 ………………………77
配糖体 ……………………………75	4.2　香粧品への応用 ……………………79
3　トレハロースの製造 ……………………75	4.3　医薬品への応用 ……………………80
3.1　トレハロースとは …………………75	5　おわりに …………………………………81

第3章　アルカリゲネス産生多糖体「アルカシーラン」　　野畑靖浩

1　アルカシーランの構造 …………………83	響 ……………………………………86
2　乳化性 ……………………………………83	3　アルカシーランの単粒子による三相乳
2.1　三相乳化法 …………………………83	化法を利用した化粧品 ………………87
2.2　アルカシーラン分散液の溶存状態 …84	3.1　日焼け止め化粧品 …………………87
2.3　アルカシーランの乳化 ……………85	3.2　クレンジングミルク ………………88
2.4　炭化水素剤における炭素鎖長の影	4　まとめ ……………………………………89

第4章　新規ジペプチド合成酵素のクローニングとジペプチド生産
　　　　　　　　　　　　　　　　　　　　　　　　　　　　田畑和彦

1　ジペプチドとその従来の製法 …………91	ペプチド生産プロセスの概要 ………95
2　新規ジペプチド合成酵素のスクリーニ	4.1　休止菌体反応法 ……………………95
ング戦略 …………………………………92	4.2　発酵法 ………………………………96
3　新規ジペプチド合成酵素L-アミノ酸α-	5　アラニルグルタミン（AlaGln）および
リガーゼの発見 …………………………93	アラニルチロシン（AlaTyr）の生産 ……96
4　L-アミノ酸α-リガーゼを用いた新規ジ	

第5章　アラキドン酸　　角田元男

1　はじめに …………………………………99	3　アラキドン酸の醗酵生産 ……………101
2　アラキドン酸（ARA）とは ……………99	4　アラキドン酸の有用性 ………………103

4.1	粉ミルクへのアラキドン酸とDHA添加の重要性 ……………… 103	5	アラキドン酸の構造変換による新たな脂質の創生 ………………………… 105
4.2	有用性に関する研究 …………… 104	6	おわりに ……………………………… 106

第6章　CDPコリン　　丸山明彦

1	はじめに ………………………… 108	5	CTPの生産 …………………………… 110
2	生産法の歴史 …………………… 108	6	CDPコリンの生産 …………………… 111
3	オロト酸からの新規生産法の開発 …… 109	7	工業的プロセスの構築 ……………… 111
4	UMPの生産 ……………………… 110	8	おわりに ……………………………… 112

第7章　工業的スケールでの製造を目指した2-deoxy-*scyllo*-inososeの微生物生産・精製法の開発

高久洋暁，宮﨑達雄，脇坂直樹，鯵坂勝美，髙木正道

1	はじめに ………………………… 114		の開発 ………………………………… 118
2	組換え大腸菌におけるDOI生産システムの開発 ………………………… 115	4	DOIを鍵原料とした物質変換技術 …… 121
3	大腸菌培養液からの簡便なDOI精製法	5	おわりに ……………………………… 122

第8章　5-アミノレブリン酸　　石塚昌宏

1	はじめに ………………………… 124	3	ALA配合液体肥料の開発 …………… 129
2	ALAの製造方法 ………………… 125	4	ALAの広がる応用分野 ……………… 131

【第Ⅳ編　機能材料】

第1章　遺伝子組換え酵母を利用した乳酸生産　　生嶋茂仁

1	はじめに ………………………… 135	2.1	酵母の諸性質と乳酸高生産株構築のための基本原理 ……………… 136
2	酵母による乳酸生産 …………… 136		

2.2 *Saccharomyces cerevisiae* の育種 ………………………………… 138	2.5 *Pichia stipitis* の育種 …………… 140
2.3 *Kluyveromyces lactis* の育種 …… 139	2.6 今後の課題 …………………………… 140
2.4 *Candida utilis* の育種 …………… 139	3 おわりに ……………………………………… 141

第2章 環境持続型コハク酸樹脂「GS Pla®の開発」　植田　正

1 はじめに …………………………………… 143	4 生分解性 …………………………………… 147
2 特徴 ………………………………………… 144	5 植物資源化に向けて ……………………… 148
3 用途展開 …………………………………… 145	

第3章 バイオ由来1,3-プロパンジオール（Bio-PDO™）と Bio-PDO™ 出発原料のポリトリメチレンテレフタレート　賀来群雄

1 世界のメガトレンド …………………… 150	4.2 Bio-PDO™ のホモ重合体 ……… 156
2 デュポンのコミットメント ……………… 150	4.3 テレフタル酸との共重合体 …… 156
3 バイオ 1,3-プロパンジオール（Bio-PDO™）の開発と商業化 ……… 151	5 環境負荷の軽減 …………………………… 159
3.1 Bio-PDO™ の製造 ……………… 152	5.1 Bio-PDO™ の環境削減 ………… 159
3.2 Bio-PDO™ の基本物性 ………… 153	5.2 デュポン Sorona® ポリマーの環境軽減 …………………………… 160
4 Bio-PDO™ の用途展開 ………………… 155	6 まとめ ……………………………………… 161
4.1 Bio-PDO™ の直接用途 ………… 155	

第4章 ステレオコンプレックスポリ乳酸　内山昭彦

1 はじめに …………………………………… 163	4.2 結晶構造 …………………………… 165
2 開発経緯 …………………………………… 163	4.3 結晶安定化技術 …………………… 166
3 開発概況 …………………………………… 164	4.4 特徴 ………………………………… 166
4 ステレオコンプレックスポリ乳酸とは ………………………………………… 164	5 用途開発 …………………………………… 168
4.1 位置づけ …………………………… 164	5.1 繊維 ………………………………… 169
	5.2 フィルム …………………………… 170

| 5.3 樹脂 …………………………… 171 | 6 今後の課題 ……………………… 172 |

第5章 酸化還元バランス発酵による3-ヒドロキシプロピオン酸, 1,3-プロパンジオールの併産方法の開発　　向山正治

1 はじめに ………………………… 174	素遺伝子の取得と大腸菌での発現 …… 178
2 嫌気性菌によるグリセリン利用システム —*Klebsiella pneumoniae*, *Lactobacillus reuteri* の pdu オペロン ………… 175	5 *L. reuteri* JCM1112 株の培養解析と遺伝子強化 ……………………… 179
3 1,3-プロパンジオールと3-ヒドロキシプロピオン酸 ……………………… 175	6 *L. reuteri* JCM1112 株での1,3-PD と3-HPAc 併産培養 ……………… 180
4 1,3-PD と 3-HPAc 併産発酵に必要な酵	7 今後の方向 ……………………… 181
	8 おわりに ………………………… 182

第6章 バイオマスアクリル酸製造技術　　高橋 典

| 1 アクリル酸の市場と用途 …………… 183 | 3 石油資源から再生可能資源へ ……… 183 |
| 2 石油由来のアクリル酸製法 ………… 183 | 4 バイオマスアクリル酸製造技術 …… 184 |

第7章 環境対応型エピクロルヒドリン—ソルベイ社のエピセロール—　　シーエムシー出版編集部

1 はじめに ………………………… 190	の製造方法 ………………………… 190
2 エピクロルヒドリンの市場動向 ……… 190	4 バイオマスプロセスの動向 ………… 191
3 バイオマスからのエピクロルヒドリン	

第8章 グリーンプラスチック『エコフレックス』と『エコバイオ』　　土山武彦

| 1 はじめに ………………………… 193 | 3 加工適性およびブレンド適性 ……… 195 |
| 2 『エコフレックス』,『エコバイオ』の特徴 …………………………………… 193 | 4 『エコフレックス』,『エコバイオ』での環境対応 ………………………… 196 |

| 5 | 各種用途例 …………………………… 196 | 7 | 今後の展開 …………………………… 199 |
| 6 | 生分解性および衛生性 ……………… 199 | | |

【第Ⅴ編　展望】

第1章　持続可能なバイオマス利用　　井上雅文

1	はじめに ……………………………… 203		……………………………………………… 205
2	バイオマス政策 ……………………… 203	4.1	バイオ燃料の持続可能性に関する
2.1	気候安全保障 …………………… 204		検討 ……………………………… 205
2.2	資源，エネルギー安全保障 ……… 204	4.2	GHG排出削減効果 ……………… 207
2.3	食料安全保障 …………………… 204	4.3	土地利用変化に伴うGHG排出 … 209
3	バイオマス資源の有効利用 ………… 204	4.4	その他の影響 …………………… 210
3.1	生態系サービス ………………… 204	5	バイオケミストリー分野における持続
3.2	カスケード利用 ………………… 205		可能性の検討 ………………………… 210
4	バイオマス利用の環境，経済，社会影響	6	おわりに ……………………………… 210

第2章　世界のグリーンバイオケミストリー技術動向　　室井髙城

1	プロピレングリコール ……………… 213	1.3.2	ソルビトールの水素化分解 … 216
1.1	グリセロールからのプロピレン	2	アクリル酸 …………………………… 216
	グリコール製造 ………………… 213	2.1	グリセロールの脱水によるアクロ
1.1.1	グリセロール …………… 213		レインの製造 …………………… 216
1.1.2	グリセロールの脱水水素化 … 214	2.1.1	ヘテロポリ酸 …………… 217
1.2	乳酸からのプロピレングリコール	2.1.2	ゼオライト ……………… 217
	製造 ……………………………… 215	2.1.3	WO_3/ZrO_2 ……………… 217
1.2.1	乳酸 ……………………… 215	2.1.4	$H_3PO_4/\alpha-Al_2O_3$ ……… 218
1.2.2	乳酸の水素化脱水 ……… 215	2.2	バイオ原料 ……………………… 218
1.3	ソルビトールからのプロピレン	3	1,3-プロパンジオール ……………… 219
	グリコール製造 ………………… 215	3.1	アクロレインの水和 …………… 219
1.3.1	ソルビトール …………… 215	3.2	デンプン発酵法 ………………… 220

3.3　グリセロールから1,3-プロパンジオール ………………………… 221
　　3.3.1　グリセロールの水素化分解 … 221
　　3.3.2　菌体による3-ヒドロキシプロピオンアルデヒドの合成 …… 221
　　3.3.3　グリセロールからの連続合成 …………………………………… 222
　3.4　アクリル酸からの合成 ………… 222

第3章　バイオマス活用の為の課題と展望　　瀬戸山　亨

1　バイオマス活用の為の日本の課題 …… 224
2　バイオマス化学品製造の技術展望 …… 226
　2.1　セルロース，ヘミセルロースの糖化，エタノール製造 …………… 227
　2.2　バイオエタノール誘導品 ………… 229
　　2.2.1　エチレン及びその誘導品 …… 229
　　2.2.2　プロピレン及びその誘導品 … 229
　　2.2.3　C4オレフィン類及びその誘導品 ………………………………… 229
　2.3　リグニンの利用：芳香族類製造の可能性 ………………………… 230
　2.4　それ以外のバイオマス資源の活用方法 …………………………… 230
　　2.4.1　バイオマスのガス化によるCO/H₂の製造，及びメタノール合成，MTO（Methanol to olefin）反応によるオレフィン合成 … 230
　　2.4.2　糖類の発酵法による乳酸，コハク酸の製造 ………………… 231
　　2.4.3　グリセリンからのアクリル酸合成 ……………………………… 231
3　おわりに ……………………………… 231

第4章　グリーンバイオケミストリーにおける生体触媒の展望　　松山彰収

1　はじめに ……………………………… 233
2　バイオマスの利用 …………………… 234
3　生体触媒反応の種類 ………………… 235
4　新しい反応場 ………………………… 236
5　おわりに ……………………………… 239

第5章　グリーンバイオケミストリーの企業動向　　シーエムシー出版編集部

……………………………………………………………………………………… 241

第Ⅰ編
概　論

第1章　化学工業からみたバイオマスの利用

瀬戸山　亨*

　近年，バイオマスを原料としたいわゆるバイオ Diesel，バイオエタノールが再生可能資源を利用した環境負荷の小さいエネルギー源として国の内外で脚光を浴び始めている[1]。またポリ乳酸，ポリコハク酸エステル等の幾つかの化品品が開発，上場され始めてきている[2]。本稿では主にバイオマスを原料とした化学品について言及することになるが，これは大きく二つに分類できる。すなわち，

① 再生可能資源であるというバイオマスの特徴を生かして，特に CO_2 排出削減に寄与するものであり，石油化学製品の代替となりうるもの

② 糖類に代表されるバイオマス資源の構造を生かして，植物が原料であることに優位点が存在するもの，得られた化学品が優れた物性・特性を持つもの

である。

　①は20世紀の人類社会を支えた石油を中心とする化石資源がその大量消費のツケとして排出された二酸化炭素によるいわゆる"地球温暖化"の問題，化石資源の枯渇，および原油価格の高騰といった地球環境の変化，経済環境の変化の解決手段として，光合成による二酸化炭素の固定体であるバイオマスであればそれを原料として化学品に変換しても，二酸化炭素の循環という意味では中立である，すなわち carbon neutral であるという考え方に基づいている。この場合，CO_2 排出削減という意味では，その生産量が石油化学品のそれと匹敵する可能性があるものに限定すべきであり，現状対象とすべきはバイオエタノール（かなりひいき目にみてバイオ Diesel）からの誘導品のみであろう。しかしながら一部新聞発表はあるもののバイオエタノールからの化学品の大規模生産は実用化されていない。

　また，②はセルロース，ヘミセルロース等から誘導される5単糖や6単糖，パーム油，ひまわり油等の植物油に含まれる長鎖脂肪酸，グリセリン等の特異な構造から誘導しやすい化学品である。この場合，特に①での必須条件である CO_2 排出削減の観点は強調すべきではなく，むしろ植物由来の機能化学品と捉えるべきであろう。ポリ乳酸，コハク酸ポリエステル，1,3-プロパンジオールから誘導されるポリエステル，ポリエーテル等は現状においては機能性化学品という

---

*　Tohru Setoyama　㈱三菱化学科学技術研究センター　合成技術研究所　所長

範疇で考えるべき生産量にすぎず，将来これらが石油化学品のかなりの部分を代替した際に"環境負荷の小さい"と表現することは良いとして，現時点において"環境にやさしい"と表現することは，必ずしも適切な表現ではない。ECOブームの中で，本質的に寄与の殆どないEGO（エゴ）商品，ECE（エセ）商品で消費者心理を煽ることは，本来進むべき再生可能資源を用いた社会実現の為には悪影響を及ぼしかねず慎むべきであろう。ECOであることの定量的な議論が必要である。

確かにバイオマスの根源は二酸化炭素であり，一見上記の"環境にやさしい"という主張は正しいようにも見える。しかしながらこの主張が正当であるためには，少なくとも以下の条件をきちんと満たす必要がある。すなわち，

① 植物の成長過程，移送過程，エネルギー・化学品変換過程全体を通じて，少なくとも化石資源を利用したエネルギー・化学品に比較して大幅にCO_2排出量が少ないこと
② エネルギー・化学品の代替を標榜するのであれば，それが大量生産可能なエネルギー媒体であること，既存のバルク化学品の代替が図れること
③ 今後とも存続し，市場での大きなシェアを取らざるを得ない化石資源由来のエネルギー・化学品と同等程度の製造コストでの製造が可能であること

この3条件である。エネルギー，化学品はともに人間社会を支える大量消費材であり，これの一部を代替するという立場であれば，その流通量は当然莫大なものとなるべきであり，同時に化石資源由来のものと競合できるだけの価格で市場に流通できるものでなければならない。まず，これらについて具体的に考察してみる。

1 バイオマス化学品のCO_2-LCAについて

石油化学品の主たる原料であるナフサはH/C＝2に近い組成であり，これを元に多くの化学品は製造されている。また今後，化石資源の中ではよりCO_2排出量を抑えることのできるメタン（CH_4）を主成分とする天然ガスの利用も盛んになってきている[3]。この場合はH/C＝4に近い。これに対して，バイオマスはCH_2OすなわちH/C＝2に近い構成になっているが，これを化学品に変換する場合，CH_2Oに含まれるOを脱水反応によって除外すると現在の化学品製造ルートの枠外に行ってしまう，基本的には発酵法によるエタノール合成のように構造の一部を使い捨てて（エネルギーとして），化学品の体系にのせるしかない。これは化石資源からの変換法とは本質的に違うものである（図1）。

化石資源のうち，石油由来のナフサ，またはエタン（天然ガス中に5％程度含まれており，近年中東での石油化学コンビナートの主力原料である）をクラッカーで分解してエチレン及びプロ

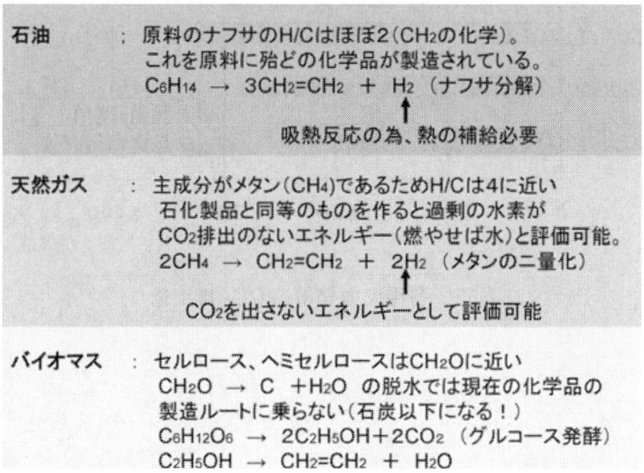

第1章 化学工業からみたバイオマスの利用

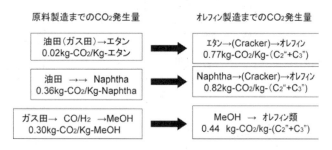

図1 3種類の炭素資源からエチレン（化学原料）を製造する概念図

図2 オレフィン製造法の CO_2 発生量比較

ピレンを製造する場合，及び天然ガス（主にメタン）から改質反応によって合成ガス（CO/H_2）を得，これから一旦メタノールを合成し，このメタノールからエチレン，プロピレンを合成した場合（Methanol to olefin：通称 MTO 反応）のそれぞれについて，これらの油田，ガス田からの取り出し，輸送，貯蔵，変換反応に必要なエネルギーを換算し，それを石油火力発電に置き換えた場合の CO_2 排出量の比較を図2に示す。

いわゆるクラッカーによる分解は完成した技術であり，表に示された数字はほぼ世界共通である。エネルギー換算する場合に，エネルギー源として石油を採用するか，天然ガスを採用するか，あるいは石炭を使用するかで実際の CO_2 排出量は違った値をとる（図3）。

今後，より排出量の少ない天然ガスを利用した値が国際的な化石資源を使用した場合の標準値となっていくであろう。また輸送，貯蔵に大きなエネルギーを必要とするが，油田，ガス田の現地生産であれば圧倒的に CO_2 排出量の少ないエタンクラッカー，天然ガスからのオレフィン誘導が地球規模での環境負荷という立場からは好ましい。バイオマスからの化学品はこれらと競合

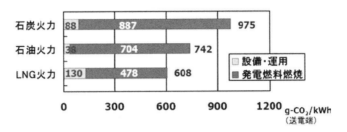

図3 各種火力発電のCO_2排出量

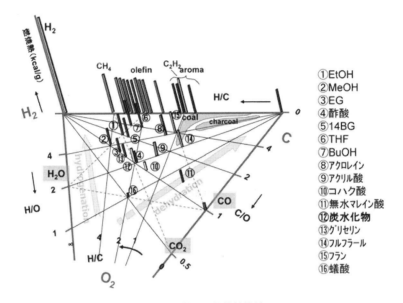

図4 化学品の燃焼熱比較

し，CO_2-LCA という観点でより好ましいという正当性を数字化して主張できなければならない。

　化石資源由来の化学品の場合，これら粗原料製造までのCO_2排出量に加え，例えばプロピレンからアクリル酸，更にアクリル酸からポリアクリル酸を製造する場合の製造工程での必要なエネルギー換算値に相当するCO_2排出量，及び最終製品を燃焼した場合に発生するCO_2排出量の合計値が，化学品あたりのCO_2排出量となる。バイオマス由来の化学品の場合，この最終製品を燃焼した場合に発生するCO_2排出量をゼロとみなすということであり，その輸送・貯蔵・製造に必要なエネルギーは化石資源の場合と全く同様にカウントされねばならない（バイオマス生産に必要な肥料の製造に必要であったエネルギーも当然考慮すべきである）。

　今日の風潮として，バイオマスからの化学品を引き合いに出す場合，原料がCO_2であるということが強調されるあまり，実際の生産に必要なエネルギーというものがきちんと議論されていないケースが多い。図4は化合物の単位重量（1g）あたりの燃焼エネルギーを比較したもので

第 1 章　化学工業からみたバイオマスの利用

ある。図の上端に位置するものは，メタン，オレフィン，石炭等の化石資源であり，これらから誘導される化学製品は全て，より低い燃焼エネルギーを保有する。これは高エネルギー準位から低エネルギー準位への変移であり，熱力学的にも有利な反応であり，またエネルギーの差は熱エネルギーとして回収しやすい。石油化学産業ではこうしたエネルギー回収の高度利用がほぼ完成している。

これに対して，バイオマス由来の化学品の場合，そのエネルギー準位が多くの化学品と同等程度である。化学品への転換をある遷移状態，あるいは中間体を経由して進行するという純粋に化学反応的な視点からみれば，バイオマスからの転換には外部からエネルギーを加えることが必要になる。あるいは，この投入エネルギーを最小化できるという視点で，発酵等の生化学的手法がとられる。バイオマスからの既存化学品を誘導する場合，その殆どにおいて炭素－炭素の再結合（＝組み換え）を伴うことになり，それに必要な投入エネルギーをきちんと数字化しないと化石資源由来の化学品に比較して本当に CO_2-LCA 的に好ましいのかそうでないのか比較にすらならない。現在，普及努力が続けられている乳酸，コハク酸等はバイオマスを構成する糖類の骨格構造を維持した形態での転換反応が利用されているのでこうしたエネルギー準位的な要求は比較的満たしていると思われるが，今後，バイオマスエネルギーとして普及・拡大していくと考えられるエタノール，あるいはバイオ Diesel の副生物であるグリセリン等については，エネルギー準位的な考慮と変換のための手法に必要な投入エネルギーが十分なされなければならない。

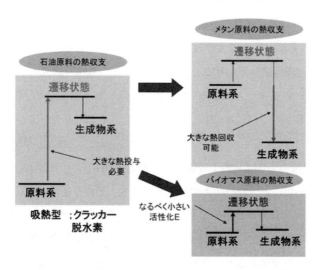

図 5　各種原料の化学品転換のエネルギー準位的概念図

2 バイオマスの生産性について

　さて再生可能資源としてのバイオマスが実質的に温暖化抑制策として有効である為には，その使用量が十分に大きく，化石資源をある程度代替できるほど生産できるということが前提となる。現在，代替エネルギーとして米国，ブラジルで大量に生産されているバイオエタノールを例にとる。2007年度に米国で製造されたバイオエタノールは2000万KLに達する。主にトウモロコシを原料とする発酵法によって得られているが，食料として利用されるものがこの3倍程度あり，バイオエタノール換算すると8000万KL/年が米国の生産能力であり，これに必要な作付け面積は37万km^2（日本の総面積に匹敵する）であった[4]。日本の場合，石油換算で約4億トン/年の化石資源を輸入している。前述の2000万KL（＝1500万トン）は日本を場合にとってですら，エネルギー量とみれば輸入化石資源の5％にも届かない。

　化学品という視点でみても，日本のエチレン生産量（600万トン/年程度だが減少傾向にある）の2割をバイオエタノールでまかなうとすると約200万トンのエタノールが必要となる。トウモロコシに限らず，米，サトウキビのような可食バイオマスを使うことがどれほど非現実的かよくわかる。実際これに加えて社会的にも問題が多く，原油価格高騰時に，バイオエタノールへの投機から連鎖的に穀物価格が高騰したことは記憶に新しい。

　このことは本質的にバイオマスの生産性の低さに起因している。わかりやすい例として各種のエネルギー発生媒体のエネルギー効率を比較する。化石資源を用いた発電の場合，投入されたエネルギー（前述の燃焼エネルギーに相当する）に対する利用可能なエネルギー量，いわゆるエネルギー変換効率は35〜55％/日程度の効率が定常的に保たれている[5]。これに対し，一般的な太陽電池（多結晶Siの場合）では12％の効率が得られたとしても日照時間を考慮すると平均として4％/日以下の平均変換効率ということになる[6]。すなわち化石資源エネルギーよりも一桁低い効率である。さらにバイオマスの場合，光合成のエネルギー変換効率が仮に100％であると仮定して，その生育に数ヶ月（仮に3ヶ月とする）を要し，更にセルロースからのエタノールへの変換効率が50％（グルコース→エタノールは50％）であったとしても，0.5％/日以下となり，太陽電池のさらに1/10以下の生産性しかないのである（図6）。

　すなわち現状においては非可食バイオマスであっても，その生産性は化石資源のそれに比べて圧倒的に低い。化石資源は地球が長い年月をかけて作り出したエネルギーの缶詰といって良い。この缶詰を食べる量を減らして，太陽光からエネルギーを直接取り出す工夫として，太陽電池，バイオマスエネルギーを評価すると，その生産性の低さが大量消費に適する段階にないということを如実に物語っている。人工光合成である太陽電池，自然界の光合成は，時間平均したエネルギー変換効率において，化石資源にくらべてそれぞれ1桁，2桁小さいのである。バイオマス資

第1章　化学工業からみたバイオマスの利用

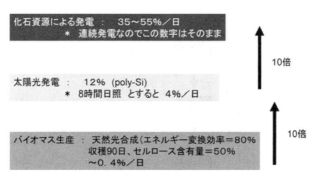

図6　各種炭素資源，太陽エネルギーのエネルギー変換効率

源のエネルギー利用，化学品への展開の大きな障害，というよりも本質的な解決すべき課題はここにあるといって過言ではない。現在，多くのバイオマス利用の研究，実用化に向けた試みの多くは，最終製品であるバイオエタノール，バイオ Diesel，あるいはバイオマス由来化学品を製造する場合において，その一歩手前のステップ，すなわちパーム油からの変換，セルロース（または糖類）からの変換という部分に焦点があてられている。これらの場合，バイオマスの成長速度は多少の改良の余地を残すものの，化石資源由来のものと競合できるための生産性には遠く及ばない。今後，エネルギー穀物の生産性を飛躍的に高めることが，バイオマスエネルギー・化学品を普及させていく上で最も重要であろう。

3　バイオマス由来化学品の製造コストについて

化石資源に基づくエネルギー供給は人類社会の存続のための社会基盤であり，また化学品の大部分は機能化学品ではなく汎用素材である。よって両者とも原油価格に強くリンクしており，決して高い価格が設定されているわけではない。2節でみたように，バイオマスエネルギー・化学品は化石資源由来のそれらと競合・共存していくことになる。従ってバイオマスからこれらが誘導される場合においても化石資源と同程度の製造コストが確保できなければ広く普及することはない。またその市場規模の大きさから，化石資源の価格はエネルギー源としての価格が前提となっている。従って，バイオマスからの化学品の場合においてもその価格は，対応する化石資源，特に石油のそれと同等程度であることが必要である。図7に示すように，例えばエタノールからの化学品であればエタノールの脱水によって得られるエチレンが key 化合物となり，現在，石油化学コンビナートで製造できる化学品の大部分をほとんど公知の触媒プロセス技術で製造できる。

従って，バイオマス由来の化学品が市場競争力を持つためにはバイオエタノールから誘導でき

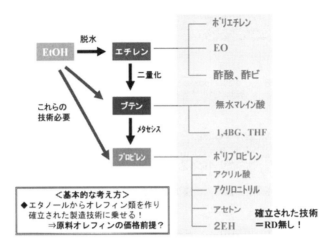

図7　エタノールを原料としたバルク化学品展開例

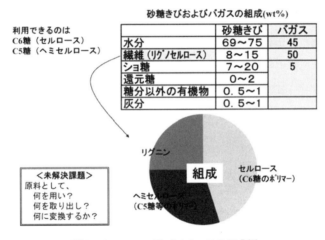

図8　セルロース系バイオマスの組成例

るエチレンが石油化学コンビナートのエチレンと同程度の製造コストが達成できれば良いということになる。ここでいう製造コストとは，変動費（原料コスト＋エネルギーコスト），固定費（労務費＋管理費），償却費（建設コストの債務返済）の合計である。非可食であり原料費が安ければ製造コストが安くなるというような単純なものではない。一般に，バイオマスはセルロース，ヘミセルロース，リグニンの3成分から構成されており，化学品の原料となるのは前2者であり，これを糖化，更に発酵という手法によっていろいろの化学品（原料）に転換される（図8）。いくつかの製造プロセスについては本書においても紹介があるが，多くの場合，現状完成された技術ではなく，改良・改善の余地が大きい。相当大規模な設備でのスケールメリットがないと（大

型設備では建設費は生産量に対して0.7乗程度で増大する。設備が大きいほど償却費負担は小さくなる），石油化学系の化学品に対して競争力を持ちにくい。工場の立地，採用するプロセス，生産すべき化学品等についてより真摯な議論が必要であろう。

4 機能化学品としてのバイオマス由来化学品

再生可能性資源を利用したcarbon neutralな化学品という本来求めたい機能を前面に押し出したバイオマス由来の化学品の大規模な普及については，これまで述べてきたようにまだしばらく時間が必要であろう。しかしながら多くの企業から提案されているバイオマス由来の化学品については，大規模普及の為の呼び水として技術水準を上げること，社会的な認知度を上げること，バイオマス生産の為のインフラを整備するという観点では，着実に前進しつつあるし，そうさせるべきであろう。

"着実に"の意味は，それが商品として市場に出るということであり，このためには，植物から作ることに合理性のある化学物質としての構造，その化学構造に由来した優れた物理化学的性質が化学品の付加価値として評価されること，これによって製品価格が多少高くても妥当と判断されるということである。第III編，第IV編において紹介されている化学品はどれもそれぞれの企業がいろいろの工夫を重ねて，何とかバイオマス由来の化学品を普及させたいという信念を貫いてきた産物である。今後，これらの化学品が一般に普及し，さらに本当の意味での大型バイオマス由来の化学品につながって行くことを期待したい。

文　献

1) The World Energy Outlook 2009
2) ポリマーフロンティア21講演要旨集（2009）高分子学会
2) 資源エネルギー庁，エネルギー源別発熱量表，平成13年改訂版，DMEハンドブック
3) F. O. Licht's, World Ethanol & Biofuels Report 2006, USDA
4) 資源エネルギー庁，エネルギー統計2006
5) http://nsl.caltech.edu, N. Lewis *Science*, **315**, 798（2007）
   NEDO 太陽電池発電ロードマップ（PV2030）
6) 木材利用の化学（共立出版1983）の掲載図を参考に，各化学品の燃焼熱を元に作図

第2章　日本伝統の発酵工業からバイオ化学工業へ

穴澤秀治*

　人類が農耕を基盤として定住した世界各地には，穀物を発酵して作り出してきたアルコール飲料が誕生している。また，野菜の発酵食品としての漬物は，世界各地にその実例が見出される。中国南西部昆明あたりを起源とする発酵食品は，アジア各地に拡がり，固有の伝統的食品となり，各国の食文化を特徴づけている。このように，食品，飲料の分野では，発酵技術を保存目的だけではなく，嗜好品として，あるいは栄養付加を狙って，人類は世界各地で発達させてきた[1]。

　この発酵技術が工業と呼べる規模で発達してきたのは，その規模，市場性からみて，20世紀のペニシリン発酵，アミノ酸発酵が嚆矢といえる。1956年グルタミン酸発酵[2]の実用研究が発表されると，その後の20年で大部分のアミノ酸が発酵法，あるいは酵素法で製造されるプロセスが開発され，実用化された。こうして，調味料としての核酸類，栄養補助を目的としたアミノ酸，ビタミンなどの生体関連物質が，糖源からの発酵法や酵素法による製造プロセスが完成した[3]。

　ここに，日本が諸外国に比べて発酵工業において優位性があるとされる原点がある。その後，多様な化成品を発酵・酵素法で製造するプロセス開発が成功して，その地位をゆるぎないものにしてきた。その原点は，原料化合物を目的物質へ転換する酵素活性を有する微生物を，天然界から探し出すスクリーニング（探索）技術にある。経験とアイデアに基づく活性検出システムの設計，活性が見出されるまでの粘り強い観察力と果敢な決断の結果，この20年を見るだけでも図1に示すような，多様な微生物を用いた発酵・酵素法による物質生産法が確立されてきた。これらが，伝統的に日本が強いとされる発酵・酵素工業の成果であり，現在でもその地位はプロセス開発力において，世界の追随を許していない。

　現在の国内のバイオ製品別出荷額の統計を見てみよう。

　経済産業省バイオ産業創造基礎調査報告書[4]によると，平成20年度のバイオテクノロジー関連製品の国内生産年間出荷額は，7兆4222億円であり，食品が5兆200億円で70％を占めた。医薬・診断・医療器具は，8700億円で12％であった。化成品は，3400億円で4.6％であった。これを，平成14年度の集計でみると，総出荷額7兆4200億円のうち食品4兆8600億円で66％，医薬・診断・医療器具は1兆5400億円，21％，化成品は3980億円，5.4％であった（図2）。

＊　Hideharu Anazawa　㈶バイオインダストリー協会　事業企画部　部長

第 2 章　日本伝統の発酵工業からバイオ化学工業へ

Recent Industrial Applications of Microbial Enzymes in Japan (1984-2003)

Item	Product	Year	Organization
Amino acids	D-p-Hydroxyphenylglycine	1979/1995	Kyoto Univ. & Kaneka
	Aspartate	1984	Ajinomoto
		1986	Mitsubishi Chemical
	DOPA	1994	Kyoto Univ. & Ajinomoto
	Hydroxyproline	1997	Kyowa Hakko Kogyo
Nucleotides	5'-IMP & 5'-GMP	2003	Toyama Pref. Univ. & Ajinomoto
Sweetners	Paratinose	1984	Shin Mitsui Sugar
	Aspartame	1987	Tosoh Corporation
	Lactosucrose	1990	Hayashibara
	Galactooligosaccharide	1990	Nissin Sugar mfg.
	Maltotriose	1990	Nihon Shokuhin Kako
	Engineered stevia sweetner	1993	Toho Rayon
	The&eoligosaccharide	1994	Asahi Chemical Industry
	Treharose	1995	Hayashibara
	Nigerooligosaccharide	1998	Nihon Shokuhin Kako, Kirin & Takeda Food Products
Oils	Physiologically functional oils	1989	Fuji Oil
		1990	Kao
		1998	The Nissin Oil Mills
	Polyunsaturated fatty acids	1998	Kyoto Univ. & Suntory
Vitamins	Stabilized Vitamin C	1990	Hayashibara
	Nicotinamide	1998	Kyoto Univ. & Lonza Group
	Vitamin C-phosphate	1999	Kyowa Hakko Kogyo
	Pantothenate intermediate	1999	Kyoto Univ. & Fuji Chemical
Chemicals	Acrylamide	1988	Kyoto Univ. & Mitsubishi Rayon
	Chiral epoxides	1985	Japan Energy & Canon
Pharma intermediate	Herbesser' intermediate	1992	Tanabe Seiyaku
	Chiral alcohols	2000	Kyoto Univ. & Kaneka
Others	Casein phospho peptide	1988	Meiji Seika
	Hypoenergenic rice	1991	Tokyo Univ. & Shiseido
	Hypoenergenic protein	1991	Meiji Milk Product

京都大学清水昌教授作成

図 1　日本の強み（新規物質生産微生物酵素プロセスの開発実績）

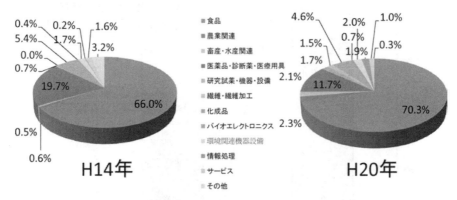

図 2　製品分野別年間出荷額推移
（出典：経済産業省，バイオ産業創造基礎調査報告書）

この間，出荷額にも，製品別の構成にも大きな変化はない。その中で，情報処理が 0.2% から 1.9% へこの間に増加したことは，特筆すべきである。この統計は，製造企業へのアンケート形式で行われるため，企業数の少ない製品分類では，思いがけない数値が出ることがあり，数値の取り扱いには慎重さが必要である。

グリーンバイオケミストリーの最前線

　この統計での食品の中には，例えば平成20年度で，酒類3兆6200億円，発酵食品（味噌・醤油・パン）1兆1400億円が含まれており，伝統的食品の割合が多い。

　バイオテクノロジーを，従来型とニューバイオ型に分けて製品分野別に集計したものが，平成18年度の同じ統計にある（図3）。食品の大部分は，従来型のバイオテクノロジーであり，医薬・診断薬・医療器具，情報処理はニューバイオテクノロジーであることは，予想通りであるが，化成品でニューバイオテクノロジーの割合が多いことが，注目すべき点である。

　このニューバイオテクノロジーに着目した統計が，日経バイオで継続的に行われ，日経バイオ年鑑で公開されている（図4，図5）[5]。2008年度（平成20年）2兆8490億円，医薬品は8370億円で29％，農産品が1兆4510億円で51％，化成品は2840億円，10％であった。農産品の内訳は，搾油用，飼料向けの輸入組換え穀物が大部分であり，化成品も洗剤用や製紙用酵素であり，経済産業省の統計とは，明らかに視点が異なる。順調に市場規模は拡大し，2002年度（平成14

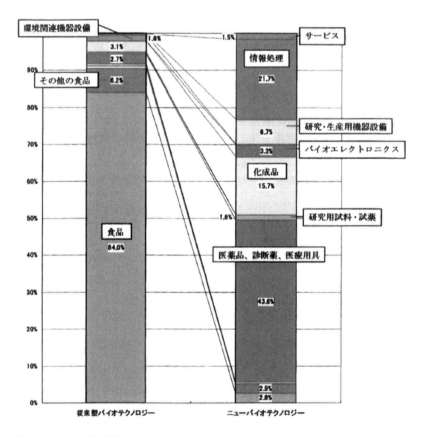

図3　製品別従来型，ニューバイオの区分による製品分野

第 2 章　日本伝統の発酵工業からバイオ化学工業へ

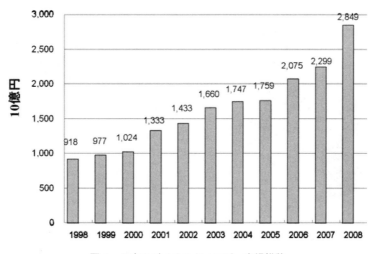

図 4　日本のバイオテクノロジー市場推移
（出典：日経バイオ年鑑）

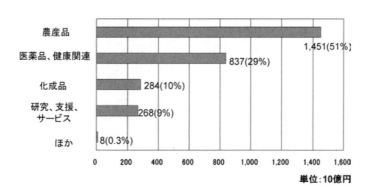

図 5　2008 年度日本の製品別市場
（出典：日経バイオ年鑑）

年）1 兆 4330 億円の 2 倍に到達しているが，その内訳では，輸入組換え穀物が大きく増加しており，国内産業として見る場合には，注意して検討する必要がある（図 6-1, 2, 3）。

　世界の中の日本という視点で，バイオインダストリーの技術力を特許の面から見たデータがある（図 7）[6]。2004 年の数字として，日米欧国籍出願人による技術分野別三極コア出願件数を見たもので，日本の特許出願が大きく上回っているのは，電気機械，音響・映像，光学機械，運輸であり，欧米の出願が大きく上回っているのは，医療機器，製薬，有機化学であった。バイオテクノロジーも米国の 1/2 で，欧州と同等レベルであった。1991 年から 2000 年までの日本の出願人におけるライフサイエンス個別技術の特許出願状況をみると（図 8）[7]，日本が優位にある技術

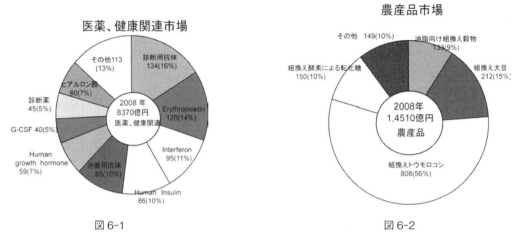

図6-1

図6-2

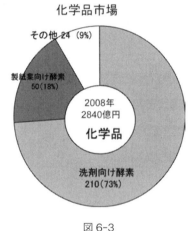

図6-3

分野として，出願シェアでは，糖鎖工学，糖鎖遺伝子，バイオインフォマティクス，微生物酵素，バイオ化学品。出願の伸び率では，遺伝子機能解析・タンパク構造解析技術，遺伝子治療・診断，発生工学が挙げられている。しかし，糖鎖工学以外は，米国と拮抗している。

ところが，期間を2006年ころまでに広げてみると，他の分野での登録特許と分野別に比較したレーダーチャートでは，日本は情報通信，ナノテクノロジーで出願が多く，バイオテクノロジーでは，極端に少ない。つまり，21世紀に入って，日本の特許出願は，バイオテクノロジーから情報通信，ナノテクノロジーに移ってきているといえる。

アメリカ，ドイツ，イギリスでは，バイオテクノロジー，再生可能エネルギーの特許は旺盛であるのに対し，日本は後れをとりつつあることが，これらの数字で見えてくる（図9）。

ここまでに，21世紀に入って日本のバイオ産業市場と特許数からバイオテクノロジー研究の

データベース：WPI

注：日本国籍出願人の三極コア出願件数の多い技術分野順に、右から左に並べている。

図７　日米欧出願による技術分野別の三極コア出願件数

個別技術	世界出願		コア出願		米国特許（登録）		日本特許（出願）		日本特許（出願）
	出願シェア	出願成長率	出願シェア	出願成長率	出願シェア	出願成長率	内国人シェア	出願成長率	技術別シェア
遺伝子工学	18%	12.7%	10%	20%	8%	12%	35%	10%	15.4%
遺伝子解析技術	12%	15.6%	6%	25%	6%	11%	35%	10%	3.8%
発生工学技術	9%	26.8%	7%	43%	4%	25%	21%	23%	1.2%
蛋白工学技術	9%	9.4%	5%	24%	5%	6%	29%	4%	2.1%
糖鎖工学技術	46%	-3.4%	24%	1%	23%	-9%	66%	-4%	0.7%
遺伝子機能解析技術	9%	41.4%	6%	60%	5%	44%	33%	34%	0.7%
蛋白質構造解析技術	9%	30.9%	6%	23%	4%	6%	20%	12%	2.1%
蛋白質機能解析技術	8%	27.0%	6%	45%	3%	24%	22%	31%	1.0%
糖鎖遺伝子技術	25%	16.6%	17%	21%	16%	27%	46%	11%	0.2%
ゲノム創薬技術	7%	21.4%	5%	25%	4%	10%	16%	19%	4.6%
遺伝子治療 診断技術	6%	70.1%	4%	61%	4%	47%	14%	64%	1.0%
ナノバイオテクノロジー	9%	5.3%	4%	3%	4%	-9%	22%	3%	0.3%
バイオインフォマティクス	22%	25.1%	13%	29%	10%	6%	48%	21%	0.5%
細胞	17%	8.4%	9%	18%	6%	10%	32%	3%	9.5%
微生物 酵素	31%	0.1%	13%	7%	11%	3%	55%	-3%	24.1%
組換え植物	13%	10.1%	8%	17%	7%	23%	29%	10%	0.6%
組換え動物	14%	19.3%	9%	26%	7%	14%	24%	14%	1.8%
バイオ医薬品	14%	10.3%	8%	13%	7%	7%	29%	12%	16.6%
バイオ化学品	30%	-3.7%	14%	5%	12%	2%	48%	-5%	13.7%

注：
・成長率：出願人国籍別出願件数の年平均伸び率（1991-2000年）。
・シェア：出願人国籍別出願比率（1991-2000年）。
・コア出願：コア出願の国籍別出願比率（1991-2000年）。
・技術別シェア：19技術分野のライフサイエンス分野に占める出願比率。
・優先権主張年が1991年～2000年を対象に、WPINDEX(STN)で検索。
□ 日本が優位にある技術分野。

糖鎖工学は世界１のシェアを保有。
微生物 酵素、バイオ化学品は世界シェアで米国と拮抗

出典：平成14年度特許出願技術動向調査ーライフサイエンスー

図８　日本からのライフサイエンス個別技術の特許出願（1991～2000年）
（特許庁「平成14年度特許出願技術動向調査分析報告書ライフサイエンス」（平成15年３月より引用））

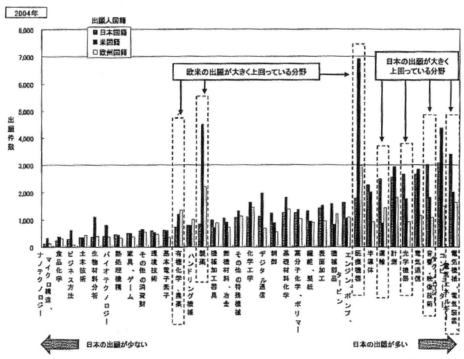

グリーンバイオケミストリーの最前線

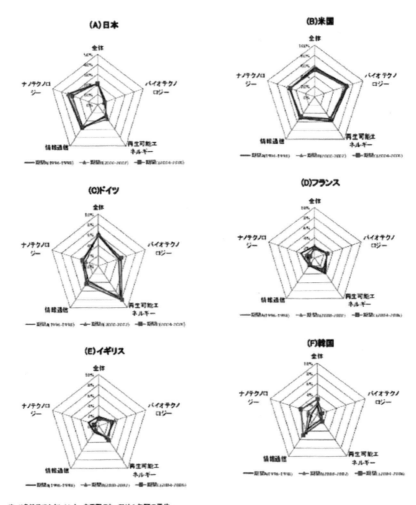

図9　米国特許出願の国別，分野別割合（1996〜2006年）

現状の一端を見てきた。ここからは，日本のバイオインダストリーの方向性を，考えてみたい。

　医薬品産業は，知的集約型で高付加価値の製品を生み出す産業で，特許による保護も確実であり，資源消費型でもなく，日本に向いた分野である。2008年の世界の医薬品売上トップ50品目のうち，10品目は日本で見出されたものであり，その技術力は極めて高い。しかし，国内市場規模は国民皆保険制度の中で上限が設定されており，海外市場にシフトせざるを得ず，さらに厳しい開発競争にさらされている。栄養補助サプリメントや健康食品は，今後も拡大が期待される分野であるが，近年，医薬品並みの厳しい有効性基準や機能表示規制が求められるようになり，期待される市場予想どおりには拡大が進んでいない。

第2章　日本伝統の発酵工業からバイオ化学工業へ

　その中で地球温暖化防止対策の一つとして，排出 CO_2 削減を目標とし，エネルギーや石油化学製品をバイオ原料由来のものに転換するグリーンバイオ（欧米ではホワイトバイオ）の分野が浮上してきた。わが国でも，平成19年3月バイオ燃料技術革新協議会が設立され，ガソリン添加用の燃料用エタノール製造の技術が検討された[8]。OECDでは，全化学品のうちバイオ製品の割合の推移の予測を提出した（表1）。このOECDの2009年の報告「The Bioeconomy to 2030：Designing a policy Agenda」では，バイオ由来製品が2005年の1.8％から2025年には22〜28％にまで増大すると予想した。とくにスペシャリティー，ファインに分類される比較的高付加価値の化成品では，1.3％あるいは15％の製品割合が，44〜50％にまで増大し，製品金額では71〜80％にまで達すると予想されている。コモデティーでは，6〜10％，ポリマーでは10〜20％と大きな予想数値ではないが，ここに技術革新の可能性があると考える。現政権が打ち出した「温室効果ガスの25％削減」の国際公約実現に対し，幅広い技術革新の結集が必要と考えられるが，現時点では，バイオ技術からの貢献は，あまり考慮されていない。したがって，バイオテクノロジーから貢献について積極的に考察し，低炭素社会実現に向けて，わが国のバイオ産業からどのような方向性を打ち出せるか，しっかりと検証する必要がある[9]。

　この化成品分野でバイオ技術の導入が進展していく兆候は図3にあるように，化成品のバイオによる製造技術は大部分がニューバイオテクノロジーに分類される技術であり，今後の技術的発展に期待できる分野である点にある。また，表1の微生物酵素による製造法の一覧では，大部分がファインケミカル，スペシャリティーケミカルの製造である。ここにもまた，化成品分野での技術開発への実績と期待が表れているといえる。

　発酵・酵素法による物質製造法の今後の方向性について，技術的背景から若干の考察を行おう[10]。まずは発酵菌の改良で見ると菌株の設計が重要な要素であろう。最も効率的な生合成経路の設計，分解経路の遮断，原料有機物の細胞内取り込みと生産物排出，安定で長寿命の菌体など細胞をトータルで改変して，最も効率的な発酵菌を設計するのが，この分野の技術的目標の一つ

表1　化学品のうちバイオ製品の割合の推移予測

（単位：10億USドル）

	2005		2010		2025	
	Total	Biobased	Total	Biobased	Total	Biobased
Commodity	475	0.9　(0.2％)	550	5- 11　(0.2- 2％)	857	50- 86　(6-10％)
Speciality	375	5　　(1.3％)	435	87-110　(20-25％)	679	300-340　(44-50％)
Fine	100	15　　(15％)	125	25- 32　(20-26％)	195	88- 98　(45-50％)
Polymer	250	0.3　(0.1％)	290	15- 30　(5-10％)	452	45- 90　(10-20％)
All Chemicals	1200	21.2　(1.8％)	1400	132-183　(9-13％)	2183	483-614　(22-28％)

（出典：The Bioeconomy to 2030：Designing a policy　Agenda；2009, 121（OECD））

である。そのためには，遺伝子機能の全解明，分子間相互作用の解析，細胞膜機能の高性能化などが重要な研究要素である。飛躍的な発展を遂げた分析技術を駆使し，ゲノム，遺伝子発現，タンパク機能など膨大なオミクスデータを集積し，その解析から新しい機能分子のデザイン，超高機能細胞の設計に発展することが期待される。その出発点が発酵菌にとって不要有害な遺伝子を徹底的に削除して，効率的な発酵菌の造成を目指したミニマムゲノムファクトリーの発想であり[11〜14]，それを土台としてデザインされた遺伝子群で構成される超高性能発酵菌の創製という次のステップに展開される。そこには，システムバイオロジー，合成生物学の発想が重要な役割を果たすであろう。

　本書は，わが国で確立されたバイオによる有用物質生産製造法確立の成果が数多く取り上げられており，21世紀初頭のわが国の研究開発の実力を世界に提示する重要な足跡となっている。さらに10年後，ここに新たな成果が加わり，新しい世代にもこの分野の研究開発の熱い汗のしみ込んだタスキが引き継がれて，ゴールのない駅伝で先頭を走り続けていることを期待したい。

文　　献

1) 小泉武夫監修，発酵食品の大研究，PHP研究所，2010年
2) Kinoshita, S., et al., J. Gen. Appl. Microb., **3**, 193-205 (1956)
3) 発酵ハンドブック，共立出版，2001年
4) http://www.meti.go.jp/statistics/sei/bio/result-2.html
5) 日経バイオ年鑑2009
6) H20年度特許出願動向調査，H21年4月特許庁
7) H14年度特許出願技術動向調査分析報告書ライフサイエンス（H15年3月・特許庁）
8) http://www.meti.go.jp/committee/materials/downloadfiles/g71121b04j.pdf
9) 穴澤秀治，化学経済，**1**, 78-84 (2010)
10) 清水昌，大竹久夫，藤尾達郎，穴澤秀治編，微生物機能を活用した革新的生産技術の最前線―ミニマムゲノムファクトリーとシステムバイオロジー―，シーエムシー出版 (2007)
11) 穴澤秀治，化学と工業，**62** (1), 19-21 (2009)
12) Mizoguchi, H., et al., DNA Res., **15**, 277 (2008)
13) Ara, K., et al., Biotechnol. Appl. Biochem., **46**, 169 (2007)
14) Giga-Hama, Y., et al., Biotechnol. Appl. Biochem., **46**, 147 (2007)

第Ⅱ編
原　　料

第1章　セルロース・デンプン

荻野千秋[*1]，蓮沼誠久[*2]，近藤昭彦[*3]

1　はじめに

　平成14年度に日本政府の総合戦略「バイオマス・ニッポン」が策定され，バイオマスの有効利用による持続的に発展可能な社会の実現が提言されている。この戦略は，①バイオマスの有効利用に基づく地球温暖化防止や循環型社会形成の達成，②日本独自のバイオマス利用法の開発による戦略的産業の育成を目指すものである。また，地球規模での環境保護の観点から，バイオマス原料は日本のみならず，世界中から安価かつ豊富な資源の積極的な利用が求められている。さらに石油資源枯渇や価格高騰の影響より，これまでの石油資源依存型の「オイルリファイナリー」から，バイオマスベースの「バイオリファイナリー」社会への転換が急務とされている。このような社会的背景から，近年では，植物体（バイオマス）を原料とし，バイオ燃料のみならず化学品原料（バイオベースケミカルズ）にまで及ぶ広範囲な化学品を製造する基盤技術の開発が急務となっている。そこで本項では，植物を構成する成分であるデンプンとセルロースについて簡単に説明し，それぞれにおいて関連する分解酵素の特性について説明し，我々が行っている細胞表層工学によるバイオ燃料製造の技術の一部を紹介したい。

2　デンプン

　デンプンは，構造によってアミロースとアミロペクチンに分けられる。アミロースは直鎖状の分子で，分子量が比較的小さい。一方，アミロペクチンは枝分かれの多い分子で，分子量が比較的大きい。アミロースとアミロペクチンの性質は異なるが，デンプンの中には両者が共存している。デンプンの直鎖部分は，グルコースがα1-4結合で連なったもので，分岐は直鎖の途中からグルコースのα1-6結合による。アミロースはほとんど分岐せず，直鎖の構造を取るが，アミロペクチンは，平均でグルコース残基約25個に1個の割合でα1-6結合により分枝構造を取る。

[*1]　Chiaki Ogino　神戸大学　大学院工学研究科　応用化学専攻　准教授
[*2]　Tomohisa Hasunuma　神戸大学　自然科学系先端融合研究環重点研究部　講師
[*3]　Akihiko Kondo　神戸大学　大学院工学研究科　応用化学専攻　教授

物理的性質として，アミロース・アミロペクチンともに白色の粒粉状物質で，無味・無臭であり，アミロースは熱水に溶けるが，アミロペクチンは溶けない特性を有している。

デンプン消化に関連する一群の酵素をアミラーゼ（amylase）と言う。そして，その触媒特性に応じて α アミラーゼ（EC 3.2.1.1），β アミラーゼ（EC 3.2.1.2），グルコアミラーゼ（EC 3.2.1.3）がある。α アミラーゼはデンプンの α 1-4 結合を不規則に切断し，多糖ないしオリゴ糖を生成する酵素である。β アミラーゼはデンプンやグリコーゲンをマルトースに分解する。そして，グルコアミラーゼは糖鎖の非還元末端の α 1-4 結合を分解してブドウ糖を産生する酵素である。

我々は細胞表層提示技術を利用し，酵母表層に各種アミラーゼを提示した酵母の創製を行い，可溶性デンプンや低温蒸煮デンプンを原料としたエタノール発酵を行ってきた[1〜3]。さらには，無蒸煮デンプンからの直接エタノール発酵にも成功している[4〜7]。以下に，アミラーゼ表層提示酵母を用いた無蒸煮デンプン原料からのエタノール生産実施例を御紹介したい。

酵母表層に Rhizopus oryzae 由来グルコアミラーゼを α アグルチニンの C 末端側の細胞表層提示に関わる部分と遺伝子工学的に融合し，さらに Streptococcus bovis 由来 α アミラーゼも同様に α アグルチニンと遺伝子工学的に融合した形で，それぞれ表層提示した酵母を創製した（図1）。この遺伝子組み換え酵母を培養した結果，培養液の上清には両者の活性は全く確認できなかったが，酵母菌体自体にはグルコアミラーゼ活性，α アミラーゼ活性を確認することができた。この事から，グルコアミラーゼおよび α アミラーゼの両方を酵母表層に提示できたことを確認した。さらにこの酵母を用いて，無蒸煮デンプンを直接の炭素源としたエタノール発酵を試みた（図2）。

まず創製した酵母を好気的条件下にて増殖させた後に回収し，新しい培地成分（炭素源を除く）と無蒸煮デンプンを含む培地に懸濁させて，嫌気的条件下にてエタノール発酵を行った。その結果，この細胞表層提示酵母は嫌気的条件下で効率よくデンプンを分解し，デンプン分解産物（グルコース）を利用してエタノール発酵を行っている事が明らかとなった。現在，このアミラーゼ類表層提示酵母を用いることで，高濃度の無蒸煮白米や玄米を原料にして，このアミラーゼ表層提示酵母を用いることで，エタノールへの変換を可能にしている[5〜7]。本技術の醸成により，デンプンからのエタノール発酵におけるコストが問題となっているアミラーゼ酵素群の添加やデンプンの前処理問題を省略することが可能となった。

第1章　セルロース・デンプン

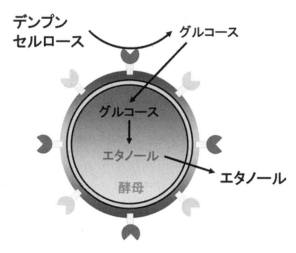

図1　表層提示酵母によるバイオマスからのエタノール生産

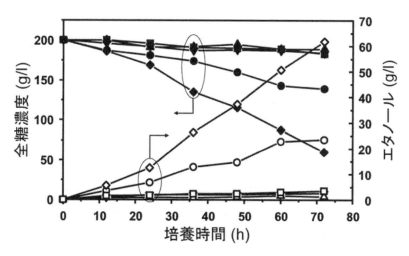

図2　アミラーゼ表層提示酵母による無蒸煮デンプンからのエタノール生産
(●, ○：グルコアミラーゼをアグルチニンで表層提示, ▲, △：αアミラーゼをアグルチニンで表層提示, ▼, ▽：αアミラーゼをFLO1で表層提示, ■, □：グルコアミラーゼおよびαアミラーゼをアグルチニンにて表層提示, ◆, ◇：グルコアミラーゼ/アグルチニンおよびαアミラーゼ/FLO1にて表層提示)

3 セルロース

セルロースはグルコースがβ1-4グルコシド結合で直鎖状に連結した高分子多糖であり、数十本のβ1-4グルカン分子がグルコース残基内のヒドロキシル基などを通して高頻度に分子間水素結合を形成することにより、セルロース微繊維（ミクロフィブリル）といわれる棒状の長い結晶構造をとる。セルロース微繊維は化学的にも力学的にも非常に安定で、天然では主に植物の木質部に存在し、植物体の形態を支持している。細胞レベルでは細胞壁の主成分として細胞骨格の形成に寄与している[8]。

セルロースは植物が光合成する物質で、地球上で最も多い炭水化物である。その上、非食用であることからバイオ燃料ならびにグリーン化学品の原料物質としての利用に期待が高まっている。再生可能資源であるセルロースの利用は、有限な化石資源への依存から脱却し、持続可能な低炭素社会の実現に貢献することが期待される。わが国では、経済産業省と農林水産省が連携してバイオ燃料技術革新協議会が設立され、セルロース系バイオマスからの次世代バイオ燃料生産技術の確立を目指した「バイオ燃料技術革新計画」が2008年3月に策定された。現在はこの中で2015年の技術完成を目標とした研究開発、さらには実証研究が広く展開されている。セルロース系バイオマスの中には、セルロースの他に、ヘミセルロースやリグニンなどが主に含まれるが、バイオマス全体の35～50％を占めるセルロースの利用が主要な課題となっている。一般に、セルロース系バイオマスを原料として液体燃料や化学品原料を製造するために、これを熱化学的な分解を行う合成ガスプラットフォームと生化学的にグルコースに転換する糖プラットフォームが開発されているが、本稿では後者のセルロース利用について述べる。

セルロースの分解に関与する酵素の一群をセルラーゼと総称し、セルロースをグルコースまで分解するためには、少なくとも3種類の酵素、すなわちエンドグルカナーゼ（EG）、セロビオヒドロラーゼ（CBH）およびβグルコシダーゼ（BGL）が必要である。EGはセルロースのβ1-4グルコシド結合をランダムに加水分解し、CBHは糖鎖の還元末端と非還元末端のいずれかから分解してセロビオースを遊離する。また、BGLは主にオリゴ糖やセロビオースのβ1-4グルコシド結合を加水分解してグルコースを生成する。セルラーゼは主に、高等植物や糸状菌、細菌、木材不朽菌などにより作られ、特に糸状菌 *Trichoderma reesei* はセルラーゼ高生産菌としてよく知られている。そこで、筆者らは遺伝子工学的に酵母を改変し、*Trichoderma reesei* 由来EG（EGII）ならびにCBH（CBHII）、糸状菌 *Aspergillus oryzae* 由来BGLを細胞表層に発現する形質転換酵母を作出した[9]。形質転換酵母はリン酸膨潤セルロースを単一炭素源として発酵し、エタノールを生産した。酵母は醸造用途に使われていることはよく知られているが、このように産業用微生物を遺伝子組換えの宿主とし、バイオマス分解活性を付与することによりエタノールを

第1章 セルロース・デンプン

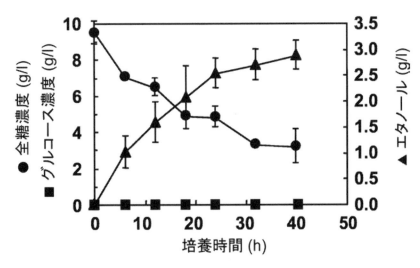

図3 3種のセルラーゼを表層共提示した酵母によるセルロースからのエタノール発酵

はじめとする種々の化学品を発酵生産することが可能になる[10,11]。

　従来，セルラーゼは生産コストが高く，糖プラットフォームのバイオ化学品生産コストを大きく押し上げ，バイオリファイナリーを実現する上での大きなネックとなっていた。近年は，セルラーゼに関する研究がアメリカエネルギー省（DOE）主導の研究など世界中で精力的に行われており，セルロース系バイオマスからのバイオリファイナリーにおける酵素剤コストは徐々に低下していると言われているが，一方で，最適な酵素剤は対象となるバイオマスの種類や，組み合わせる前処理法の違いなどにより大きくなり，全てのバイオマスに対して高い効果を持つ酵素剤は未だ開発されていないのが現状である。筆者らは，微生物（酵母）の細胞表層にセルラーゼを発現させる細胞表層提示技術を基盤とし，エンドグルカナーゼ比活性の強化や，細胞表層提示酵素の配置，割合の人為的な制御に成功してきた[12,13]。今後はこれらの技術をさらに発展させることにより，セルラーゼ使用量を抑制し，セルロースを有効利用する，バイオリファイナリー技術の確立に貢献していきたいと考えている。

4　おわりに

　現在，バイオマスからのバイオ燃料等製造技術の開発課題の中心は，デンプン原料が食料資源，競合の問題などの背景より，デンプンからセルロース資源の有効利用に変遷している。しかしながら，ミニマムアクセス米（事故米）等に代表される非可食性のデンプン資源は多く存在しており，セルロース資源よりも酵素による糖化技術の開発などが成熟していることなども勘案する

と，まず，デンプン資源を有効利用するバイオマスベースな化学品原料の製造基盤技術の開発も重要な項目の一つになると考えられる。

文　　献

1) A. Kondo *et al., Appl. Microbiol. Biotechnol.*, **58**, 291 (2002)
2) H. Shigechi *et al., J. Mol. Cat. B : Enzymatic.*, **17**, 179 (2002)
3) H. Shigechi *et al., Biochem. Eng. J.*, **18**, 149 (2004)
4) H. Shigechi *et al., Appl. Environ. Micobiol.*, **70**, 5037 (2004)
5) R. Yamada *et al., Enzyme Microbial Technol.*, **44**, 344-349 (2009)
6) R. Yamada *et al., Appl. Microbiol. Biotechnol.*, **85**, 1491-1498 (2010)
7) S. Yamakawa *et al., Appl. Microbiol. Biotechnol.*, in press
8) D. J. Cosgrove, *Annu. Rev. Cell Dev. Biol.*, **13**, 171-201 (1997)
9) Y. Fujita *et al., Appl. Environ. Microbiol.*, **68**, 5136-5141 (2004)
10) A. Kondo *et al., Appl. Microbiol. Biotechnol.*, **64**, 28-40 (2004)
11) K. Okano *et al., Appl. Microbiol. Biotechnol.*, **85**, 413-423 (2010)
12) J. Ito *et al., Biotechnol. Prog.*, **20**, 688-691 (2004)
13) J. Ito *et al., Appl. Environ. Microbiol.*, **75**, 4149-4154 (2009)

第2章　海洋性バイオマス

浦野直人[*1], 古川　彰[*2]

1　はじめに

バイオマスは「植物や有機性廃棄物等の再生産可能な生物由来資源」を総称する単語である。2003年12月に農林水産省を中心とする関係省庁が，地球温暖化の防止，循環型社会の形成，産業の戦略的育成，農山漁村の活性化等を目的として，バイオマスの利活用推進に関する具体的取組みや行動計画をまとめ「バイオマス・ニッポン総合戦略」[1]として閣議決定した。さらに2007年3月以後，日本政府はバイオマスの従来的な利活用状況と京都議定書発効後の世界情勢の変化を踏まえ，国産バイオ燃料の本格的な生産拡大を推進している。表1に日本におけるバイオマスの利用率（2006年12月時点）を示す。廃棄物系バイオマスは年2億9800万トンであり，その利用率は72％（2010年には80％が目標）と高位にあるが，植物系の未利用バイオマスは1,740

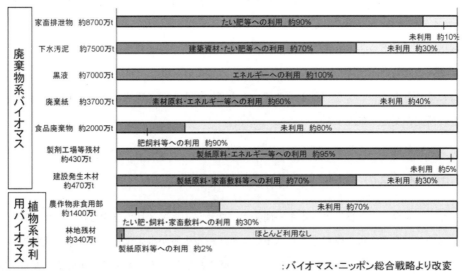

表1　日本におけるバイオマスの利用率（2006年12月）

：バイオマス・ニッポン総合戦略より改変

＊1　Naoto Urano　東京海洋大学　海洋科学部　海洋環境学科　教授
＊2　Akira Furukawa　東京海洋大学　大学院海洋環境保全学専攻

万トンで,その利用率は22%(2010年は25%が目標)と低位である。植物系の未利用バイオマスで,今後大きく期待される利活用法の一つは,エネルギー(バイオ燃料)分野である。

　世界情勢を鑑みると,地球温暖化を阻止する代替クリーンエネルギーとして—引いては京都議定書の実現を目指して,バイオエタノール生産が急激に拡大している。ブラジルは自国内でのガソリンへのバイオエタノール混合率を20〜25%とすることを義務付け,すでに全車両がE25(エタノール25%混合ガソリン)までの対応車となっている。アメリカは2012年までにガソリンへのバイオエタノール混合量を75億ガロン(約2879万kℓ)とすることを義務付け,州により異なるがガソリン車は概してE10対応となっている。日本においても,鳩山首相が2020年までに二酸化炭素の排出量を25%削減(1990年比)することを国連演説し,農水省は2030年までに600万kℓのバイオエタノールを市場供給することを見込んでいる(後述)。これが実現すれば全国規模でE10の実施が可能となるため,主要な代替燃料としてバイオエタノールへの期待は非常に大きいと言える[2]。

　なお現在,農水省が早期実用化を目指しているエタノール生産原料としてのバイオマスは,稲わら等の陸上植物・農業廃棄物[3]が中心であり,計画中に海藻・水草などの水圏植物は含まれていない。しかし,バイオマスの供給には不安定な面も多く含まれるため,原料を限定してしまうことはエタノール生産規模の縮小に繋がり易く,使用原料はできる限り多種に渡ることが望ましいであろう。特に,海と陸を生物生存域の体積比で比較すると,海:陸=50:1と試算される上,海は人類の未踏達域を多く残し,海洋性バイオマスは無尽蔵と言える。現在,水産庁が主催する「水産バイオマス資源化プロジェクト」等による海藻資源の総合的利用計画や,民間企業と大学の共同による「アポロ・ポセイドン構想」と称する大規模な海藻栽培計画が動いており,海洋性バイオマスの開発動向は注目に値しよう。そこで本稿では,淡水・汽水圏を含む海洋性バイオマス—特にそれらを原料としたバイオエタノール生産に関する開発現状とその将来性に関して,著者自身の研究を交えて概説する。

2　バイオマスのエネルギー利用現状とその問題点

　バイオマス原料による燃料エネルギー開発は,ブラジルとアメリカを中心にサトウキビやトウモロコシなどの農業作物を原料としたバイオエタノール生産が事業化し,ガソリン代替燃料としてすでに恒常的に利用されている[4]。これらを主原料としたバイオエタノールの総生産量(2006年)はブラジルで190億t,アメリカで246億tであり,単位耕地面積あたりの生産量はサトウキビで5.1kℓ/ha,トウモロコシで2.1kℓ/haと非常に高く,優れた原料と言えるであろう。バイオエタノール原料の現状と問題点を図1にまとめて示す。サトウキビやトウモロコシなどの糖

第2章　海洋性バイオマス

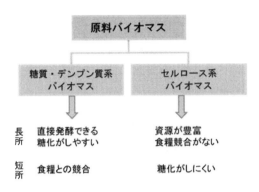

図1　バイオマス（エタノール生産原料）の問題点

表2　国産バイオ燃料生産可能量

原料	生産可能量（2030年度）エタノール換算	生産可能量（2030年度）原油換算
1.糖・でんぷん質 （安価な食料生産過程副産物，規格外農産物等）	5万kl	3万kl
2.草本系（稲わら，麦わら等）	180万kl〜200万kl	110万kl〜120万kl
3.資源作物	200万kl〜220万kl	120万kl〜130万kl
4.木質系	200万kl〜220万kl	120万kl〜130万kl
5.バイオディーゼル燃料等	10万kl〜20万kl	6万kl〜12万kl
合計	600万kl程度	360万kl程度

（農林水産省試算，バイオマス・ニッポン総合戦略より改変）

質・デンプン系バイオマスは糖化（植物体内の多糖類をグルコース等の少糖類へ変換する工程）が平易であるため，実用化が進んでいるが，食糧と競合してしまうという問題点がある。例えばサトウキビを原料にする場合には，砂糖を抽出した際の廃液である糖蜜を酵母で発酵させてバイオエタノールを生産する。その際に使用する廃糖蜜は砂糖を抽出し切らずに，原料中に砂糖を残存させることで酵母による発酵を促してバイオエタノールを生産させている。ブラジルではサトウキビから抽出できる砂糖の約50％をバイオエタノール生産原料へと供給している。またアメリカでは全栽培トウモロコシの約30％をバイオエタノール生産へと使用している。こうした背景から，バイオエタノールの生産拡大に伴い食料危機などの弊害が，世界的なレベルで現実的に発生しつつある[5]。この様な現状を踏まえると，食糧と競合しない第2次世代の原料開発が急務であり，植物のセルロース系バイオマスに注目が集まっている。後者のバイオマスは食糧と競合がほとんど無いが，難分解性物質であるリグニンがセルロースと強固に結合していることが多く，糖化が困難であるという問題点があり，糖化のコストと労力の低減を目指した技術改良を必要としている。表2に農水省が試算した2030年における国産バイオ燃料の生産可能量を示す。本表における草本系とは稲わら，麦わら，もみ殻等を，資源作物とは耕地で新たにバイオマス用

の植物を栽培したものを，木質系とは廃木材を，バイオディーゼル燃料とは廃食料油を指す。すなわち，原料の大部分が陸上植物のセルロース系バイオマスであり，海洋性バイオマスは対象外にあると言えよう。それでは，海洋性バイオマスはエネルギー原料としての将来性が乏しいのか？　それに対する著者の見解を以下に示す。

3　海洋性バイオマスの有効利用

　海洋性バイオマス（本稿における海洋とは淡水・汽水を含む水圏全体を指す）のエネルギー利用に関しては，これまで実用化レベルに達した研究例がほとんど無く，あくまで将来的な技術開発としての期待のみに留まっていた。その主な理由は，

① 　海洋性バイオマスは陸上のそれと比べて存在密度が希薄であるため，1地点での大量収穫が困難である。

② 　海藻類の水中での収穫は労力を要するため，時間とコストが嵩む。

③ 　海藻類は水分含量が約90％と高いため，取扱いが困難であると共に，大重量の収穫が困難である。

④ 　収穫物の運搬に船舶を使用することで，運送費が嵩む。

などの問題点を含むことであり，これらの理由からエネルギー収率の低い原料とみなされ，開発が回避されてきたことに基因している[6]。

　ところが最近になり，三菱総研が東京海洋大らと共同して新生アポロ・ポセイドン構想2025と称する計画[7]が進んでいる。日本の領海内に海洋プランテーション（海藻の大規模栽培場）を設立する。洋上プラント船上に，海藻の回収，原料加工（脱水・糖化），エタノール製造（発酵・精製）の全システムを構築する。2025年を目途に，海藻から年2,025万kℓのエタノールを生産し，同時にウランやレアメタルも回収する計画である。生産バイオエタノールは日本で消費するガソリンの1/3程度に当たるとしている。本計画は最終到達年次を2050年としており，半世紀に渡る長期的研究開発であるが，海洋性バイオマスが保持する問題点①〜④をほぼ全て解消できる計画として期待されている。また，水産庁が主催する水産（海洋性）バイオマスの資源利用に関する総合的技術開発（5カ年計画）が行われている。本計画は早期の実用化を目指した技術開発が中心課題であり，最も期待されているバイオマスは海藻である。

　海藻とは「海産多細胞性藻類」の総称であり，沿岸の潮間帯から水深数10mの海底にまで生息する。海藻の種類は2万5千種程度であり，地球上の全植物種の約5％に当たる。主に浅瀬には緑藻，深場には褐藻や紅藻が繁殖する。著者らは以下の藻類をバイオエタノール原料として研究中である。

第2章　海洋性バイオマス

　　緑藻：アオサ
　　褐藻：コンブ，ヒジキ，ホンダワラ（アカモク），ワカメ
　　紅藻：アサクサノリ，テングサ

上記の海藻のうち，食糧として利用されているものに関しては不可食部位を原料とし，未利用海藻に関してはそのまま有効利用を計画している。また褐藻はアルギン酸含量が高いため，これらを抽出後の試料を用いることを検討している。なお，本稿では海藻中でも期待の大きいアオサを取り上げて解説する。

・アオサ（*Ulva* 属）

　アオサは浅海の岩に付着した状態で，あるいは海水中に浮遊した状態で成長する。日本の海岸を歩くとよく目にする海藻で，特に富栄養化した海域の岩礁では緑色濃く大きく成長する。日本ではこれまで，ふりかけ等に加工されて食品利用されてきたが，アオノリやヒトエグサと比べて品質が劣るとされている。また富栄養化海域で採集されたアオサは，異臭の発生や藻体内に重金属が蓄積されている可能性も高いため，食用として不適切なものが多い。近年は大都市近郊において，春から夏にかけてアオサが大量繁殖している沿岸が増大している。アオサは繁殖過多になると，漁網と絡まる，沿岸に漂着して腐敗により悪臭が発生する，養殖アサリの斃死を誘引する等の環境への悪影響（経済的打撃）をもたらすことが知られている。都心で手軽にアオサの大繁殖が観察できるスポットとして，例えば横浜市八景島の海浜公園がある。ここでは夏場になるとアオサが海岸に大量に打ち上げられ，年によっては大型トラックを何台も使用して運び出すこともある。ところが，次に回収アオサをどう処分するか？　という問題に突き当たっている地方も多い。例えば，焼却処分する場合には水分含量が多いことが問題となる。埋め立てには場所が必要になる。仕方なく，広い海域へ運んで再び散布する方法をとっている地域すら存在するため，アオサの過剰繁殖が簡単に減少することは無いと思われる。

　一方で，アオサは成長の速さ，分布域の広さなどから，上手に生態をコントロールすることで環境浄化への応用が期待されている[8]。特に富栄養化した沿岸で過度に増殖したアオサは，非食用の未利用資源であるため，環境浄化後の回収アオサの有効利用が期待される。なお，著者らは浜名湖産のアオサをサンプルとして研究を行っている。

　次に，近年日本の淡水圏では外来水草の大繁殖が問題視されるようになった。例えばホテイアオイ，ウォーターレタス，オオカナダモ，コカナダモ等である。日本産水草を押しのけて大繁殖している外来水草は魅力的な未利用資源であり，有効利用が期待される。本稿では外来水草バイオマスとしてホテイアオイを取り上げて解説する。

・ホテイアオイ（*Eichihornia crassipes*）

　ホテイアオイは南アメリカ原産の浮遊性水草である。南米，アフリカ，東南アジア等の熱帯地

グリーンバイオケミストリーの最前線

ホテイアオイ(乾燥前)　　　　ホテイアオイ(乾燥後)
埼玉県大利根町由来　　　　　本研究室栽培

図2　収穫・乾燥したホテイアオイ

域では、湖沼や河川などの淡水・汽水域で周年にわたって大繁殖して生態系や船舶航行に影響を与え、世界的な害草の一つとされている[9]。2008年秋に、ある日本人ボランティア団体から著者に問い合わせが来た。彼らがケニアの湖で爆発的に大発生したホテイアオイの回収に携わっていたところ、回収従事者が呼吸困難や気分が悪くなる症状を呈してしまった。ホテイアオイが何かしらの有毒ガスを放出している可能性は無いか？との問い合わせがあった。著者の回答は、ホテイアオイは呼吸により主に二酸化炭素をガスとして放出する、大繁殖したホテイアオイが二酸化炭素を多量排出すれば、周囲の大気中の酸素濃度が減少するため、作業従事者が呼吸困難を呈する可能性がある、というものであった。ホテイアオイの生態を巡る興味深い逸話である。

　ホテイアオイは日本に1884年かそれ以前に持ち込まれ[10]、現在では家庭の金魚鉢や庭池で、水質や水温の安定化、夏に咲く青い花の観賞用の目的で栽培されることが多い。自然水圏でも春から夏にかけて各地の湖沼で繁殖するが、水面を覆い尽くすと水中生物を窒息死させたり、他生物の繁殖を著しく阻害してしまう。さらに熱帯原産であるため、晩秋を過ぎると腐敗が始まり、新たな水質汚染を引き起こす。

　ホテイアオイは根からの重金属や有機物の吸収能が高く、千葉県では富栄養化湖沼である手賀沼の水質浄化のために、ホテイアオイを毎年夏季に手賀沼で栽培し、腐敗前の晩秋期に回収し堆肥化している[11]。野生ホテイアオイの回収・処分にはコストがかかり、福岡県大川市では除去のために年間約6000万円の予算が使われている[12]。また埼玉県大利根町では夏季に泥田でホテイアオイを栽培して水面に紫色の花を咲かすことで町興しに利用し、同様に冬季には回収処分している。著者らは大利根町および大学内で回収したホテイアオイ標品（図2）を実験に試みている。

4　海洋性バイオマス中の多糖類とその糖化

　多糖類は海洋性バイオマス中で最もエタノールへ変換可能な成分であるが、海藻や水草はいず

第2章 海洋性バイオマス

表3 海藻・水草由来の多糖類

細胞質貯蔵多糖類	デンプン
細胞壁構成多糖類	セルロース
	ヘミセルロース
細胞間結合多糖類 (主として海藻)	アルギン酸
	フコイダン
	カラギーナン
	寒天
	ラミナラン

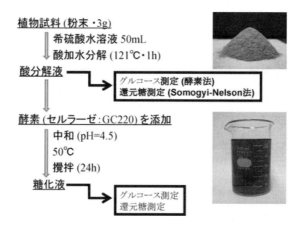

図3 海洋性バイオマスの糖化工程

れも体内に豊富な多糖類を保持している。表3に海藻・水草体内の主な多糖類を示す。細胞質貯蔵多糖は主としてデンプンである。細胞壁構成多糖は主にセルロースとヘミセルロースである。特に海藻の場合には，細胞間結合多糖としてアルギン酸，フコイダン，カラゲーナン，寒天，ラミナラン等が多量に存在する。また，陸上植物全般に含有されている難分解性のリグニンは，海藻には含まれておらず，水草には陸上植物の半量以下しか含まれていない。しかし，酵母は多糖類を直接的に資化や発酵する能力を持っていない。酵母はグルコースなどの単糖を，細胞膜を介して外界から細胞内へ能動輸送して代謝するが，より高分子の少糖類や多糖類は能動輸送できない。高分子は分解酵素の作用で単糖にまで低分子化した後に，細胞内へ輸送して代謝する。従って，バイオマス原料は最初に多糖類を人為的に単糖類へ変換する糖化工程を経て，次に酵母による発酵の工程によりエタノールへと変換される。

図3に著者らによる原料の実験室的糖化工程を示す。最初にアオサやホテイアオイの乾燥粉末品3gを調製した（なお工業的な糖化工程では，原料を乾燥させる作業を省きコスト削減を目指すことが必要となるが，ここでは基礎データ収集のため，評品を乾燥した）。糖化第1工程とし

て，乾燥原料を希硫酸（1〜5%v/v）50ml 中に攪拌して，加熱（121℃，1.5気圧，1時間）して分解低分子化した。なお原料を濃硫酸処理，またはより高温高圧の処理[13]を行うと，より高効率な糖化を行うことができるが，本稿では安全性および経済性を考慮して当該処理を行った。また他の前処理・糖化の方法としては超音波処理[14]，アルカリ処理[15]，臨界水処理[16]などが考えられる。次に糖化第2工程として，酸加熱処理液を酵素糖化した。多糖類分解酵素は種々存在するが，ここでは最も一般的で安価なセルラーゼを使用した。液 pH を 4.6 に調整した後，セルラーゼ添加して 50℃で 24 時間の糖化を行った。酵素処理した糖化液は Somgyi-Nelson 法[17]を用いて全還元糖量を定量した。グルコース量の測定には酵素法（F-kit glucose, Roche）を用いた。また単糖のうち中性糖に関してはガスクロマトグラフィーを用いて，生成糖の詳細な成分を同定・定量した。

　表4にアオサとホテイアオイの乾燥原料（1g）当りの酸糖化と酸・酵素糖化の結果，生成したグルコース量と全還元糖量の原料比率（%w/w）を示す。酸糖化の場合には，アオサがグルコース量 5.8%，全還元糖量 14.5%であったのに対し，ホテイアオイはグルコース量 3.3%，全還元糖量 10.4%とやや低い値を示した。この結果は，アオサはリグニンを含まないが，ホテイアオイは乾燥重量で 5%程度のリグニンを含んでいる[17]ため，前者は酸処理により容易に糖化されるが，後者はやや糖化が難しいものと考えられる。一方，酸・酵素糖化の場合には，アオサはグルコース量 10.5%，全還元糖量 37.0%であったのに対し，ホテイアオイではグルコース量 29.3%，全還元糖量 49.7%となり，前者と後者の値は逆転し，特にホテイアオイでグルコース量の増大が顕著であった。これは酸・酵素処理により原料が高効率で糖化されたため，原料中のセルロース含量が高いホテイアオイが生成グルコース量の値も増大させたものと考えられる。このことから，セルロースを多く含有する原料には，セルラーゼ処理による糖化は顕著な効果をもたらすことがわかった。いずれにしても，従来の陸上性バイオマスはリグニンを多く含有し（15〜30%程度）糖化が困難であったのに対して，海洋性バイオマスはリグニンを含まないか，その含有量半分以下と低く，糖化が比較的平易な原料であることがわかった。

表4　アオサとホテイアオイの糖化結果

酸糖化

原料（1g）	生成グルコース量/原料（%, w/w）	生成全還元糖量（%, w/w）
アオサ	5.8	14.5
ホテイアオイ	3.3	10.4

酸・酵素糖化

原料（1g）	生成グルコース量/原料（%, w/w）	生成全還元糖量（%, w/w）
アオサ	10.5	37.0
ホテイアオイ	29.3	49.7

第2章　海洋性バイオマス

5　海洋性バイオマスを原料とするエタノール生産

本稿ではエタノール発酵に関しては簡潔な記載に留める。図4にアオサ糖化液中の各中性単糖比，図5にホテイアオイ糖化液中の各中性単糖比を示す。アオサとホテイアオイから生成される単糖種に相違が無く，組成比に相違があることがわかった。酵母による単糖からのエタノール発酵は（Ⅰ）の式で表される。

$$C_6H_{12}O_6 \rightarrow 2C_2H_5OH + 2CO_2 \qquad (Ⅰ)$$

酵母が発酵できる単糖はグルコールが主であり，他の単糖を発酵できるか否かは酵母種株により異なる。表4の酸・酵素糖化によるアオサとホテイアオイの生成グルコース量10.5%（w/w）と29.3%（w/w）から，生成エタノール量がある程度予測できる。式（Ⅰ）からの生成エタノールの理論量は，アオサ5.4%（w/w），ホテイアオイ15.0%（w/w）であり，著者によるエタノール生成量結果とほぼ一致した（データは記載しない）。しかし，一般的な酵母は（Ⅰ）式における発酵収率が100%になることがなく，通常50〜90%程度である。従って当該糖化液においても，酵母は優先的にグルコースを発酵したが，グルコースが枯渇した後に，他の単糖も発酵していた

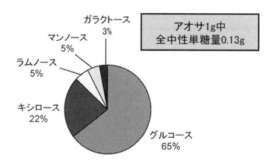

図4　アオサ糖化液の主な中性単糖の組成

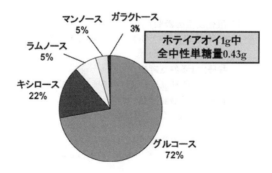

図5　ホテイアオイ糖化液の主な中性単糖の組成

と考えて良いであろう。そこで単糖の酵母による発酵解析を行ってみた。糖化液へ添加酵母は高発酵酵母種の *Saccharomyces cerevisiae* として Type strain（標準株），日本酒酵母協会7号（K7）株，ビール酵母 BSRI YB-23 株，TY-2 株（淡水圏由来），C19 株（海水圏由来）を用いた。TY-2 株と C19 株は著者らが水圏から単離した酵母である[17〜20]。さらに特殊発酵能を持つ酵母である *Pichia stipitis* NBRC1687 株を使用した。表5に各単糖の酵母によるエタノール発酵能を示す。全ての酵母株がグルコース，マンノース，ガラクトースを発酵できることがわかった。一方でラムノース発酵能を持つ酵母株は無かった。またキシロース発酵能を持つ酵母は *P. stipitis* のみであった。単糖類中でもキシロース含量比はホテイアオイが16％，アオサは24％と高いため，エタノールの高生産には酵母がキシロース発酵能を持っていることが重要である。以上，著者らの研究で海洋性バイオマスの糖化行程に関しては，実験室レベル（100ml）の最適条件をほぼ決定し，現在はスケールアップ（10ℓ）した際の条件を決定中である。糖化液の発酵工程に関しては，酵母株が保持する発酵収率と単糖種の発酵能を考慮して，糖化液別に優良酵母をスクリーニングして研究中である[19〜24]。

次に，バイオエタノール製造に伴う CO_2 量の収支を簡単な化学式で見てみよう（図6）。植物

表5 各酵母株の糖発酵能

単糖 （中性糖）	酵母					
	Saccharomyces cerevisiae					*Pichia stipitis*
	Type strain	K7	BSRIYB23	TY-2	C19	NBRC 1687
グルコース	+	+	+	+	+	+
キシロース	−	−	−	−	−	+
ラムノース	−	−	−	−	−	−
ガラクトース	+	+	+	+	+	+
マンノース	+	+	+	+	+	+

＋：発酵能有
−：発酵能無

（二酸化炭素の吸収）
　光合成：$6H_2O + 6CO_2 \rightarrow C_6H_{12}O_6 + 6O_2$
（二酸化炭素の排出）
　酵母による好気呼吸：
　　$C_6H_{12}O_6 + 6O_2 \rightarrow 6H_2O + 6CO_2$
　酵母による嫌気発酵：
　　$C_6H_{12}O_6 \rightarrow 2C_2H_5OH + 2CO_2$

エタノールの燃焼：$2C_2H_5OH + 6O_2 \rightarrow 6H_2O + 4CO_2$

図6　二酸化炭素の収支

第 2 章　海洋性バイオマス

は光合成により，CO_2 6 分子を固定して $C_6H_{12}O_6$ 1 分子を生成する。そこで，植物原料と酵母を発酵タンクに導入すると，タンク内に O_2 が存在する間，酵母は好気呼吸して $C_6H_{12}O_6$ 1 分子から CO_2 6 分子を生成するため，カーボンニュートラルとなる。容器内の O_2 が枯渇すると，酵母は嫌気発酵して $C_6H_{12}O_6$ 1 分子から C_2H_5OH 2 分子と CO_2 2 分子を生成する。C_2H_5OH 2 分子はエネルギーとして燃焼されると，CO_2 4 分子が生成される。従って，嫌気発酵とそのエネルギー化もまたカーボンニュートラルとなるため，バイオマスはクリーンエネルギーとされる。

　最後に，人を中心とする従属栄養型生物は生命活動に伴い常に CO_2 を放出し続けるが，一方で植物は光合成により CO_2 を吸収固定して繁茂し，大気中の CO_2 濃度をほぼ一定に保っている。ところが，植物のライフサイクルを眺めてみると，高密度の繁殖や成長期を過ぎると，しばしば枯れて微生物により腐敗し，大気中の CO_2 量の増大に繋がる生活期が存在する。そこで，著者らは腐敗前の余剰植物体を回収しバイオエタノール製造用原料として使用することを試みている。地球上で未利用の余剰植物が最も繁茂している地帯は海洋であり，海洋バイオマスに対する期待は大きいと考える。

文　　献

1) 農林水産省／バイオマス・ニッポン　http://www.maff.go.jp/j/biomass/
2) 長沼要, 自動車燃料としてのバイオエタノールに関する動向, *MATERIAL STAGE*, 8 (8), p51-52 (2008)
3) 森田茂紀, 日本におけるイネのバイオエタノール化の可能性, *MATERIAL STAGE*, 8 (8), 65-67 (2008)
4) 大聖泰弘, 三井物産㈱編, バイオエタノール最前線, p47-101, 工業調査会, (2004)
5) Koh L. P., Ghazoul J., Biofuels, biodiversity, and people：Understanding the conflicts and finding opportunities. *Biological Conservation*. 141, 2450-2460 (2008)
6) 中村宏, 河口真紀, マリンバイオマス, *J. Japan Institute Energy*, 88, 561-568 (2009)
7) 香取義重, 新生アポロ・ポセイドン構想（三菱総合研究所）　http://www.mri.co.jp-100KY.html
8) 能登谷正浩編著, アオサの利用と環境修復, p71-101, 成山堂書店 (1999)
9) 石井猛編著, ホテイアオイは地球を救う, p1-10, 内田老鶴圃, (1992)
10) 角野康郎著, ホテイアオイ 100 万ドルの雑草, 井上健編, 植物の生き残り作戦 収録, p168-178, 平凡社 (1996)
11) 本橋敬之助, 立本英機著, 湖沼・河川・排水路の水質浄化―千葉県の開発事例―, p37-45, 海文堂出版 (2004)
12) Kadono Y., Alien aquatic plants naturalized in Japan：history and present status. *Global*

Environmental Research. **8**, 163-169 (2004)

13) Hamelinck C. N., Hooijdonk G., Faaij A. P. C., Ethanol from lignocellulosic biomass : techno-economic performance in short-, middle- and long-term. *Biomass Bioenergy.* **28**, 384-410 (2005)

14) Li C., Yoshimoto M., Tsukuda N., Fukunaga K., Nakao K. A kinetic study on enzymatic hydrolysis of a variety of pulps for its enhancement with continuous ultrasonic irradiation *Biochemical Engineering Journal.* **19**, 155-164 (2004)

15) Mishima D., Tateda M., Ike M., Fujita M., Comparative study on pretreatments to accelerate enzymatic hydrolysis of aquatic macrophyte biomass used in water purification processes. *Bioresource Technology.* **97**, 2166-2172 (2006)

16) 江原克信，坂志朗，超臨界水技術によるリグノセルロースからのエタノール生産プロセス，*Readout,* **31**, 98-105 (2005)

15) Somogyi M., Notes on sugar determination. *Journal of Biological Chemistry.* **19**, 195 (1952)

16) Abraham M., Kurup G. M., Pretreatment studies of cellulose wastes for optimization of cellulase enzyme activity. *Applied Biochemistry and Biotechnology* **62**, 201-211 (1997)

17) 小川剛，碓井幸成，石田真巳，浦野直人，ホテイアオイからのバイオエタノール生産と高発酵株の探索，平成18年度第9回マリンバイオテクノロジー学会大会講演要旨集，p86

18) 古川彰，小川剛，青山初美，榎牧子，石田真巳，浦野直人，内田基晴，海藻および淡水圏植物を原料とするバイオエタノールの製造，平成20年日本水産学会春季大会講演要旨集，p206

19) G. Ogawa, M. Ishida, K. Shimotori, and N. Urano, Isolation and characterization of *Saccharomyces cerevisiae* from hydrospheres, *Anals of Microbiol.,* **58**, 261-262 (2008)

20) G. Ogawa, M. Ishida, U.Usui, and N. Urano, Ethanol production from the water hyacinth *Eichiborunia crassipes* by yeast isolated from hydrospheres, *African J. Microbiol. Res.,* **2**, 110-113 (2008)

21) R. Ueno, N. Urano, and S. Kimura, Effect of temperature and cell density on ethanol fermentation by a thermotolerant aquatic yeast strain isolated from a hot spring environment, *Fish. Sci.,* **66**, 571-576 (2002)

22) N. Urano, R. Ueno, and S. Kimura, Isolation of aquatic yeasts and their bioremedial application in fisheries, *Fish. Sci.,* **68**, suppl. I, 642-643 (2002)

23) R. Ueno, N. Urano, and S. Kimura, Characterization of thermotolerant, fermentaitive yeasts from hot spring drainage, *Fish. Sci.,* **67**, 138-145 (2001)

24) N. Urano, H. Hirai, M. Ishida, and S. Kimura, Characterization of ethanol-producing marine yeasts isolated from coastal water, *Fish. Sci.,* **64**, 633-637 (1998)

第3章　油脂

高津淑人[*]

1　はじめに

　トリアシルグリセロール（高級脂肪酸のグリセリンエステル）から成る"油脂"は，主に加熱調理や冷食用のオイル，あるいは食材加工用の添加物といった食品用途で消費されている。一方，石油資源からの合成が困難な化学品の原料としても油脂は重要であり，得られた化学品は日常生活に欠かせない洗剤，医薬品，化粧品に用いられている。また，塗料，潤滑油，防錆剤，燃料用添加剤等にも油脂由来の化学品が使われている。

　社会の持続的な発展が求められる今日では，カーボンニュートラルな原料素材として油脂の重要性がさらに高まっている[1]。このため，油糧作物を増産するためのバイオテクノロジーや工業的な用途を拡大するための触媒反応技術が活発に研究開発されている。ヨーロッパでは，菜種油のメチルエステルを軽油代替の燃料（バイオディーゼル）に利用することが普及しており，地球環境問題の克服を目指した新たな用途として注目されている。

　ここでは，グリーンバイオケミストリーの重要な原料素材である油脂について，その特徴や化学品を合成するための実用的な反応プロセスを記す。そして，油脂化学工業の発展に欠かせない新しい触媒反応技術の研究開発動向を述べた後に，著者らが研究開発を進める新しい触媒反応技術を紹介する。

2　油脂の特徴

　様々な動植物に起源する油脂が産業に利用されており，その性状は主成分であるトリアシルグリセロールの脂肪酸組成に大きく依存している。表1は，様々な油脂の脂肪酸組成を示す。植物起源の油脂には炭素数16，18の脂肪酸で構成されるトリアシルグリセロールが多い。常温で液体の油脂は不飽和成分に富む脂肪酸組成となっている。不飽和成分にポリエン酸が多くなると酸化されやすくなり，この性質は「ヨウ素価」で評価される。ヨウ素価の高いアマニ油やキリ油は乾性油と呼ばれ，熱重合させたものが油性塗料や印刷用インクに利用される。パーム油のように

---

[*]　Masato Kouzu　同志社大学　微粒子科学技術研究センター　特任准教授

グリーンバイオケミストリーの最前線

表1 各種油脂の脂肪酸組成

		アマニ油	キリ油	ヒマワリ油	ベニバナ油	綿実油	大豆油	菜種油※2	米ぬか油	ヒマシ油	パーム油	パーム核油	ヤシ油	牛脂	豚脂	魚油
カプロン酸	C6:0	-	-	-	-	-	-	-	-	-	-	0.2	0.4	-	-	-
カプリル酸	C8:0	-	-	-	-	-	-	-	-	-	-	3.3	7.7	-	-	-
カプリン酸	C10:0	-	-	-	-	-	-	-	-	-	-	3.3	6.1	-	0.1	-
ラウリン酸	C12:0	-	-	-	-	-	-	-	0.5	-	0.4	49.1	48.1	-	0.1	-
ミリスチン酸	C14:0	-	-	-	0.1	0.6	-	-	0.3	-	1.0	15.6	18.1	3.1	1.5	7.5
パルミチン酸	C16:0	6.7	3.0	6.1	6.4	19.6	10.7	4.3	16.2	1.2	39.5	8.2	8.8	23.9	24.8	17.0
パルミトレイン酸	C16:1	-	-	-	-	0.6	-	0.2	0.2	-	0.2	-	-	2.9	3.1	9.1
ステアリン酸	C18:0	3.7	2.0	4.2	2.2	2.5	3.2	1.9	1.8	1.0	4.1	2.8	2.6	17.5	12.3	2.3
オレイン酸	C18:1	21.7	4.0	24.0	13.9	22.1	25.0	61.5	43.3	3.1	43.2	6.4	6.6	43.9	45.1	12.5
リノール酸	C18:2	15.8	9.0	63.5	76.0	52.3	53.3	20.6	35.3	5.3	10.6	1.6	1.6	2.3	9.9	2.7
リノレン酸	C18:3	52.1	82.0※1	0.4	0.2	0.6	5.4	8.3	1.2	-	0.2	-	-	0.1	0.1	0.8
アラキジン酸	C20:0	-	-	0.3	0.4	0.4	0.4	0.5	0.7	-	0.4	-	-	0.1	0.2	0.9
イコセン酸	C20:1	-	-	0.1	0.2	0.1	0.2	1.1	0.5	-	0.2	-	-	0.3	1.3	5.0
イコサペンタエン酸	C20:5	-	-	-	-	-	-	-	-	-	-	-	-	-	-	16.8
ドコサヘキサエン酸	C22:6	-	-	-	-	-	-	-	-	-	-	-	-	-	-	10.2
リシノール酸	C18:1(OH)	-	-	-	-	-	-	-	-	87.8	-	-	-	-	-	-

※1 エレオステアリン酸
※2 カノーラ種からのオイル

常温で固体の油脂は飽和成分に富む脂肪酸組成である。動物起源の牛脂や豚脂もパーム油と同様に飽和成分が多いので，常温では固体となっている。

パーム核油やヤシ油は，炭素数12, 14のものが多い特徴的な脂肪酸組成になっている。炭素数12, 14の成分は界面活性剤の原料として需要が多いので，パーム核油やヤシ油は工業的に貴重な油脂である。魚油の脂肪酸組成も特徴的であり，炭素数20, 22の脂肪酸が含まれている。これらのうち，イコサペンタエン酸（IPA）やドコサヘキサエン酸（DHA）のような多価不飽和脂肪酸には生理活性があり，付加価値の高い化学品に利用することが検討されている。DHAに対しては高度精製が可能となったことで，食品添加用の栄養補助剤が開発された。また，ヒマシ油はエタノールへ溶けることのできる特異的な油脂である。これは，水酸基を持つ脂肪酸（リシノール酸）で構成されるトリアシルグリセロールが多いためである。

油脂には，少量のジアシルグリセロール，遊離脂肪酸，およびリン脂質も含まれている。ジアシルグリセロールと遊離脂肪酸は，油脂原料中の加水分解酵素がトリアシルグリセロールへ作用することによって生成する。リン脂質は，ジアシルグリセロールのリン酸モノエステルから成るホスファチジル化合物である。第4級飽和アミンのコリンと化合したもの（ホスファチジルコリン）はレシチンと呼ばれ，健康食品等に利用される。栄養学的に重要なマイナー成分には，トコフェロール類がある。これは抗酸化作用を示すビタミンE成分であり，ヒマワリ油や綿実油，ベニバナ油に多く含まれる。オリザノール（フェルラ酸のステロールエステル）は米ぬか油に特徴的なマイナー成分であり，コレステロールの吸収抑制といった生理活性が注目されている[2,3]。

油脂の生産量については増加の一途をたどっており，2006年には1億2千万トンに上る植物油脂が生産された（図1）。主要なものはパーム油，大豆油，菜種油であり，これらが総生産量

第3章　油脂

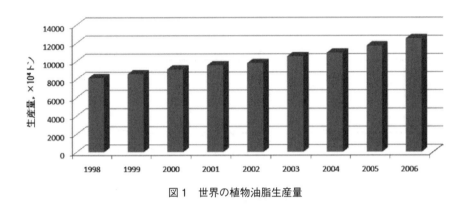

図1　世界の植物油脂生産量

の4分の3近くを占める。パーム油の生産量は年間3500万トン程度であり，その8割以上はマレーシアとインドネシアが産地である。原料であるアブラヤシの果実は含油率が他よりも高く（50%），単位作付面積あたりの油脂生産効率に優れている。大豆油は，アメリカ，ブラジル，アルゼンチン，中国で多く生産されている。ただし，大豆は含油率が低いので（19%），ヘキサン等を用いた溶媒抽出法によって搾油される。菜種油は，カナダ，ヨーロッパ，中国が主要生産国である。在来種からの菜種油は栄養学的に問題のあるエルカ酸が多いために品種改良され，現在では改良種からの菜種（カノーラ）油が大部分である。最近では，バイオディーゼル燃料を増産するために食用に適さないジャトロファ油が注目されている[4]。また，加熱調理後に廃棄された油脂を燃料化する試みもある[5]。

3　油脂からの化学品合成

化学品の原料に用いられる油脂は食品用途の10%に満たないが，石油資源からは合成できない貴重な物質が得られる。パーム油，パーム核油，ヤシ油，大豆油，牛脂，豚脂等が様々な種類の界面活性剤へと変換され，洗剤，医薬品，化粧品，潤滑油，防錆剤，燃料用添加剤等の基剤に利用されている。一方，塗料用途でアマニ油のようなヨウ素価の高い油脂からは樹脂が合成されている。

図2は，油脂から各種の界面活性剤を合成する流れである。最初に，油脂は脂肪酸，若しくは脂肪酸メチルエステルへと変わる。脂肪酸は加水分解によって得られており，無触媒方式のコルゲートエメリー法を利用することが多い。この方法では高温高圧（250～260℃/5～6MPa）の反応条件にしているので，油脂と水の接触が良好である[6]。また，反応容器内では油脂と水が向流接触し，副生グリセリンが速やかに系外へ抜き出されるために平衡反応率が高くなる。これらは加水分解の促進に効果的であり，2～3時間後に分解率が98%以上に達する。有機スルホン酸や

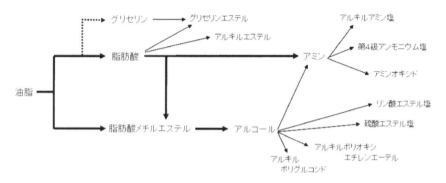

図2　油脂から界面活性剤を合成する流れ

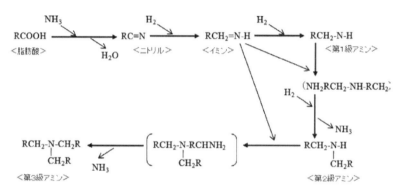

図3　脂肪酸を原料とするアミン合成反応

酸化亜鉛を触媒に用いて穏和な反応条件で加水分解する方法もあるが，経済性の問題が指摘されている[7,8]。なお，副生グリセリンも油脂由来の化学品として様々な用途がある。

　得られた脂肪酸は，用途に応じて分別・蒸留される。また，ニッケル系触媒を用いた水素添加反応によって融点を調整したり，酸化安定度を高めることもある。その後，アミンやメチルエステルを合成する。アミンを合成する場合には，アンモニアとの反応によってニトリルへ変えた後に，水素化反応を行う（図3）。アンモニアとは280～360℃で反応させており，金属酸化物が触媒に使用される。この反応は化学平衡が関与するため，副生物である水を連続的に取り除くことが重要である。引き続くニトリルの水素化では，使用する触媒によって生成物の選択性が異なる。NiやCoを触媒にすると，第1級アミンが選択的に生成する[9]。アルカリを添加したCu-Cr触媒を使用すれば第2級アミンへの選択性が高まる[10]。反応系内から連続的にアンモニアを抜き出せば，中間体であるイミンとの付加が進行し，第3級アミンも生成する。生成したアミンは，カチオン界面活性剤の原料に用いられる。また，アミンオキシドへと酸化し，非イオン界面活性剤としても利用されている。

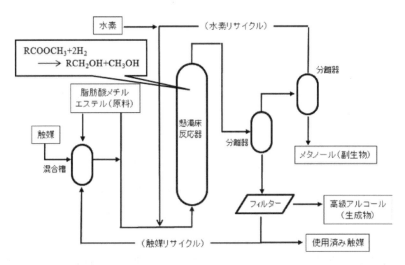

図4 脂肪酸メチルエステルを原料とする高級アルコール合成反応プロセス（懸濁床反応方式）

　油脂から脂肪酸メチルエステルを直接合成する場合には，水酸化ナトリウムやナトリウムメトキシドのようなアルカリ触媒が使用される。1％程度を添加し，メタノールの沸点近くの温度で操作すればエステル交換が極めて効率良く進行する。アルカリ触媒はメタノールからプロトンを引き抜くことに作用し，トリアシルグリセリドのカルボニル炭素を求核攻撃するメトキシドアニオンが生成する。

　得られた脂肪酸メチルエステルは，水素化反応を経て高級アルコールになる。Cu-Cr系の触媒を用いる懸濁床反応方式のプロセスを，高温高圧（250～300℃/20～30MPa）の条件で操作し，高級アルコールが工業生産されている[11]。図4に懸濁床の反応プロセスを示す。触媒は予め原料の脂肪酸メチルエステルとスラリー化され，反応器へ供給される。反応ではメタノールを副生するが気液分離によって除去される。触媒は一部が回収・再使用される。得られた高級アルコールが硫酸でエステル化されたものはアニオン界面活性剤に用いられる。また，酸化エチレンを付加すれば，非イオン界面活性剤のアルキルポリオキシエチレンエーテルが生成する。

4　油脂化学品製造の研究開発

　再生可能な原料素材である油脂から効率良く化学品を生産すること，あるいは新たな化学品を合成することは産業社会の持続的な発展につながる重要な技術であり，油脂化学工業の分野で活発な研究開発が取り組まれている。

　油脂から脂肪酸を得る加水分解の反応条件を緩和するために，固体酸触媒の利用が検討されて

いる。水蒸気を連続的に供給するセミバッチの反応方式で酸性イオン交換樹脂を使用し，155℃の反応温度を6時間保持することで75％の反応率が達成されたとの報告がある[12]。ヘテロポリ酸（タングストリン酸，モリブドリン酸）やメソポーラスアルミナの触媒活性も調べられており，加水分解の促進には強い酸性質が必要との結論に至っている[13]。多価不飽和脂肪酸に富む油脂に対しては，熱安定性が乏しいことを考慮して，リパーゼを用いる酵素触媒法が考えられている[14]。

脂肪酸メチルエステルを水素化することで高級アルコールを得る反応プロセスに関しては，環境への配慮からCrフリーの触媒が検討された。その結果，スピネル結晶構造の$CuFe_2O_4$が高活性であり，Alの添加によって触媒の耐久性を向上できることが見出された[15]。最近の高級アルコール生産プラントでは，炭化水素の副生を抑えることに効果的で，平衡反応率の面からも有利な固定床反応方式を採用し，触媒にはCu-Zn系を用いている[16]。高級アルコールへ転換する反応速度を高めるために，超臨界状態の溶媒を利用することも検討されている。これは，水素の拡散速度を高めることが狙いであり，超臨界状態にあるプロパンの下でCu系触媒による水素化反応を行うと，高級アルコールの生成は2.5秒で完結したと報告されている[17]。Cu系触媒は炭素－炭素二重結合の水素化にも作用するので，不飽和高級アルコールの合成には適さない。そこで，貴金属系の触媒が研究開発されており，Rh，Ru，あるいはPdにSnやZnを添加した触媒がアシル基を選択的に水素化できるようである[18]。Ru-Sn-Al_2O_3触媒を$NaBH_4$で還元し，オレイン酸メチルの水素化反応に使用すると，反応率90％で，オレイルアルコールへの選択率が80％を超えたとの結果が得られている[19]。

油脂から新たな化学品を合成することを目的に，メタセシス反応が注目されている。メタセシス反応によると，図5が示すように，オレフィンのアルキリデン基（＝CRR'）が組み替えられ

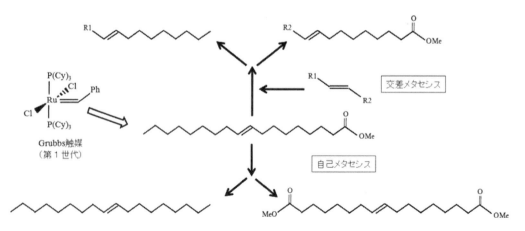

図5　不脂肪酸メチルエステルのメタセシス反応

ることによって新たなオレフィンが生成する。この反応にはRuのカルベン錯体が高活性であり，発明者の名を冠して「Grubbs触媒」と呼ばれる[20]。不飽和脂肪酸のメチルエステルを原料とする自己メタセシスでは長鎖のアルケンやジエステルが生成する。また，エチレンやプロピレンのような低級オレフィンとの交差メタセシスからは，炭素数10～14程度のアルケンや脂肪酸メチルエステルが生成する。Grubbs触媒による2-ブテンと不飽和脂肪酸エステルの反応を25℃で実施し，2-ブテンのモル比を10倍にすると，反応率と交差メタセシスの選択率がいずれも95％を超えたと報告されている[21]。メタセシス反応用の固体触媒も盛んに研究開発されているが，触媒劣化を解決することが課題のようである。

グリセリンについては，バイオディーゼル燃料の急速な普及に伴う供給過多への懸念から，新たな用途が求められている。新たな用途の一つとして，1,2-プロパンジオールを合成することが注目されている。1,2-プロパンジオールは，安全性の高い凍結防止剤として需要が急速に伸びており，酸化プロピレンの水和によって工業生産されている。近年の研究開発から，グリセリンの水素化分解によって生産できる可能性が示されている。Cu-Zn触媒を用いた270℃，10MPaの反応によって，ほとんどのグリセリンが分解され，84％の選択率で1,2-プロパンジオールを得たとの報告がある[22]。イオン交換樹脂の酸性質による脱水とRu/Cによる水素化を組み合わせることで，反応温度を120℃に低減することができる[23]。また，Cu/Al_2O_3触媒を用いた固定床反応方式によれば，常圧下で1,2-プロパンジオールの収率が90％に達する[24]。

5 脂肪酸メチルエステルを合成する固体塩基触媒反応法

最後に，固体塩基触媒による脂肪酸メチルエステルの合成を目的とした著者らの研究開発を紹介する。既に記したように，脂肪酸メチルエステルの工業生産では苛性アルカリを塩基触媒とするエステル交換反応を採っている。しかし，この方法では反応生成物へ溶解した塩基触媒を除去することにコストを要する。最近は，温室効果ガスの削減を目的に脂肪酸メチルエステルをディーゼル燃料に利用することが普及しつつあり，生産コストのさらなる低減が求められている。コスト低減のために反応生成物へ溶解しない固体塩基が注目されているものの，実用に耐えうる触媒はいまだ報告されていない。著者らは，酸化カルシウムを固体塩基触媒に利用できる可能性を示し[25]，低コストで脂肪酸メチルエステルを生産できる触媒反応技術として実用化を目指した研究開発に歩みを進めている[26]。

酸化カルシウムはイオン結合性の結晶から成り，その格子酸素アニオンはブレンステッド塩基として作用する。脂肪酸メチルエステルを生成する反応では，格子酸素アニオンがメタノールからプロトンを引き抜き，求核試薬となるメトキシドアニオンの生成を触媒する。図6が示すよう

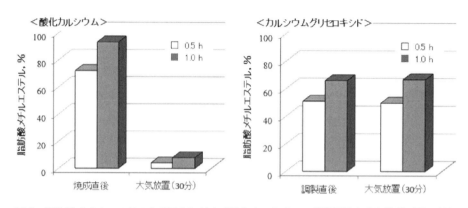

図6 脂肪酸メチルエステル合成反応に対する酸化カルシウムの触媒活性と大気接触耐性の付与

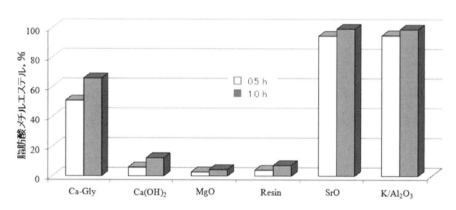

図7 脂肪酸メチルエステル合成反応に対する各種固体塩基の触媒活性

に，常圧下のメタノール還流状態で大豆油を1時間反応させると90％以上の収率で脂肪酸メチルエステルが生成した。興味深いことに，酸化カルシウムは反応中に副生グリセリンと化合し，カルシウムグリセロキシド（$Ca(C_3H_7O_3)_2$）へと変わっていた[27]。このカルシウム化合物は，酸化カルシウムと比べて活性はやや劣るものの，大気中の二酸化炭素や水分で被毒されない特性を持っていた。一方，酸化カルシウムは大気に接触すると触媒活性を大きく損ねることが欠点である[28]。触媒をハンドリングする際に大気との接触を完璧に防ぐことは難しく，原料の植物油やメタノールにも微量の水分が含まれていることから，活性種はカルシウムグリセロキシドとし，その前駆体物質に酸化カルシウムを用いることで実用触媒を検討した。

図7は，カルシウムグリセロキシド（Ca-Gly）の触媒活性を他の固体塩基と比べた結果である。水酸化カルシウム（$Ca(OH)_2$），酸化マグネシウム（MgO），およびアニオン交換樹脂（Resin）は塩基性が低いために，1時間後の脂肪酸メチルエステルの収率は10％前後にとどまった。酸化ストロンチウム（SrO）とアルミナ担持カリウム（K/Al_2O_3）は30分後に収率が90％を超える

第 3 章　油脂

ほどの高い触媒活性を示したが，繰り返し使用することに難があった。酸化ストロンチウムは苛性アルカリと同様にすべてが溶解し，反応後に回収できなかった。アルミナ担持カリウムについては，回収できたものの，繰り返し使用すると 1 時間経っても脂肪酸メチルエステルが 10％を超えないほどに活性を失っていた。

　脂肪酸メチルエステルの合成プロセスに実用する触媒は，数 mm 程度の大きさに破砕した石灰石を原料に用いる[29]。この原料を 900℃程度で焼成した後に，表面をグリセリンと化合させてからエステル交換に使用する。破砕するだけの簡便な加工によって固定床反応器へ充填できる形状が整い，国内で豊富に産出される石灰石を用いるので，極めて安価に触媒を調製できる。触媒の表面のみをカルシウムグリセロキシドにしているのは，焼成石灰石の高い機械的強度を活用するためである。固定床反応器へ反応物を循環させるバッチ方式を実用的な反応プロセスと想定し，菜種油（食用）のメチルエステルを合成する反応試験を行った結果が図 8 に示されている。2 時間の反応でメチルエステルの収率が 95％を超えており，反応効率は極めて良好であった。触媒を交換せずに反応を繰り返しても，同じ反応効率を維持できた。当初の試験では，反応を 10 回繰り返したあたりから触媒劣化の傾向を示したが，反応物の循環流量やメタノール／オイル比等の操作条件を改善することで反応を 40 回以上繰り返しても良好な反応効率が続くようになった。使用済み天ぷら油から合成する試験も行い，菜種油と同じ反応効率でメチルエステルが生成することを確認した。使用済み天ぷら油は固体塩基触媒を被毒する遊離脂肪酸を含んでいるので，この試験では事前に酸性イオン交換樹脂を用いて遊離脂肪酸をエステル化した。現在は，反応プロセスのスケールアップや後段の分離・精製プロセスの設備仕様を検討している。

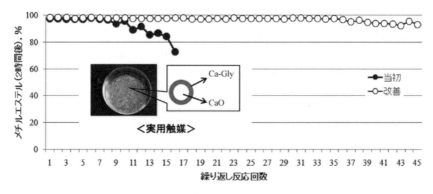

図 8　実用触媒を繰り返し使用した脂肪酸メチルエステルの合成試験

文　　献

1) A. Corma *et al.*, *Chem. Rev.*, **107**, 2411 (2007)
2) 角田出, 水産増殖, **56** (1), 105 (2008)
3) 内田麻子ほか, 日本調理科学会誌, **40** (3), 184 (2007)
4) H. J. Berchmans *et al.*, *Bioresour. Technol.*, **99**, 1716 (2008)
5) 中村一夫ほか, 廃棄物学会論文誌, **17** (3), 193 (2006)
6) M. H. Ittner, US Patent 2139589 (1938)
7) E. Twitchell, *J. Am. Chem. Soc.*, **22**, 22 (1990)
8) L. Lascaray, *J. Am. Chem. Soc.*, **29**, 362 (1952)
9) H. Greenfie., *Ind. Eng. Chem. Prod. Res. Develop.*, **6**, 142 (1967)
10) J. Barrault *et al.*, *Catal. Today*, **37**, 137, (1997)
11) T. Voeste *et al.*, *J. Am. Oil Chem. Soc.*, **61**, 350 (1984)
12) C. J. Yow *et al.*, *J. Am. Oil Chem. Soc.*, **76**, 529 (1999)
13) C. J. Yow *et al.*, *J. Am. Oil Chem. Soc.*, **79**, 357 (2002)
14) Z. D. Knezevic *et al.*, *Appl. Microbiol. Biotechnol.*, **49**, 267 (1998)
15) Y. Hattori *et al.*, *J. Am. Oil Chem. Soc.*, **77**, 1283 (2000)
16) 三村拓, 触媒, **48** (7), 532 (2006)
17) S. van den Hark *et al.*, *J. Am. Oil Chem. Soc.*, **76**, 1363 (1999)
18) Y. Pouilloux *et al.*, *J. Catal.*, **176**, 215 (1998)
19) Y. Pouilloux *et al.*, *Appl. Catal. A：Gen.*, **169**, 65 (1998)
20) R. H. Grubbs *et al.*, *J. Am. Chem. Soc.*, **118**, 110 (1996)
21) J. Patel *et al.*, *Chem. Commun*, 5546 (2005)
22) B. Casale *et al.*, EP Patent 523014 (1993)
23) T. Miyazawa *et al.*, *Appl. Catal. A：Gen.*, **329**, 30 (2007)
24) S. Sato *et al.*, *Appl. Catal. A：Gen.*, **347**, 186 (2008)
25) 高津淑人ほか, 日本エネルギー学会誌, **85** (2), 135 (2006)
26) M. Kouzu *et al.*, *Fuel*, **88**, 1983 (2009)
27) M. Kouzu *et al.*, *Appl. Catal. A：Gen.*, **334**, 357 (2008)
28) H. Hattori, *J. Jpn. Petrol. Inst.*, **47** (2), 67 (2004)
29) 特開 2009-297669

第4章 リグニン

福島和彦*

1 はじめに

　地球上の植物が生産する光合成産物の総量は年間1,000〜1,500億トンと見積もられている。これは、年間1,467〜2,200億トンの二酸化炭素吸収量に相当する。一方、2006年総二酸化炭素排出量は約250億トン[1]であった。すなわち、緑地の1/6〜1/9程度を、適正に管理しバイオマスを生産するシステムを作ってやれば、バイオマスは化石資源の代替として枯渇することがない夢の資源となるのである。一方で、持続的な生産を可能にするためには、生産活動が伴わなければいけないこと、さらに光合成産物を集めて利用できる形にするのに手間がかかることから、採算がとれないのが現状である。しかし、今後は、低炭素社会（正しくは、低二酸化炭素排出社会というべきであろう）を実現していく中で、新しい社会システム、生活スタイルが台頭し、産業構造そのものが大幅に変化し、自然エネルギーの利用は格段に拡大していくものと予想される。

　バイオマスの90％以上が木質バイオマス（海外ではリグノセルロースと呼ばれている）であり、その20％から35％がリグニンである。現在、リグニンはパルプ製造工程で熱源として利用されている程度であるが、今後は化石資源代替として、エネルギー利用、マテリアル利用などバイオリファイナリー産業の重要な原料として需要が伸びていくことが期待されている。ここでは、リグニンとは何か、を概説する。

2 木質バイオマス（リグノセルロース）の優位性

　脱化石資源依存型社会を目指して、バイオマスの積極的な利用促進が世界各地で試みられている。その結果、トウモロコシやサトウキビなどのエネルギークロップ作付面積の増大による食料生産への影響や、農業用水争奪などの問題が表面化してきている。一方、山岳地域や低降水地域でも樹木は生育し、そこから生産される木質バイオマスは、食料生産に影響を及ぼすことがほとんどないため、その優位性は益々認識されつつある。木質バイオマスは、その豊富な存在量（バイオマス全体の9割）や伐採時期を選ばないことから安定供給が可能という点で魅力的な資源で

---

　* Kazuhiko Fukushima　名古屋大学　大学院生命農学研究科　生物圏資源学専攻　教授

ある。なにより，石油などの化石燃料と違い，適正な管理を行えば，半永久的に枯渇することなく利用できることが最大の魅力だ。

木質バイオマスの長所の一つに，生産と備蓄が同時に達成できることがあげられる。樹木の幹は，太陽エネルギーが光合成により有機物に変換されたのち，年輪構造にセルロースやリグニンといった高分子物質で蓄積されるため，樹種によっては何百年，何千年という歳月が経過しても朽ち果てることはない。天候に左右される太陽，風力などの他の再生可能エネルギーに比べても，安定供給，備蓄性という観点に立てば木質バイオマスの資源としての潜在的価値は群を抜いている。このような理由で，木質（リグノセルロース）を原材料とすればバイオマス産業は通年稼働も可能となり，コスト面でも有利になる。

木質バイオマスの供給におけるもう一つの優位性は，原料である森林地帯が世界各地の人口密集地域から比較的近い位置に分布しており，地域的に偏在しないことである。他のバイオマスであるエネルギークロップは，気温や降水量など気候条件の影響を大きく受けるので，限られた地域でしか生産されない。都市近郊の森林（生産林）を整備し，木質バイオマスの利活用が促進されれば，輸送コスト，輸送に伴って排出される二酸化炭素の削減に大きく寄与する。

木質バイオマスは，需要と供給（消費量と生産量）のバランスを持続的に管理するシステムが構築されれば，大気中の二酸化炭素濃度を増加させない（カーボンニュートラル）ため，排出量削減に大きく貢献することは言うに及ばず，その構成元素のほとんどが炭素と酸素と水素であるため，燃焼時に窒素酸化物や硫黄酸化物といった大気汚染物質もほとんど排出しないクリーンな環境をもたらす。また，木質バイオマスは，化学原料，工業原料，液体燃料としても利用できる（バイオリファイナリー）ので，石油業界が生産する製品のほとんどをカバーすることができる。バイオマスの利用は地産地消が基本なので，山村地域の雇用を増やし，地域の経済活性化につながるという波及効果も期待されている。

3　国産未利用木質バイオマス

国内で産出される林地残材（間伐材を含む）は2005年で約370万トンであるが，ほとんど未利用である。すなわち，年間約100万トンのリグニンが捨てられていることになる。バイオマスを石油代替資源として活用するためには，安定供給と供給コスト削減が必須の条件である。できるだけコストをかけずに資源調達するためには，現在稼働している産業システムを最大限に利用して，未利用系や廃棄系の木質バイオマスを効率よく使うことが重要である。ポプラやユーカリは資源植物として大規模植林が行われているが，現在ではパルプ原料として一定以上の径の丸太しか使われておらず，枝や小径樹幹は林地に放置されている。また，バイオマス量の10％以上

を占める樹皮は，チップにする前に剥離され一部は熱源回収されたり，堆肥原料として利用されているが，その多くが廃棄されている。最近では，輸送コスト削減のため，伐採時に剥皮し林地に放置される場合もある。早成樹をパルプ原料になる部分しか使うのではなく，これまで捨てられてきた林地残材，土場残材も，バイオリファイナリー原料として有効利用していくことなどを早急に開拓していかなければいけない。現在，石炭火力発電所や製鉄所では，二酸化炭素排出削減のため，未利用材（低質材）を混焼（混合燃焼）して利用することに積極的に取り組んでいるが，マテリアル利用の観点に立った利活用も推進されなければいけない。

　木質（リグノセルロース）から液体燃料やマテリアルへの変換技術が進めば，林地残材，間伐材，製材時の端材，廃材などに価値が生じてくるので，それらの回収システムも整備されて，林業復興にもつながり，安定供給も可能となろう。森林管理も充実するので，環境保全にも貢献する。林地残材を放置すれば，微生物などにより分解され二酸化炭素やメタンとして大気中に放出される。林地残材は栄養分などを林地に供給する役割もあるが，糖化などのバイオマス変換時に生ずる残渣を森林に還してやれば，同じ役割を担ってくれる。

4　バイオマスに占めるリグニンの位置づけ

　リグニンはセルロースに次ぎ多く存在する生物資源である。二次壁が肥厚する際に堆積するセルロースとは常にともに存在するので，リグノセルロースと呼ばれている（図1）。リグニンを利用する観点からも，セルロースを利用する観点，すなわち，細胞壁からリグニンを除去する観

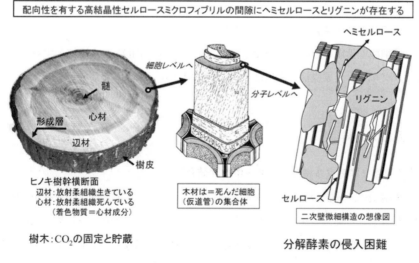

図1　木質細胞壁（リグノセルロース）の構造

点からも，その構造と反応性の正しい理解は極めて重要である。未利用あるいは，今後利用可能なバイオマスの主要部分はリグニンを含有する木質バイオマスであるので，リグニンはバイオマス利用の鍵であるといっても過言ではない。

バイオマスの約9割が木質バイオマスである。その主体は樹木木部細胞壁であるが，その30％前後をリグニンが占める。言い換えれば，二酸化炭素より植物光合成により生成・蓄積する全有機物の約3割がリグニンということになる。樹木は木質として光合成産物であるセルロースなどの多糖とリグニンを年輪構造（細胞壁の集合体）に何十年，何百年と蓄積させることができるので，樹が生きている間は，生産と貯蔵を同時に行ってくれる優れた資源植物といえる。他のバイオマス，たとえばサトウキビやトウモロコシのように，毎年決まった時期に収穫しなければならないといった制約を受けない。また，樹木は傾斜地や低降水地域でも生育が可能なので，食糧生産と競合しないことも特徴である。ユーカリやアカシアマンギウムなどの早生樹においては，単位面積当たりの光合成産物蓄積量（バイオマス生産量）は，他の資源植物と比較して高い[1]。樹木の成長は一定期間成長すると次第にその速度を低下させていくので，伐採・植林サイクルを適切に管理してやれば，最も効率的に太陽エネルギーを有機物に変換・貯蔵することのできる生物システムである。

人類は古くから木質を燃料，材料として利用してきたが，産業革命以後，化石資源がそれに取って代わった。この結果，地球上の二酸化炭素濃度が上昇し，温暖化に繋がったといわれている。京都議定書が締結され，カーボンニュートラルであるバイオマスの利用に注目が集まるようになった。低炭素社会を実現するためには，木質バイオマスからバイオエタノールやバイオプラスチックを低コスト，高品質でつくる技術が待たれているのである。現在のバイオマス利用は，デンプンやショ糖，セルロースなどの多糖類を原材料としているが，今後は，未利用木質バイオマスに多く含まれるリグニンをいかに上手く使うのかが課題となる。

リグニンは細胞壁構成成分のひとつで，フェニルプロパン単位を基本単位とする不定形の高分子である。リグニンの生成機構や構造は非常に複雑であり，未解明な部分が多い。

5　リグニンの特徴

5.1　極めて複雑な構造（多様なモノマー単位間結合）

リグニンの構造は，植物の進化と密接に関連しており，その生成機構は，水中から陸上に進出する過程で獲得された細胞壁構成成分である。リグニンはケイ皮アルコール類が脱水素重合した天然高分子であり，陸上植物のほとんどに存在する。樹木木部はリグニンを多く含むが，草本類でも維管束組織に少量ながらリグニンは存在する。裸子植物ではコニフェリルアルコールが重合

第4章　リグニン

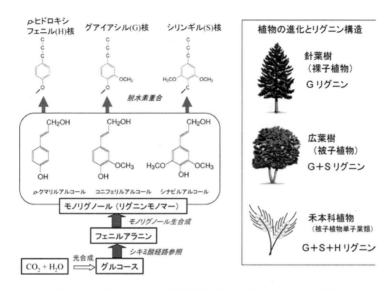

図2　3種類のリグニン前駆物質と植物の進化とリグニン構造

したグアイアシルリグニン，被子植物ではコニフェリルアルコールとシナピルアルコールが共重合したグアイアシル，シリンギルリグニン，禾本科植物では，p-ヒドロキシフェニルプロパン骨格が加わり3種類のモノマーからなるリグニンを形成する（図2）[2]。

　リグニンは細胞膜外側の細胞壁セルロースミクロフィブリル間隙に挿入的に沈着するが，モノリグノールの生成は細胞内で起こると考えられている。モノリグノールの生合成経路は，実に複雑で図3のようにメタボリックグリッドを構成していて，現在でもどの経路が主要経路なのか完全にはわかっていない。この代謝経路を分子生物学的手法で改変しようとする試みは約20年前より盛んに行われているが，期待するほどリグニンの形質転換は進んでいない。細胞壁に供給されるモノリグノールの構造制御は，その供給機構，貯蔵機構などとリンクさせて総合的に理解されなければならない。

　針葉樹リグニンのモノマーのほとんどはコニフェリルアルコールである。構成単位がグルコースであるセルロースとは異なり，リグニンは結晶性を有しない。これは，セルロースが β（1→4）型の直線分子が水素結合により結晶構造（図5）をとることが可能であるが，リグニンの場合は不規則なラジカルカップリング重合の繰り返しにより高分子化していくため（図4），周期的構造が取れないからである。同一構造のリグニンが二つと無いといっても過言ではない。代表的なモノマー単位間結合を図4に示す。これらが，ランダムに組み合わさって不定形高分子を形成していることを先ず理解していただきたい。さらに，重合の過程で多糖（ヘミセルロース）とエーテル結合するため，リグニンは細胞壁の中で永久固定され，物理的にどんなに分解してもリグニンだけを純粋に抽出することはできない[2]。

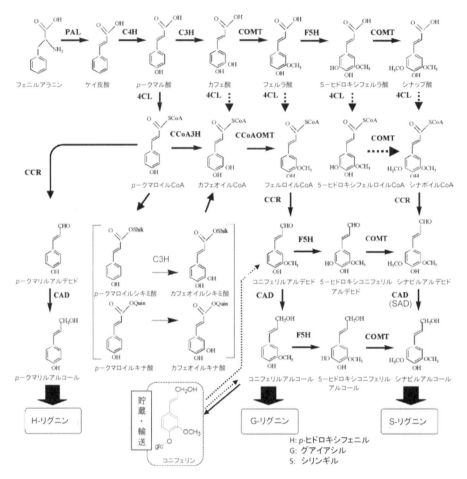

図3 モノリグノール（リグニンモノマー）生合成経路

樹木木部の細胞壁は結晶性のセルロースとその隙間を埋める非結晶のリグニンが交互に積み重なって構築されている[3,4]（図5）。この構造が，1000年以上の歳月が過ぎても一定の強度を保持している驚異的な生物材料（たとえば，法隆寺五重塔のヒノキ心柱）の性質に大きく寄与しているのであろう。

5.2 リグニンの難分解性

リグニンは天然高分子であるが難分解性である。しかし，長い時間をかければ，リグニンを含む細胞壁もきのこなどの微生物によりゆっくり分解されやがて土に戻っていき，やがて二酸化炭素まで分解される。

難分解な性質は樹木が生き続けるためには必須のことであるが，人類が木質を効率的に利用しようとする際，時には厄介者として振舞う。木質中には，バイオエタノールの原料となるセル

第4章　リグニン

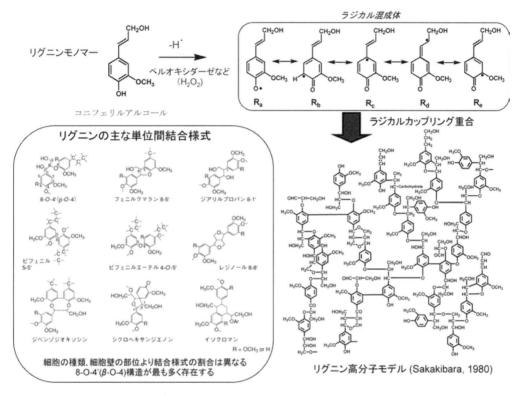

図4　ラジカルカップリングによるリグニンの高分子化

ロースとヘミセルロースが約3分の2含まれている。しかし，これらの多糖はリグニンに覆われているため，多糖分解酵素によるアタックを受けにくい（図1）。木質の酵素糖化には，リグニン除去のための高いコストと長時間を要してしまい工業的には極めて不利な状況にある。

リグニンは，ラジカルカップリングにより高分子化することはすでに述べたが，その過程で炭素－炭素結合が生じることがある（図4）。たとえば，芳香環同士が共有結合したビフェニル構造がそれに当てはまるが，この構造は，生分解，有機化学的分解双方において非常に難分解性を呈し，自然界において最後まで分解されずに残る構造である。

カナダアクセルハイベルグ島（北緯80度）より約5千万年前の樹木遺体が永久凍土出土したが，リグニンとセルロースがほぼ当時のままで保存されており，X線回折の結果，セルロースの結晶構造もほぼ当時のままで保持されていたことが判明した。リグニンの難分解性と非結晶性が偶然にもたらした奇跡なのかもしれない[5]。

リグニンは，不定形なので他の高分子と異なり加工性や品質管理に限界がある。しかし，この難分解性を活かし，耐久性が要求されるバイオプラスティックや生分解ポリマーの分解速度調節物質としての用途が考えられる。バイオリファイナリーの観点からも，リグニンの利用は最重要

グリーンバイオケミストリーの最前線

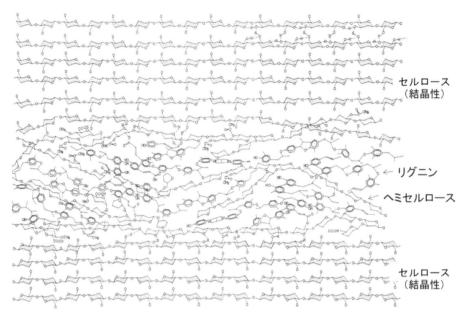

図5　木質化細胞壁（リグノセルロース）の分子レベル想像図

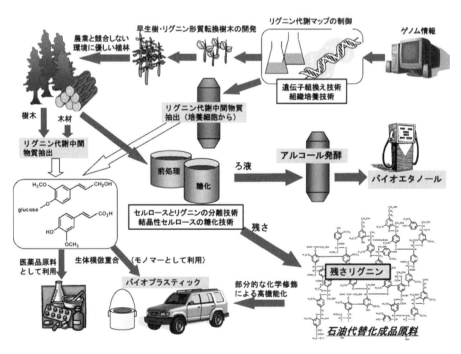

図6　将来のリグノセルロースの生産と利用

課題といってもよい。リグニンの難分解性を活かしたバイオプラスティックへの適用が進めば，バイオエタノールの生産コストも下がる。

5.3 リグニン分析するにも限界

さて，この複雑な化合物「リグニン」の構造分析は，現在どのようになされているのか紹介しよう。リグニン定量は，木質から多糖を硫酸で分解し残渣量を定量するクラーソン法が広く用いられている。化学構造分析では，アルカリ性ニトロベンゼン酸化，チオアシドリシス[6]が代表的で3種類のリグニン構造単位の分解物を与える。ただし，リグニン中の一部の構造（β-O-4結合）しか切断しないので，側面的な情報しか提供しない（図4）。NMR法による構造解析では測定法が格段に進歩し，新規リグニン構造が明らかとなった[7,8]。NMR法はリグニンを溶媒に溶かして測定するために，長時間微粉砕処理した木粉から抽出できる一部のリグニンを試料として用いてきたが，最近，特殊な溶媒で微粉砕木粉を全部溶かし測定することが可能になった[9]。また，近年，飛行時間型二次イオン質量分析計を用いたリグニン分析も開拓され，顕微レベルでリグニン構造単位に関する分子レベルの情報を入手できるようになった[10,11]。この方法の特徴は，試料表面のリグニン高分子より放出される二次イオンフラグメントを質量分析することにより，構成モノマー単位の情報を迅速・非破壊に解析できることである。

5.4 生合成機構を利用したリグニン構造制御

遺伝子組換えにより特定の代謝経路を弱めてリグニン含量を低下させた樹木を作出する試みがタバコやポプラを用いて1980年代以降盛んに行われてきたが，顕著な成功を収めた例は少ない[12]。しかしながら，リグニン構造の一部が改変された樹木作出に成功した例は多い。たとえば，フェニルプロパン構造の側鎖末端がアルデヒドに変化したり，芳香核5位のメトキシル基が水酸基に変化したりする構造変化である[13,14]。これらは木部が赤色に変化したり，リグニン全体構造の一部分が変化しているのみで組換え効果は顕著ではなかった。このことから，リグニン代謝経路は，図3にみられるように，ひとつの経路を制御してもバイパスが機能する「碁盤の目」のように構成されていると考えられている。樹木が生きていくためには，巨体を支えたり（リグニンの接着機構），地上数十メートルまで水分を運ばなければならないこと（リグニンの疎水作用）を考えれば，リグニンは必須であるので，簡単には量や構造を制御できないことはむしろ当然のことかもしれない。

次世代バイオエタノールは植物のセルロース，ヘミセルロースからも作られるが，糖化工程で問題となっているのが，リグニンの除去である。現在，酸糖化により木質（廃材）を糖化させバイオエタノールを生産するプラントが稼動しているが，残渣リグニンは有効に利用されていな

い。リグニンが酸による縮合を受けるため，極めて不活性な構造となり化学修飾できないため，機能化できない。また，酸糖化残渣リグニンは硫酸を含むため燃焼して熱エネルギーを回収するにもコストがかかってしまう。

　将来は，軽微な前処理と酵素糖化を主体とするバイオエタノール製造が主流になると思われるが，残渣リグニンの利用も並行して開拓していかなければならない（図6）。水熱処理を前処理に適用した環境に優しい糖化技術も考案されている[15]。酵素糖化による残渣リグニンは，化学的なダメージをあまり受けていないので，反応性に優れており，目的に応じて適切な官能器を導入することにより，高機能化したマテリアルへの変換も十分に達成可能である。現在，パルプ適木として，リグニンをいかに減らして，蒸解されやすい構造にするかに焦点を当てた形質転換樹木の開発が進められているが，今後はリグニンを石油代替資源としてプラスティックの原材料となることを想定し，リグニン高分子構造の改変を視野にいれた樹木開発（組換え技術や選抜育種技術を組み合わせる）が望まれるところである。

6　おわりに

　石油代替資源をバイオマスに求めるのであれば，木質（リグノセルロース）が最も有望である。木を使うことは林業再生の特効薬であることは，すでに述べた。木質バイオマスの利用の成否は，リグニンのリグノセルロースからの効率的な剥離と利用技術（高付加価値化）の確立にかかっている。安定供給可能な資源として木質バイオマスは石油代替資源の切り札ではあるが，課題の技術開発は思ったほど進行していないと言う。貴重な森林資源の高度有効利用の鍵はリグニンにあり，未利用のまま，焼却されたり腐ってしまっている林地残材や土場残材をすべて使おうとする取組が，石油依存社会からの脱却につながる。

文　　献

1)　「EDMC/エネルギー・経済統計要覧2006年版」，㈶省エネルギーセンター（2006）
2)　福島和彦ら，「木質の形成〜バイオマス科学への招待〜」，海青社（2003）
3)　N. Terashima *et al*, Comprehensive model of the lignified plant cell wall, International Symposium on Forage Cell Wall Structure and Digestibility（1991 Madison, Wis.）
4)　H. G. Jung, D. R. Buxton, R. D. Hatfield and J. Ralph *eds*. ASA-CSSA-SSSA, **677**, 247-270 (1993)

第4章　リグニン

5) 末田達彦, カナダ北極海諸島における化石林の発掘と復元, 学術月報 **48** (1) 47-53 (1995)
6) B. Monties, K. Fukushima, Occurrence, function and biosynthesis of lignin, A. Steinbuchel *ed*, Lignin, humic substances and coal, Wiley-VCH Verlag, 1-64 (2001)
7) J. Ralph, J. Peng, F. Lu, Isochroman structures in lignin,：a new β-1 pathway, *Tetrahedron Lett.*, **39**, 4963-4964 (1998)
8) P. Karhunen, P. Rummakko, J. Sipila, G. Brunow and I. Kilpelainen, Dizenzodioxocins；a novel type of linkage in softwood lignins. *Tetrahedron Lett.*, **36**, 169-170 (1995)
9) F. Lu, J. Ralph, Non-degradative dissolution and acetylation of ball-milled plant cell walls：high-resolution solution-state NMR. *Plant Journal*. **35** (4)：535-544, (2003)
10) K. Saito, T. Kato, Y. Tsuji and K. Fukushima, Identifying the characteristic secondary Ions of lignin polymer using ToF-SIMS, *Biomacromolecules*, **6** (2), 678-683 (2005)
11) K. Saito, T. Kato, H. Takamori, T. Kishimoto and K. Fukushima, A new analysis of depolymerized fragments of lignin polymer using ToF-SIMS, *Biomacromolecules*, **6** (5), 2688-2696 (2005)
12) W. J. Hu, S. A. Harding, J. Lung, J. L. Popko, J. Ralph, D. D. Stokke, C. J. Tsai, V. L. Chiang, Repression of lignin biosynthesis promotes cellulose accumulation and growth in transgenic trees. *Nature Biotechnol.* **17** (8), 808-12 (1999)
13) H. Meyermans, K. Morreel, C. Lapierre, B. Pollet, A. De Bruyn, R. Busson, P. Herdewijn, B. Devreese, J. Van Beeumen, J. M. Marita, J. Ralph, C. Chen, B. Burggraeve, M. Van Montagu, E. Messens, W. Boerjan. Modifications in lignin and accumulation of phenolic glucosides in poplar xylem upon down-regulation of caffeoyl-coenzyme A *O*-methyltransferase, an enzyme involved in lignin biosynthesis. *J Biol. Chem.*, **275**, 36899-368909 (2000)
14) G. Pilate, E. Guiney, K. Holt, M. Petit-Conil, C. Lapierre, J. C. Leple, B. Pollet, I. Mila, E. A. Webster, H. G. Marstorp, D. W. Hopkins, L. Jouanin, W. Boerjan, W. Schuch, D. Cornu, C. Halpin, Field and pulping performances of transgenic trees with altered lignification. *Nature Biotech.*, **20**, 607-612 (2002)
15) Y. Matsushita, K. Yamauchi, K. Takabe, T. Awano, A. Yoshinaga, M. Kato, T. Kobayashi, T. Asada, A. Furujyo, K. Fukushima. Enzymatic saccharification of Eucalyptus bark using hydrothermal pre-treatment with carbon dioxide, *Biores. Tech.*, (doi：10.1016/j.biortech.2009.09.041)

参考：熊崎實,「バイオマスエネルギーの利用：日本の課題と欧米の動向」, NPO法人バイオマス産業社会ネットワーク（http://www.npobin.net/database/）

第Ⅲ編
ファインケミカル

第1章　核酸

三原康博[*]

1　はじめに

　5′-イノシン酸ナトリウム（IMP）は鰹節のうま味成分として，5′-グアニル酸ナトリウム（GMP）は干し椎茸のうま味成分として知られ，うまみ味調味料の原料として有用なヌクレオチドである。これらの核酸系うま味物質は，昆布のうま味成分であるグルタミン酸ナトリウムと併用することによって，強い相乗効果を示すことが知られており，グルタミン酸ナトリウムと共に，世界中で使用されている。アジアにおけるラーメンスープ，欧州向けのチキンブイヨンの需要を中心に，世界市場は，年間7％ほどのペースで伸張している。

　これまでに，これら5′-ヌクレオチドの工業的な製法としては，酵母から抽出したRNAを酵素分解する方法[1]，微生物によりIMPを直接発酵する方法[2]，発酵生産した5′-キサンチル酸をATP再生系と共役した酵素的アミノ化反応でGMPに変換する方法[3]，発酵生産したイノシンをATP再生系と共役した酵素的リン酸化反応でIMPに変換する方法[4]，そして発酵生産したイノシンおよびグアノシンを化学的リン酸化反応でIMPおよびGMPに変換する方法[5]等の様々な方法が，それぞれの特徴，利点を生かして開発されてきた。*Bacillus*属や*Corynebacterium*属細菌の代謝制御変異株が開発されて，イノシン[6]およびグアノシン[7]（ヌクレオシド）が効率よく発酵生産できるようになったため，発酵生産したヌクレオシドをリン酸化してIMPおよびGMPに変換する方法は，主要な製法のひとつであった。

　これまで発酵・合成組み合わせ法で5′-ヌクレオチドを生産してきた味の素では，食品添加物のピロリン酸をリン酸供与体とする新規リン酸化酵素を開発し，ヌクレオシド発酵と組み合わせた新製法による工業生産を開始した。本稿ではグリーンバイオケミストリーの観点より，この新製法開発について紹介する。

2　新規ヌクレオシドリン酸化酵素の探索

　化学的リン酸化法は，オキシ塩化リンをリン酸化剤として用い，ヌクレオシドの2′位および

---

[*] Yasuhiro Mihara　味の素㈱　アミノ酸カンパニー・発酵技術研究所　主任研究員

3′位の水酸基を保護せずに，5′位を選択的にリン酸化することができる方法であり[5]，ヌクレオシド発酵技術と組み合わせて優れた 5′-ヌクレオチドの製法となっていたが，取り扱いの難しいオキシ塩化リンを使わずに，温和な条件で反応できる酵素的リン酸化法の開発が望まれていた。古くから動植物や微生物に，無機リン酸化合物をリン酸供与体としてヌクレオシドをリン酸化する活性の存在が報告されており[7]，これまでにも化学的リン酸化法の開発と並行して各種のリン酸化合物を用いた酵素的リン酸化法が検討されたが，反応の位置特異性，基質の価格および副生物の処理などの課題があり，実用化には至らなかった。近年，ピロリン酸（PP_i）をリン酸供与体として用いて，図1に示す反応で，イノシンをリン酸化する活性を持つ菌株のスクリーニングから開発が開始された。ピロリン酸は，食品添加物として使用されている安全で安価な化合物であるが，ATP 以上の高エネルギーリン酸結合を持ち，さらに，反応によって副生したリン酸を加熱によってピロリン酸に重合して再利用することも可能である。

　ヌクレオチドはリン酸化される位置によって異性体が存在するが，5′-ヌクレオチドのみがうま味を示し，3′位や 2′位がリン酸化された異性体には呈味性がない。そこで，5′位を特異的にリン酸化することを第一の指標として，イノシンのリン酸化活性を持つ微生物がスクリーニングされ，*Escherichia* 属細菌をはじめとする腸内細菌群の菌株に，高い位置選択性でイノシンをリン酸化する活性が存在することが見出された[10]。次いで，いくつかの菌株より本リン酸化酵素の遺伝子をクローニングして，それらの性質を検討したところ，本酵素はリン酸基転移活性を持つ酸性ホスファターゼであることが明らかとなった。本酵素は，ピロリン酸－グルコースリン酸基転移活性も示すことが知られているグルコース 6-ホスファターゼと弱い相同性を示した。本酵素のリン酸基転移反応の位置特異性は高く，イノシンの 5′位のみを特異的にリン酸化できた。さらにリン酸基受容体の基質特異性も広く，各種 5′-ヌクレオチドを合成できた。しかしながら，本酵素は本来ホスファターゼであり，リン酸基転移反応で生成された 5′-ヌクレオチドを加水分解する活性も強く示した。

　酵素学的諸性質の解析より，本酸性ホスファターゼによるリン酸基転移反応は図2に示すような ping-pong 反応で進むと推定された。すなわち，はじめにリン酸エステル化合物が酵素と反

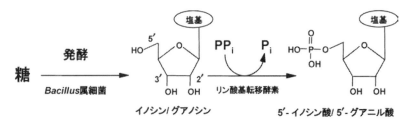

図1　位置選択的ピロリン酸－ヌクレオシドリン酸基転移酵素による核酸新製法

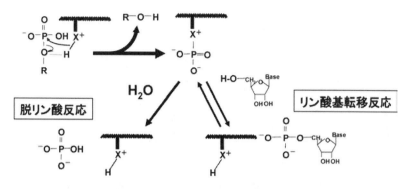

図2 ホスファターゼによるリン酸基転移反応の推定機構
R-O-は脱離基（ピロリン酸の場合は R-O-＝オルソリン酸），X は活性中心の His 残基を示す。

応して酵素－リン酸複合体を形成し，次いで水が求核攻撃してリン酸を遊離させると，脱リン酸化反応となり反応が完結する。一方，水の代わりにイノシン等の水酸基をもった化合物がリン酸基受容体となり，ヌクレオシドが求核攻撃した場合には，ヌクレオチドが生成され，リン酸基転移反応となる。従って，リン酸基受容体の基質特異性によって，リン酸基転移反応の効率が決定されるが，いずれの菌株由来の酵素もイノシンに対する親和性が非常に低かったため，イノシンが高濃度で存在する場合にのみ，リン酸基転移反応を触媒することが示唆された。

3 ランダム変異法による酸性ホスファターゼの機能改変

本酵素を IMP の生産に適用できるどうかが検討されたが，対イノシン収率は最大で 40% 程度であり，実用レベルの収率ではなかった。また，リン酸基転移反応が停止すると，一度生成した IMP が本来のヌクレオチダーゼ活性によって速やかに加水分解をうけ，イノシンに戻る現象も認められた。これより，本酵素をそのままヌクレオチド生産に適用するのは難しく，生産に適用するには，脱リン酸反応を低下させ，リン酸基転移反応のみを向上させるという，一見困難な改変が必要と考えられた。酵素の推定反応機構から，この両者は相反する反応ではなく，リン酸基の受容体が水となるかヌクレオシドとなるかの違いにあるため，ヌクレオシドに対する親和性を向上することで，リン酸基転移反応の効率を向上できる可能性が示唆され，分子進化工学的手法による酵素改変が検討された。

最も IMP 蓄積の高かった *Morganella morganii* 由来酵素遺伝子に PCR によるランダム変異を導入し，変異型遺伝子が導入された *Escherichia coli* 菌体から IMP 合成能力の向上した株がスクリーニングされた。変異導入とスクリーニングを繰り返した結果，図3に示すように，二ラウンドのランダム変異によって，野生型酵素発現株に比べて脱リン酸化活性が低下し，IMP 生産

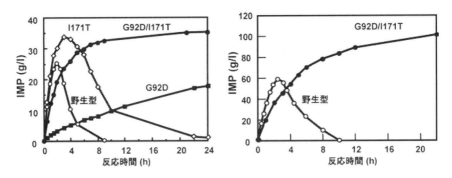

図3　各種変異型リン酸基転移酵素によるイノシン酸生成のタイムコース
（左）イノシン 20g/l，ピロリン酸ナトリウム 150g/l で反応．
（右）イノシン 60g/l，ピロリン酸ナトリウム 150g/l で反応．

表1　野生型酵素と変異型酵素の反応速度定数

基質	リン酸基転移反応 イノシン		脱リン酸反応 IMP	
	K_m (mM)	V_{max} (U/mg)	K_m (mM)	V_{max} (U/mg)
野生型	117	6.10	0.836	30.3
I171T	73.9	2.77	1.63	11.6
G92D	114	0.983	1.49	4.70
G92D+I171T	42.6	2.67	1.35	5.67

性が大きく向上した株が得られた[11]。得られた変異型酵素には，Gly92Asp および Ile171Thr の2アミノ酸残基の変異が導入されていた。精製された各変異型酵素の性質を比較した結果を表1に示した。

野生型酵素ではリン酸基受容体のイノシンに対する親和性が低かったが，変異型酵素ではこれが約3倍に上昇し，この変化によって，リン酸基転移反応の効率が向上したものと考えられた。また，それぞれの単独変異体の解析から Ile151Thr の変異は単独でイノシンとの親和性向上に，Gly72Asp の変異は Ile151Thr との相乗効果によってイノシンとの親和性を高めると共に，脱リン酸活性の低下に寄与していることが示唆された[11]。後述の X 線結晶構造解析の結果から，二つのアミノ酸残基は活性中心近傍に位置しており，Thr151 はイノシンと水素結合を形成して親和性を高めていることが明らかとなった。

図3に示すように，変異型酵素を過剰発現した E. coli 菌体による IMP 生産反応では，生産性が大きく向上すると共に，生成した IMP の脱リン酸化反応も抑えられ，100g/l と実用レベルのIMP が生成蓄積された。以上のように，分子進化工学的手法により，ホスファターゼの性質がリン酸基転移反応に適したものに大きく改変され，酵素的リン酸化法の基本技術が確立された。

4 合理的改変による酸性ホスファターゼの機能向上

本酵素のリン酸基受容体の基質特異性は広く，IMPだけでなく，各種の5′-ヌクレオチドを合成できたが，グアノシンのリン酸化反応の場合には，基質の溶解度が低いことが原因で，生産性が低かったため，GMPも高収率で生産できる技術が求められた。そこで次に，酵素のX線結晶構造が解析され，本酵素の構造活性相関の解明と，タンパク工学的手法を用いたさらなる機能向上が行われた。まずは，解析に適した結晶が得られた *Escherichia blattae* 由来酵素の立体構造および，モリブデン酸が結合した反応中間体アナログの構造が解析され，立体構造が解明されていたラット由来酸性ホスファターゼのものとは異なり，すべて α-ヘリックスからなる新規な構造であることが明らかにされた[12]。

この立体構造から，活性向上に重要なアミノ酸残基が推定可能となったため，その各種アミノ酸残基への置換効果が検討された。一例としては，図4に示すように，ヌクレオシドとの親和性を高めるのに重要な残基と推定される72番目のSer残基を，イノシンのプリン環との相互作用を強化するような各種アミノ酸残基に置換し，その効果が検討された。その結果，設計どおりに，わずか一残基の置換によって，ヌクレオシドに対する親和性を大きく向上して，生産性を向上することができた。最も高い置換効果を示したSer72Phe変異型酵素では，イノシンを基質として比較すると，親和性が4倍向上しただけでなく，反応速度も約2倍向上した[13]。

これ以外にも酵素の立体構造情報を元に，機能向上に寄与するアミノ酸残基が決定され，有効なアミノ酸置換を組み合わせることで，グアノシンのリン酸化にも適用できるまでリン酸基転移活性が向上した変異型酵素が構築された。さらに実用化に向けて，機能向上した変異型酵素を過剰発現する非組み換え菌が構築された。

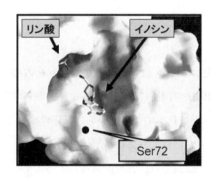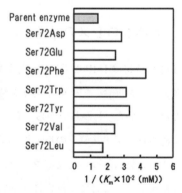

図4 活性中心の構造と合理的デザインによる改変体の活性向上
(左) *E. blattae* 由来酸性ホスファターゼのイノシン結合モデル，
(右) 72番目のAla残基置換によるヌクレオシドへの親和性向上効果

5　ヌクレオシド発酵菌の開発

　発酵法によるイノシンおよびグアノシンの生産は，*Bacillus* 属細菌にアデニン要求性，さらにプリンアナログ化合物等の薬剤に対する耐性を付与した代謝制御変異株が用いられてきた。従来，このような変異株の育種は，変異誘発処理した菌体を適当な選択培地で生育させ，ヌクレオシドの生産性が向上した変異株を取得するという方法で行われてきた。リン酸化酵素の開発に並んで，原料のヌクレオシド発酵の生産性向上は重要な課題であり，さらなるヌクレオシド生産株の育種・基盤技術開発が進められた。具体的には，*B. subtilis* 標準株において，プリンオペロンのリプレッサータンパク質遺伝子（*purR*）破壊によるプリンヌクレオシド生合成遺伝子群の発現制御解除，サクシニル－AMP シンターゼ遺伝子（*purA*）破壊によるアデニン要求性付与，プリンヌクレオシドホスホリラーゼ遺伝子（*deoD, punA*）破壊によるイノシンの分解抑制等の性質を付与することで，ヌクレオシドの生産性が大きく向上された[14,15]。

　次いで，糖原料からプリンヌクレオチド前駆体であるホスホリボシルピロリン酸までの代謝経路および，これまでヌクレオシドの生合成経路との関係があまり知られていなかった代謝経路の酵素活性の至適化が行われた。その結果，酸化的ペントースリン酸経路のグルコース-6-リン酸脱水素酵素およびリボース 5-リン酸イソメラーゼの強化，トランスアルドラーゼの弱化，糖新生経路のフルクトース－ビスホスファターゼの弱化等によって，さらに高い生産性でヌクレオシド発酵が可能となった[15,16]。また，*Bacillus* 属細菌のヌクレオシド生産菌の育種と並行して，従来ヌクレオシド菌として注目されていなかった *E. coli* からの生産菌育種も検討された。その結果，*E. coli* でも高レベルのヌクレオシド発酵が可能となり[17]，将来の新技術として着目されている。

6　反応・精製プロセスの開発

　核酸系うま味化合物は IMP と GMP を等量混合した形態での需要が大部分を占めるため，イノシンとグアノシンを混合して，酵素的リン酸化法で同時に反応できるように制御することが課題のひとつとなっていた。しかしながら，イノシンに比べてグアノシンは反応性が低かったため，反応条件が検討され，グアノシンの反応性の低さが溶解度および溶解速度に起因することが明らかにされた。この知見に基づいて反応プロセスが改良され，物理的処理によってグアノシンを粉砕して比表面積を上げることで，反応性が飛躍的に向上された[18]。

　さらに，IMP，GMP およびリン酸を高濃度に含む反応液からの精製プロセス確立が次の課題であった。IMP と GMP を混晶の形態で精製する方法として，冷却晶析法，有機溶媒晶析法など

が知られていたが,実用的な技術ではなかった。そこで,簡単な工程管理と設備の元で,安定した品質で製品を得る方法が検討され,晶析缶内液相の有機溶媒の割合を一定に維持しながら,IMP と GMP の水溶液を注加して,混晶の形態で晶析させる方法が開発された[19]。従来法ではそれぞれ別々に生産した IMP と GMP を混合していたが,混晶法では高品質で安定した物性の結晶を得ることができ,品質的にも大きく向上した。

7 おわりに

さらに様々な検討によって生産技術が確立され,2003 年より新規酵素的リン酸化法による核酸系うま味調味料の工業生産が開始された。従来の発酵・合成組み合わせ法は,優れた生産技術であったが,複雑な生産プロセスとなっていた。具体的には,リン酸化工程で反応に可能な純度までイノシンおよびグアノシンを精製する工程が必要であり,また,廃液処理工程で,反応に用いた有機溶媒を回収する必要があった。さらに,IMP と GMP を併用する場合には,別々に生産した両者を混合する必要があった。化学的リン酸化法を酵素的リン酸化法に置きかえたことにより,図 5 に示すように,プロセス全体が大きく簡略化され,排水やエネルギーを低く抑えて,さらに効率的な生産が可能となった。

2008 年度の核酸系うま味調味料の世界市場は 2 万 1 千トンと推定されており,味の素,キリン・ミオンフーズ,星湖生物科技社(中国),CJ 第一製糖(韓国),ヤマサ醤油等が主要な核酸メーカとなっている。核酸系うま味調味料は様々な方法で生産されているが,味の素は本稿で紹介した新製法導入によって高いコスト競争力を確保し,40% のトップシェアを維持している。

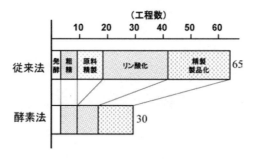

図 5 従来法と酵素的リン酸化法の工程数比較

文　　献

1) Kuninaka, et al., *Food Technol.* **18**, 287-293 (1964)
2) Teshiba, S. *et al.*, 発酵と工業, **42**, 488-498 (1984)
3) Fujio, T. *et al., Biosci. Biotechnol. Biochem.*, **61**, 840-845 (1997)
4) Mori, H. *et al., Appl. Microbiol. Biotechnol.* **48**, 693-698 (1997)
5) Yoshikawa, M. *et al., Bull. Chem. Soc. Jpn.*, **42**, 3505-3508 (1969)
6) Matsui, H. *et al., Agric. Biol. Chem.*, **37**, 287-300 (1973)
7) Furuya, A., *Hakko to Kogyo*, **37**, 287-300 (1979)
8) Matsui, H. *et al., Agric. Biol. Chem.*, **43**, 1739-1744 (1973)
9) A. Brawerman, G. *et al., Biochem. Biophys. Acta.* **15**, 549-551 (1954)
10) Asano, Y. *et al., J. Mol. Catalysis B : Enzymatic*, **6**, 271-277 (1999)
11) Mihara, Y. *et al., Appl. Environ. Microbiol.*, **66**, 2811-2816 (2000)
12) Ishikawa, K. *et al., EMBO J.*, **19**, 2412-2423 (2000)
13) Ishikawa, K. *et al., Protein Engneering*, **15**, 539-543 (2002)
14) 松野潔ら, 特許第 4352716 号 (2009)
15) Matsuno, K. *et al.*, US Patent 7326546 (2006)
16) Asahara, T. *et al.*, 国際出願特許 WO2007/125782 (2007)
17) Matsui, H. *et al., Biosci Biotechnol Biochem.*, **65**, 570-578 (2001)
18) 飯田巖ら, 特許第 04192408 号 (2008)
19) Tachibana, S. *et al.*, US Patent 6821306 (2004)

第2章　トレハロースの酵素的大量生産と応用

山下　洋*

1　はじめに

人類は太古の昔から糖を生活に取り入れて現在に至っている。例えば，デンプンやショ糖を食品として，セルロースを衣類や紙として利用してきた。また，糖を加工するための伝統的な技術として酒や酢の醸造，麦芽などを酵素剤としたデンプンからの水あめ製造などがあり，これらも糖の有効利用に大きく寄与している。この延長線上に，酵素法によるデンプンからのグルコース製造があり，この技術が確立したことで，高純度の糖が初めて酵素的に大量生産された。ここには，酵素の種類により構造の異なる糖が製造可能なことや，酵素の純度を高めることで糖化生成物の純度を高めることなど，酵素法による物質生産技術の原型がある。これが歴史的な転換点となり，以降の糖生産や応用の範囲が飛躍的に拡大したと言えよう。

今日までに，実に多様な糖質関連酵素が発見され，工業的に応用されている。本稿では，まずデンプンを原料とした糖の製造を概観し，続いて，この手法による製造は困難とみなされてきたトレハロースを取り上げ，その製法と応用について紹介する。

2　デンプンを原料とした酵素法による糖の製造

2.1　酵素法の特徴

酵素は生体内における化学反応を触媒するもので，以下に示す特徴がある。酵素の工業利用という観点からすると，これら特徴はメリットにもデメリットにもなりうる。

① 酵素反応の基質特異性および反応特異性は高い。このため，一般に酵素反応は化学合成反応より副反応・反応副産物が少なく，その分，合成や精製の過程で生じる廃棄物も少なくて済む。反面，特異性が厳密であることは，工業的にはその酵素の用途が狭いことを意味する。製造に必要な酵素を自然界，主に微生物からその都度スクリーニングする必要がある。

② 酵素反応の条件は温和（水系・常温・中性付近）である。特に，ほとんどの場合水系の反

---

*　Hiroshi Yamashita　㈱林原生物化学研究所　開発センター　化粧品開発室　アシスタントディレクター

応である。有機溶媒の使用量は化学合成の場合より大幅に減少するため，環境負荷に対する貢献度は大きい。一方，酵素反応に適した条件は菌の生育に適した条件でもあることが多い。すなわち，反応中に雑菌汚染等を受けやすいので，通常その対策が必要である。

2.2 なぜデンプンなのか？

グルコースの酵素的製造法が開発されてから，特に食品工業の分野ではデンプンを原料として様々な糖が酵素的に製造されている。デンプンはそれ自身食品として身近な糖ゆえ，原料となるのは自然な流れである。では，デンプンを原料とするメリットは何だろうか？

① 植物由来であること…植物は太陽エネルギーを上手に利用して空気中の二酸化炭素を固定し，多くはデンプンの形でその一部を貯蔵する。原理的には，植物を原料とすれば，ヒトの活動により排出される物質をクリーンなエネルギーによって循環していることになる。これは，現代社会の求める「環境にやさしい」という条件にぴったり当てはまる。加えて，数年前のBSE騒動以来，特に香粧品の分野で動物由来の原料は敬遠されてきており，植物由来の原料が相対的に受け入れられやすくなっている。

② 貯蔵多糖であること…デンプンは植物の果実・種子や地下茎に大量に蓄積される。特に穀類やイモ類では，水分を除いた成分のうち約60〜70%がデンプンである。すなわち，原料採取の段階で他成分との分離・精製は既に相当進んでおり，その製造コストは大変小さいはずである。

2.3 デンプンを原料として製造される糖類

デンプンを原料として酵素的に製造される糖類は，以下に示す2種類に大きく分けることができる。いずれも，原料のデンプンにはない特性すなわち付加価値が与えられる。

2.3.1 デンプンのみを原料とする場合：単糖またはオリゴ糖

グルコースそのもの，およびα-アノマーのグルコースのみで構成されるオリゴ糖はデンプンを原料として酵素法で容易に生産可能なものが多い。ただし，先に述べたとおり，目的産物を特異的に生産する酵素が必要である。代表的な産物および要となる生産用酵素を以下に列挙する。

(ア)グルコース：グルコアミラーゼ

(イ)マルトース：β-アミラーゼ

(ウ)マルトオリゴ糖：糖化型α-アミラーゼ

(エ)ニゲロオリゴ糖：α-グルコシダーゼ

(オ)シクロデキストリン：シクロデキストリングルカノトランスフェラーゼ（CGTase）

(カ)トレハロース：マルトオリゴシルトレハロースシンターゼ（MTSase），マルトオリゴシル

第2章　トレハロースの酵素的大量生産と応用

トレハローストレハロハイドロラーゼ（MTHase）

2.3.2　他の原料と組み合わせた場合：配糖体

アグリコンとなる分子とデンプンの共存下で転移酵素を作用させると，種々の配糖体を合成することができる。既に工業化されているものとしては，アスコルビン酸-2-グルコシド，グルコシルヘスペリジン，グルコシルルチン，α-アルブチンなどが挙げられる。これらは配糖化によって，①安定性の向上，②水溶性の向上，③元のアグリコンが持つ生理活性の持続力向上，などの付加価値が与えられる。

3　トレハロースの製造

3.1　トレハロースとは

トレハロースは非還元性の二糖で，2つのグルコース残基がα, α-1,1結合した構造をとる。トレハロースは，1832年にライ麦の麦角から初めて結晶として単離された[1]。トレハロースの名は，寄生甲虫が作る繭（トレハラマンナ）にこの糖が見出されたことに由来する[2]。この糖質は自然界に広く分布し，特にキノコ，海藻，海老，酵母に多く含まれる[3〜5]。昆虫類においてはトレハロースが飛翔のための主要なエネルギー源として機能している[6]。また，シダ科の植物イワヒバや緩歩動物クマムシは乾燥させてやると仮死状態となり，これに水分を与えてやると元通りに回復する。これらの生物は，乾燥時に著量のトレハロースを体内に蓄積することが共通している。この糖質には，タンパク質などの生体成分や細胞を外界のストレス（乾燥，凍結など）から保護するはたらきもあることが分かっている[7,8]。トレハロースが「生命の糖」，「復活の糖」と呼ばれる理由はこの点にある。

3.2　デンプンからのトレハロース生成系

従来，トレハロースは酵母細胞からの抽出により主に製造されてきた[9]。しかし，菌体内のトレハロース含量自体が低いことに加え，抽出後の精製操作が煩雑であることから大量生産には向かない。これに代わる方法として醗酵法による生産[10]も提案されたが，工業的大量生産には至らなかった。

1990年代半ば，安価なデンプンからトレハロースを生成する新しい酵素系が土壌微生物 *Arthrobacter* sp. Q36株の菌体内に見出された[11]。このトレハロース生成系は2種の酵素からなり，一つはマルトオリゴ糖に作用して，その還元末端グルコース残基をα-1,4結合からα, α-1,1結合へと分子内転移させてマルトオリゴシルトレハロースを生じるマルトオリゴシルトレハロースシンターゼ（MTSase）で，もう一つはマルトオリゴシルトレハロースに作用して，トレハロー

スを遊離するマルトオリゴシルトレハローストレハロハイドロラーゼ（MTHase）であった。トレハロース生合成系としては，グルコース 6-リン酸とUDP-グルコースに2種酵素トレハロース 6-リン酸シンターゼおよびトレハロース 6-リン酸ホスファターゼが作用する系が従来知られていた[12]。この系と比較して，MTSase- MTHase系はリン酸化糖などの高エネルギー化合物をまったく必要としない点に特色がある。

　MTSase，MTHase両酵素が重合度nのアミロースにそれぞれ一回作用すると，1分子のトレハロースと重合度n-2のアミロースを生じる。このアミロースは，MTSaseが作用できなくなるまでリサイクルされ，両酵素の作用を受けながら著量のトレハロースに変換される（図1）。すなわち，デンプンを一種の高エネルギー化合物とみなし，MTHaseの触媒する不可逆的な加水分解反応でトレハロースの生成は進むと考えればよい。

　平均重合度20以上のアミロースを用いた試験では80%以上の収率でトレハロースが得られた[11]。さらに，デンプンを基質とし，枝切り酵素（イソアミラーゼ）を併用して，トレハロースを生成させながらアミロースを供給する系を設計したところ，80%以上の収率でトレハロースが生成した[13]。そこで，イソアミラーゼ，MTSase，MTHaseの3種酵素を用いたこの反応系を基本として，安価なデンプンを原料としたトレハロース生産の工業化が行われた。製造のスキームを図2に示す。その結果，生産のスケールアップを行ってもラボレベルの収率を維持することに成功し，製品の純度も98%以上に達した。しかも，従来の1/100となる低価格化を実現した。これにより，従来医薬品や一部の高級香粧品などに限られていた用途が食品や一般の香粧品などにも広がり，さらに繊維など他分野への応用に向けた研究開発も盛んに行われるようになった。

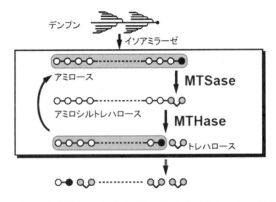

図1　MTSaseとMTHaseによるデンプンからのトレハロース生成機構

第2章　トレハロースの酵素的大量生産と応用

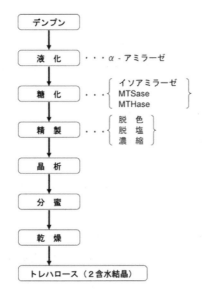

図2　トレハロース製造の手順

4　トレハロースの応用

　糖は多数の水酸基を分子内に有するため，一般に親水性は高い。中でもトレハロースは，その構造が水分子のクラスター構造によくフィットすることから，強い水和能力を示すとされている[14]。3項で紹介した，膜やタンパク質を冷凍や乾燥から保護するトレハロースのはたらきは，その構造や水和能力に起因すると考えられている。

　トレハロースと相互作用する分子は水だけではない。不飽和脂肪酸や一部の含硫あるいは窒素化合物，金属イオンもトレハロースと直接相互作用すると報告されている[15~18]。このようにトレハロースは，二糖という比較的単純な構造の物質でありながら，相互作用しうる相手は多様である。これが，トレハロースの多機能性に結びついている。

4.1　食品への応用

　きのこや海藻など，トレハロースを含む食品が昔から存在するのは3項で紹介したとおりで，ヒトは長い間トレハロースを摂取しているのだが，その食品としての機能についてはほとんど知られていなかった。トレハロースの大量生産が実現して以来，食品中にもともと含まれるトレハロースの機能より，むしろ既存の食品中にトレハロースを添加したときにもたらされる付加価値についての研究が主流となった。その結果，トレハロースが食品の美味しさに寄与することが次々にわかってきた。美味しさを既定する各要因に関して言うと，①味に関しては，上品な甘味やマスキング効果，②においに関しては，不飽和脂肪酸の酸敗臭（短鎖アルデヒド）や魚臭成分

グリーンバイオケミストリーの最前線

トリメチルアミン，牛乳の加熱により生じる含硫化合物の生成抑制効果，③テクスチャーに関しては，デンプンの老化抑制作用による柔らかさの維持，冷凍魚肉解凍時のドリッピング防止，④見た目に関しては，スティックサラダ用野菜の反り抑制や，メイラード反応等の変色抑制など，その効果は実に多様である。

機能性食品としての作用についても，様々な角度からトレハロースの研究は進められている。最近のトピックスとしては，乳牛にトレハロースを経口投与すると，抗酸化能の高い牛乳が得られたこと[19]，などが報告されている。

一つのユニークな取り組みとして，呼吸器粘膜細胞への化学物質の刺激に対するトレハロースの効果が検討されている[20]。ヒト気管支／気管上皮細胞を十分増殖させた後，タバコ煙エキス（CSE）およびその成分であるフェノールをトレハロースやマルトースとともに作用させ，細胞傷害の程度を評価した。フェノールを添加すると細胞生存率は低下した。ここにトレハロースならびにマルトースを共存させると，生存率はいずれも糖無添加時より増大した（図3）。CSEを用いて同様の試験を行ったところ，細胞傷害緩和作用はトレハロースにのみ観察された（図4）。

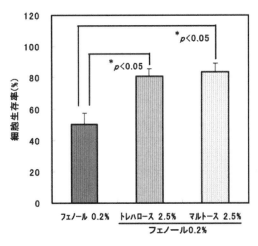 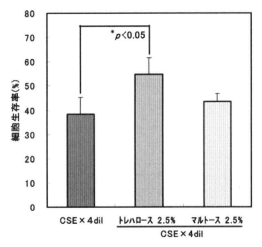

図3 フェノールによる細胞傷害に対するトレハロースの作用
NHBE細胞を96穴マイクロプレートに播種した後，37℃，5%CO_2で一晩培養し，培養上清を吸引除去後，フェノール0.2%（W/V）とトレハロースまたはマルトースを2.5%（W/V）含む培地に置換し，3時間培養した。細胞生存率は，未処理コントロール群の吸光度を100%として算出した。値は平均±標準偏差（means±SD）で表した。（n＝3），＊；$p < 0.05$ フェノール単独処理群と比較した場合（Student t-test）。

図4 CSEによる細胞傷害に対するトレハロースの作用
NHBE細胞を96穴マイクロプレートに播種した後，37℃，5%CO_2で一晩培養し，培養上清を吸引除去後，4倍希釈CSEとトレハロースまたはマルトースを2.5%（W/V）含む培地に置換し，3時間培養した。細胞生存率は，未処理コントロール群の吸光度を100%として算出した。値は平均±標準偏差（means±SD）で表した。（n＝3），＊；$p < 0.05$ CSE単独処理群と比較した場合（Student t-test）。

第2章　トレハロースの酵素的大量生産と応用

フェノールは CSE の主要な成分であるが，それ以外にも CSE は様々な物質を含む。本試験の結果は，これら物質に対するトレハロースとマルトースの効果の違いに起因すると考えられた。

トレハロースやマルトースはラジカル捕捉作用を示すことが，またトレハロースは脂質を安定化することが既に知られている。これらの性質により細胞傷害物質は除去され，細胞膜は安定化する。こうしてトレハロースは呼吸器細胞保護作用を示すと推測された。口腔内に長時間滞留する食品，例えばのど飴やガム等にトレハロースを配合することによって，このような有用性（タバコ等の刺激物質による細胞傷害（炎症）の緩和）が期待される。

食生活の質的向上は今後も進むであろう。これに伴い，食品の美味しさや機能性に対してトレハロースが果たす役割もさらに大きくなることを期待する。

4.2　香粧品への応用

消費者が香粧品に最も期待する効能は美白，抗シワ，保湿の3つとされている。トレハロースは，このうちの保湿作用を持つ素材としてよく知られており，クリームや化粧水，乳液など，保湿感を訴求している市販製剤に配合されている。

香粧品は嗜好品的な側面も大きい。すなわち，皮膚に塗布した際の感触や製剤の見た目，においなどは香粧品の品質を左右する重要な因子である。

不飽和脂肪酸やそのエステル等は，油性基材や乳化剤，界面活性剤の成分であり，香粧品原料として不可欠である。また，皮脂の構成成分でもある。その不飽和結合は熱や光などによって酸化を受けやすい。酸化によって生じる揮発性アルデヒドは脂質の酸敗臭と呼ばれる特有の刺激臭成分で，香粧品分野に関して言えば，①汗臭，加齢臭，頭皮臭など体臭の原因物質であり，②製剤における香気劣化や品質低下をもたらす。

うち①については，皮脂に含まれるパルミトオレイン酸の酸化をトレハロースが抑制して，加齢臭の発生を抑制することが報告されている[21]。また，②については，製剤に配合した油性原料の酸敗臭に対するトレハロース配合の効果を以下に紹介する[22]。

油性原料組成の異なる4種のクリーム製剤を調製し，それぞれについてトレハロースを3%配合したものも準備した。計8種の製剤を45℃で4週間保存した。油性原料の種類によらず，トレハロース無配合の製剤からは保存2週間で著量の臭い成分（短鎖アルデヒド（炭素数3~7）および中鎖アルコール（炭素数8~16））が発生した。一方，トレハロース配合製剤ではこれら臭気成分の生成は抑制された。図5に短鎖アルデヒドの分析結果を示す。各製剤について酸敗臭が実際に確認され，その強さは上記分析結果とよく一致した。加齢臭抑制の場合と同様，このにおい抑制作用は脂質とトレハロースとの相互作用によると考えられている。

香粧品製剤には実に多様な成分が含まれている。製剤中の脂質以外の成分とトレハロースが相

グリーンバイオケミストリーの最前線

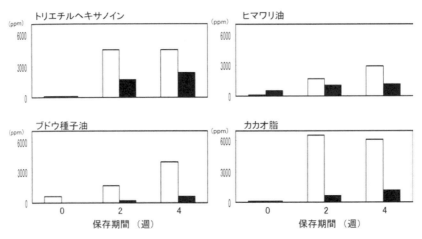

図5　トレハロースによる油剤原料臭抑制効果（短鎖アルデヒド）
グラフの縦軸は炭素数3～7の短鎖アルデヒド量を示す。白色のバーはトレハロース無添加クリーム，黒色のバーは3％トレハロース添加クリームの測定値を示す。各グラフ左肩に記した油性原料10％とトリエチルヘキサノイン10％が，試料のクリーム製剤に配合されている。

互作用することによって，さらに新しい機能性が見出されることも十分あり得る。

4.3 医薬品への応用

医薬分野において，トレハロースは医薬品添加剤としての応用が最も先行しており，種々の市販製剤に配合されている。タンパク質製剤の安定化を目的として使われたり，賦形剤として用いられたりすることが多い。

トレハロースの医薬分野での基礎研究としては，骨粗しょう症に対する作用[23]やハンチントン病等の遺伝性神経変性疾患に対する作用[24]の研究が知られている。

また，臨床分野への応用としては，ドライアイ対策の目薬[25]，臓器保存液[26]，手術時における臓器癒着の防止等[27]への利用が検討されている。

このうち臓器保存液については，まず犬肺移植実験でトレハロースの有効性が示され，従来の保存液より優れていたことが報告された[28]。この結果を受け，犬で用いたものと同じ組成の保存液（ET-Kyoto液）を臨床肺移植手術で使用した。2002年に生体肺移植，2004年に脳死肺移植にそれぞれ初めて使用し，いずれも良好な結果を示した[29,30]。現在，腎移植や膵島移植など肺以外の臓器にもET-Kyoto液が使用されており，適用臓器のさらなる拡大が期待されている。

第2章　トレハロースの酵素的大量生産と応用

5　おわりに

本稿で紹介したトレハロース生産反応系を，グリーンケミストリーの観点から眺めてみると，

① 原料：デンプンは植物の貯蔵多糖である。植物は太陽エネルギーを利用して炭酸ガスを固定し，その一部をデンプンとして貯蔵している。したがって反応系全体で見ると，原料選択の段階で既に炭酸ガス排出量が抑えられている。

② 酵素法による製造：この反応系におけるトレハロースの生成率は約80％と高く，その分，廃棄物も少ない。

③ エネルギー使用量：通常，酵素反応の温度は一般的な化学反応より低い。その分はエネルギー消費が少ないと思われる。また，②で論じたように反応収率の高い系なので，その後の分離精製にかかるエネルギーコストも小さい。

④ 環境への負荷：トレハロース製造工程中では，有毒物質や生分解性の低い物質は全く排出されない。

以上から，酵素法によるトレハロース製造はグリーンバイオケミストリーの典型例と言えよう。このように，「グリーン」な，すなわち「製造プロセスにおけるエネルギー消費や環境負荷を軽減する」物質生産手段として酵素法は有力である。しかし，反応ごとに別々の酵素が必要な点，高温に弱い点や水以外の溶媒を使いにくい点など，酵素が生体の一部であるゆえの弱点が酵素法には存在する。固定化酵素の技術や耐熱菌由来酵素の利用による酵素の耐熱性ならびに溶媒安定性の向上など，酵素法の弱点を克服する試みは既になされている。こうして，「グリーン」を実現する物質生産技術の進展に対して，酵素法の貢献はより大きくなると信じる。また，酵素法によりトレハロースの大量生産が実現したために，その用途が大きく広がったのは本稿で紹介したとおりである。すなわち，「グリーン」な酵素法には，希少物質の大量生産による付加価値の向上も期待できる。酵素法による物質生産の今後の動向にぜひ注目したい。

文　　献

1) Wiggers, H. A. L., *Ann. der Pharm.*, **1**, 129-182 (1832)
2) Berthelot, M., *Comp. Rend.*, **46**, 1276-1279 (1858)
3) Birch, G. G., *Adv. Carbohydr. Chem.*, **18**, 201-225 (1963)
4) Elbein, A. D., *Adv. Carbohydr. Chem. Biochem.*, **30**, 227-256 (1974)
5) 奥和之ら，日本食品化学工学会誌，**45**, 381-384 (1998)

6) Mayer, R. J., Candy, D. J., *Comp. Biochem. Physiol.*, **31**, 409-418 (1969)
7) Crowe, J. H. *et al.*, *Biochim. Biophys. Acta*, **947**, 367-384 (1988)
8) Reed, R. H. *et al.*, *FEMS Microbiol. Rev.*, **39**, 51-56 (1986)
9) Stewart, L. C. *et al.*, *J. Am. Chem. Soc.*, **72**, 2059-2061 (1950)
10) 土田隆康ら, 特開平 5-211882
11) Maruta, K. *et al.*, *Biosci. Biotech. Biochem.*, **59**, 1829-1834 (1995)
12) Cabib, E., Leloir, L. F., *J. Biol. Chem.*, **231**, 259-275 (1958)
13) 田淵彰彦ら, 応用糖質科学, **42**, 401-406 (1995)
14) 櫻井実ら, 食品工業, **41**, 64-72 (1998)
15) 奥和之ら, 日本食品科学工学会誌, **46**, 749-753 (1999)
16) 奥和之ら, 日本食品科学工学会誌, **46**, 319-322 (1999)
17) 奥和之, 第11回トレハロースシンポジウム記録集, 33-40 (2008)
18) Oku, K. *et al.*, *Biosci Biotech Biochem*, **69**, 7-12 (2005)
19) 青木直人ら, ㈳日本畜産学会第111回大会 講演要旨, **111**, 3 (2009)
20) 阿賀美穂ら, 日本食品科学工学会誌, **54**, 374-378 (2007)
21) 奥和之, BIO INDUSTRY, **18**, 40-44 (2001)
22) 山下洋, 皮膚と美容, **41**, 2-7 (2009)
23) Nishizaki, Y. *et al.*, *Nutr. Res.*, **20**, 653-664 (2000)
24) Tanaka, M. *et al.*, *Nat. Med.*, **10**, 148-154 (2004)
25) Matsuo, T., *Jpn. J. Ophthalmol.*, Jul-Aug 48, 321-327 (2004)
26) Hirata, T. *et al.*, *Surgery*, **115**, 102-107 (1994)
27) 李秀貞ら, 第10回トレハロースシンポジウム記録集, 42-47 (2007)
28) Fukuse, T. *et al.*, *Transplantation*, **68**, 110-117 (1999)
29) Omasa, M. *et al.*, H., *Ann. Thorac. Surg.*, **77**, 338-339 (2004)
30) Chen, F. *et al.*, *Transparent Proc.*, **36**, 2812-2815 (2004)

第3章　アルカリゲネス産生多糖体「アルカシーラン」

野畑靖浩[*]

　アルカシーランは，非病原性細菌であるアルカリゲネス属が産生する化粧品用途に開発された多糖類であり，表示名称は「アルカリゲネス産生多糖体」，INCI name「*Alcaligenes Polysaccharides*」である。化粧品分野においては，自然志向や安全志向が強いこともあり，天然物由来の多糖類は広く利用されている。特にキサンタンガムは感触改良剤および製品安定化剤として，ヒアルロン酸は保湿剤として優れた特性を有することが知られている。このように約50種の天然系高分子が上市している中，2000年にアルカシーランの一般販売を開始した。本稿ではアルカシーランの新規化粧品用多糖類としての基本特性ならびに化粧品原料としての有効性について紹介する。

1　アルカシーランの構造

アルカシーランは

$\{\to 3)$-β-D-Glucopyranose-$(1\to 4)$-β-D-Glucuronic acid-$(1\to$
　　$\to 4)$-β-D-Glucopyranose-$(1\to 4)$-α-L-Rhamnopyranose-$(1\to\}_n$
　α-L-Fucopyranose $(1\to 3)$ ⏌

の繰り返し構造を有する分子量150万程度の多糖[1,4,5]と

$\{\to 2)$-α-D-Mannopyranose-$(1\to 3)$-α-L-Fucopyranose-$(1\to\}_n$ の繰り返し構造を有する分子量3万程度の多糖[1,4,5]を約7:1（モル比）で含む混合物である。また天然多糖類であることから，増粘性[6]や保水・保湿性[7,8]を有するが詳細は引用文献を参照されたい。

2　乳化性

2.1　三相乳化法

　近年，田嶋らは，界面活性剤の代わりに柔らかいナノ粒子が一つのバルク相として独立した性

---

*　Yasuhiro Nohata　伯東㈱　四日市研究所　研究所長

質を示し，油滴界面で水相－ナノ粒子－油相の構造を作り油滴を安定化させる，新規な乳化法である三相乳化法を提案している[9,10]。この方法は，親水性ナノ粒子と油滴界面に作用するポテンシャルエネルギーの内，ファンデルワールス力を積極的に利用した方法であり，ナノ粒子は次の要件を満たす必要がある。①粒子表面は親水性である，②粒子内部は疎水的な性質を持つ，③粒子が独立相として挙動する，④油水界面に付着した時に，形状や性質の変化が起こりにくい，⑤粒子が「柔らかい」組織体である，の5要件である。界面活性剤の乳化は，油滴界面に界面活性剤が吸着することで表面張力を低下させ，油滴粒子を水中で安定化させる。従って，界面活性剤は疎水性部位を油剤に溶解させ吸着固定するという化学的作用により乳化していると言える。三相乳化法におけるナノ粒子の作用は界面活性剤による乳化とは本質的に異なり，吸着ではなくナノ粒子の「付着」により油滴表面を親水化させる物理的作用であり，不可逆的である。そのため，ナノ粒子による三相乳化と界面活性剤による乳化とでは，油滴界面張力に本質的に差異が生じることが期待できる。

2.2 アルカシーラン分散液の溶存状態

アルカシーランは濃度や機械力，熱等の要因により，単粒子化することができる。例えば，アルカシーランは，濃度0.001wt%に於けるTEMの観察により，50-70nmの球状粒子状であることが確認されている（写真1）。また，アルカシーラン0.1wt%に尿素4Mを添加した系の分散液においては，単粒子と繊維状の集合体となり，それ自体が網目構造を有することがSEMにて観察された（写真2）。さらに，アルカシーラン分散液の複素粘性率（η）に対する尿素添加量と振動周波数の影響を調べたところ，振動周波数10rad/secにおける0.1wt%アルカシーラン分散液の複素粘性は，尿素の添加量にあまり関係せず，0.4-0.2Pa.sの範囲でわずかに減少を示すに過ぎなかった。このことより高い振動周波数（高せん断力）の下では，アルカシーランは尿素4M

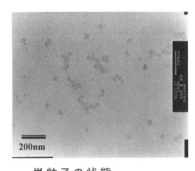

単粒子の状態

写真1　0.001wt/%アルカシーラン水溶液

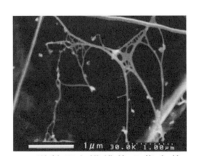

単粒子と繊維状の集合体

写真2　0.1wt/%アルカシーラン 4M 尿素水溶液

第3章　アルカリゲネス産生多糖体「アルカシーラン」

添加と同じような単粒子と繊維状の集合体が共存していることが示唆された。この分散液を用いると，流動パラフィンなどの油性成分を乳化することができ，アルカシーランで乳化する際は，高いせん断力にてアルカシーランを単粒子化する必要があることが確認された。

2.3 アルカシーランの乳化

アルカシーラン分散液の調製は，ホモジナイザー（IKA社製 ULTRA-TUPRAX T25，直径18mmの羽根を装着）を使用した。80℃，回転数16000rpmにて数分間の同一条件で撹拌を行い単粒子化した後，油性成分を添加，更に数分間維持することにより乳化を行った。

アルカシーラン濃度と油性成分濃度との関係を流動パラフィンにて示したのが図1である。アルカシーランの乳化可能濃度は0.03-0.09wt％であり適性濃度は0.05wt％前後であることが示された。また，乳化可能油性成分濃度は5-60wt％であることも示された。その際に興味深い現象として，アルカシーラン濃度0.01wt％では，流動パラフィンの濃度が5-80wt％の領域で微細な油滴は形成されなかった。流動パラフィン／アルカシーランの重量比によって異なるが，直径1から数ミリの油滴が生成し，その油滴は経時とともに上層に浮上した。しかし，これらの上層に浮上した油滴は7-8ヶ月室温に置いても合一・相分離することはなく，ゆるく撹拌すれば再び均一に分散した。したがって，アルカシーラン0.01wt％濃度で調製したエマルションの大きな油滴の浮上は，いわゆるクリーミング現象と異なり，浮力による現象であることが判る。これによりアルカシーランの役目は，①油滴表面に付着し油滴の合一を阻害する作用と，②網目を形成し油滴の分散状態を保つ作用の2つがあり，それぞれの役目を単粒子状と繊維状のアルカシーランが担っていることが推測できる。

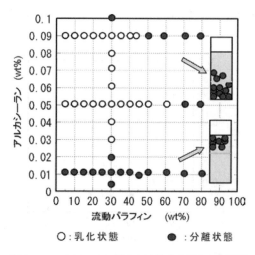

図1　アルカシーラン濃度と油性成分濃度との関係

2.4 炭化水素剤における炭素鎖長の影響

図2に示すように，炭化水素系油性成分の直鎖炭素鎖長が長くなるにつれて，生成したエマルションの粒子径は小さくなる。次に，テトラデカンを用いて温度と粒子径の関係を測定したところ図3に示すように，温度の上昇とともに平均粒子径も大きくなった。

さらに，この温度による粒子径の変化率と炭素鎖長との関係を図4に示した。炭素鎖長が6以下では温度による変化率は大きいが，炭素鎖長が8以上になると変化率は著しく減少し，油滴の熱安定性が向上した。そして，炭素鎖長が10-14の領域において熱安定性はさらに向上し，炭素鎖長18になると温度による変化率は皆無となった。以上により，アルカシーランの単粒子と被乳化油性成分間の相互作用の差異が，生成したエマルションの安定性に影響することから，分子量が大きくなるにつれ質量が上がり，油滴径が小さくても安定すると推測できる。そして炭素鎖長18以上の質量（MW＝254）を有すると，アルカシーランによる乳化は極めて安定であること

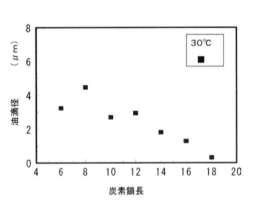

図2　炭化水素剤の炭素鎖長の影響

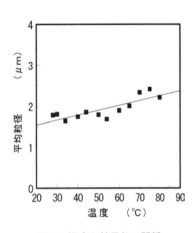

図3　温度と粒子径の関係

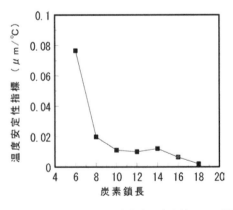

図4　温度による粒子径の変化率と炭素鎖長との関係

第3章 アルカリゲネス産生多糖体「アルカシーラン」

が示唆された。

3 アルカシーランの単粒子による三相乳化法を利用した化粧品

　人はいつまでも美しく若々しくありたいと願っており，そのために多種多様な努力を行っており，化粧をすることも重要な方法である。「化粧品」とは，人の身体を清潔にし，美化し，魅力を増し，容貌を変え，又は皮膚若しくは毛髪を健やかに保つために，身体に塗擦，散布その他これらに類似する方法で使用されることが目的とされている物で，人体に対する作用が緩和なものをいう（薬事法第2条第3項）。化粧品も自然志向や安全志向が強いこともあり，天然物原料を積極的に配合し，防腐剤や界面活性剤を敬遠する傾向がある。こうした時代の流れの中，アルカシーランは肌の保湿性を改善する天然物であり，しかも界面活性剤フリーの化粧品製剤が出来ることから，消費者の要求に答える化粧品素材といえる。しかし化粧品に配合されている界面活性剤の安全性は高く，刺激性も低いことから，界面活性剤フリーの化粧品が必ずしも有利とはいえず，アルカシーランを配合した化粧品も，安全・安心であるだけでなく，例えば，若く・美しくなる等の消費者の要望に答える必要がある。今回，アルカシーランを配合することにより従来に無い新しい価値を付加した化粧品の代表的な例を紹介する。

3.1 日焼け止め化粧品

　日焼け止め化粧品は，紫外線をカットし，紫外線の悪影響から肌を守ることを目的としている。日焼け止め化粧品は，紫外線吸収剤と紫外線散乱剤を組み合わせることにより高い効果を付与しているものが一般的である。さらに近年は，より低刺激な製剤として紫外線散乱剤である酸化チタンのみを配合した化粧品も多くなっており，酸化チタンの性能が向上したことで，十分な紫外線防止性能を有している。日焼け止め化粧品に求められる機能は幾つかあるが，その中でも汗や水で落ちないこと（耐水性）は重要な機能の一つである。一般的に耐水性機能を向上させるために基剤形態をW/O乳化タイプにしているが，2つの問題点がある。①外相が油性成分であるためべたつきがあり，みずみずしさに欠け使用感が劣る，②配合されている界面活性剤を水と遮断し，耐水性を上げるためにシリコーンオイルを配合している。これにより耐水性は増すが，石鹸や洗顔フォームで落ちにくくなり，クレンジングの使用が必須となる。アルカシーランを配合して界面活性剤フリーの乳化を行えば，図5に示したように，塗布時において酸化チタンは，スクワランやオリーブオイル等の油性成分にカバーされることにより，汗や水により化粧崩れが生じにくくなっている。そして固脂やスクワランやオリーブオイル等の油性成分は，石鹸やクレンジングフォームによる洗顔にて容易に洗い流せることから，クレンジングの必要がない。また，ア

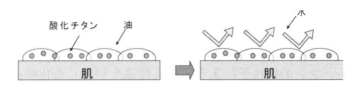

塗布時は油膜で撥水するため，汗で崩れにくい

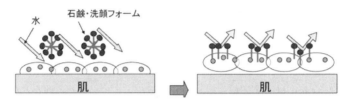

洗顔時は石鹸にて油膜を簡単に乳化し，洗い流せる

図5　界面活性剤フリー日焼け止め化粧品の特長

ルカシーランによる乳化はO/Wであることから，伸びが良く，みずみずしい使用感となる。さらに，この処方を基に顔料を配合することにより，O/W乳化型のファンデーションにもなる。伸びが良く水々しい感触であり，保湿性に優れることから，低温で乾燥している冬季用ファンデーションとして至適である。また，界面活性剤が配合されていないことから，既存のO/W乳化型のファンデーションの欠点である化粧持ちの悪さは格段に改善されている。

3.2　クレンジングミルク

クレンジングミルク（クリーム）は，油性成分や界面活性剤，水性成分の溶解作用を利用してメイクアップ化粧品や汚垢を取り込み溶解した後，拭き取るか洗顔にて肌から取り去る機能を持った化粧品である。アルカシーランを利用したO/W乳化型のクレンジングミルクは，洗い流すためだけを目的に界面活性剤を配合していることから，その配合量を抑えることができ，汚れだけでなく肌に必要な皮脂やセラミド等の保湿成分まで落す懸念が少ない。アルカシーランによる乳化は，油滴の表面にアルカシーラン単粒子が付着し，油性成分の合一を阻害することで乳化（分散）状態を保つことができる。その付着は，ファンデルワールス力により保たれており，静置している状態は安定であるが，肌に塗布した時は油滴に物理的な力が加わることにより，ファンデルワールス力と凝集エネルギーの差による反発力のバランスが崩れ，アルカシーラン粒子は油滴から離脱してしまう。アルカシーラン粒子が離脱した油滴は合一を生じ，油性成分と水性成分が分離する。これにより形成した油性成分の連続相がメイクを溶解させ汚れを肌から剥離する。次に少量の水をなじませることにより，界面活性剤が油滴を包み込みO/W乳化の状態にす

第3章 アルカリゲネス産生多糖体「アルカシーラン」

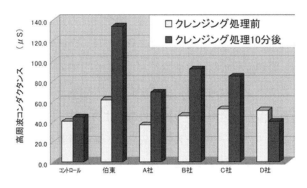

図6 市販のクレンジング使用後の皮膚水分量の比較

ることで，洗顔により洗い流すことができる。この際に注目すべきことは，油滴表面から離脱したアルカシーランが肌表面に付着し，肌の潤いを保つ作用をすることである。皮膚上に残留するアルカシーランはラットの皮膚を用いた試験で確認されており，さらにその効果を図6に示した。実際の肌（上腕内側部）にて市販されている4種類のクレンジング化粧品とアルカシーランを配合したクレンジングミルクにて，使用前使用後の肌の潤いについて，表皮角層の高周波コンダクタンス（アイ・ビイ・エス社製，皮表角層水分量測定装置 SKICON-200EX）により評価した。その結果，アルカシーランを配合したクレンジングミルクで洗浄した場合は，洗浄前より肌の水分量が大きく上がっていることが示されており，洗浄することにより肌の潤いが増す優れたクレンジングミルクであることが示唆された。

4 まとめ

化粧品基剤としてのアルカシーランおよびアルカシーランを配合した化粧品の特長について紹介させて頂いたが，アルカシーランを化粧品基剤として配合する最も大きな理由は感触改良剤としてである。アルカシーランを配合すると，べたつかず延びの良い化粧品製剤が得られる。その要因についての検証は行っていないが，アルカシーラン分子が球状であることから水和性が小さく，網目構造を形成したアルカシーランから容易に自由水を放出し，この水が肌との摩擦を低減しているためであると推測している。この特徴は他の親水性高分子，例えば天然系ならヒアルロン酸やキサンタンガム，合成系ならカルボマーやメチルセルロースと比較してもはっきりとした違いが判る。すべりや伸びが良い割には止まりが早く，べたつかない。軽くさっぱりした感触を目的とした化粧品には最も適した基剤であり，今までにはなかった感触を作り上げることが出来る。

アルカシーランは，このように従来の基剤を組み合わせたり，配合量を増減したりしても作り

出せない感触の化粧品や，従来にない使い勝手の良い日焼け止めやファンデーションを作れることから，市場で高く評価されている。化粧品用途においては，今回紹介できなかった新しい化粧品製剤も開発しており，今後も化粧品の可能性が大きく広がっていくと期待している。一方，工業品材料としてのアルカシーランの適用は，価格が高いことがネックとなり，特殊なインクに配合されているだけである。しかし，あらゆる種類の被乳化物や被分散物を単独，あるいは同時に安定させることができるアルカシーランを使った乳化は，新しい製剤の工業製品を作り出す可能性は極めて高く，アルカシーランにはもっと大きなポテンシャルがあると確信している。

謝辞

アルカシーランの生産菌の発見から共同で取り組んで頂いた，中部大学（応用生物学部）倉根隆一郎教授，アルカシーランの構成単糖および結合様式を決定した京都大学（農学研究科）東順一教授，アルカシーランの乳化系を確立した神奈川大学（化学系）田嶋和夫教授，堀内照夫先生，今井洋子先生に大変お世話になったことを厚くお礼を申し上げます。

文　　　献

1) 特許，登録番号 1908366 号，USP 5,175,279，EP 0379999
2) Y. Nohata, R. Kurane, *J. Ferment. Bioeng.*, **77**, (4), 390-393 (1994)
3) 黒宮友美，野畑靖浩，倉根隆一郎，日本農芸化学会 1998 年度大会，講演要旨集，p240
4) R. Kurane, Y. Nohata, *Biosci. Biotech. Biochem.*, **59**, (5), 908-911 (1995)
5) Y. Nohata, J. Azuma, R. Kurane, *Carbohydrate Research* **293**, 213-222 (1996)
6) Y. Nohata, R. Kurane, *J. Ferment. Bioeng.*, **82**, (1), 22-27 (1995)
7) R. Kurane, Y. Nohata, *Biosci. Biotech. Biochem.*, **58**, (2), 235-238 (1994)
8) 石畠さおり，フレグランスジャーナル，(7), 83-90 (1999)
9) K. Tajima, Y. Imai, T. Tsutsui, *J. Oleo. Sci.*, **51**, (5), 285-296 (2002)
10) 特許，登録番号 3855203 号

第4章　新規ジペプチド合成酵素のクローニングとジペプチド生産

田畑和彦*

1　ジペプチドとその従来の製法

　ジペプチドは，単に二つのアミノ酸が結合したものではない。その機能は，構成するアミノ酸の機能の総和を遥かに超えるものも少なくない。ジペプチドは，2つのアミノ酸がα-ペプチド結合を介して連なったものであるが，これまでは生体内におけるタンパク質代謝の分解過程で生じるアミノ酸への分解中間体として認識されるに過ぎなかった。しかし最近の研究から，それ自身が優れた機能性物質としての可能性を示し注目を集めている。ジペプチドを構成しているアミノ酸については，これまでにその独自の有用な機能が解明され，様々な用途において大量に利用されている。このような現在ある巨大なアミノ酸市場が形成したのには，アミノ酸生産菌の発見と，その後のアミノ酸発酵技術の確立という技術改新抜きでは語れない。それまでアミノ酸は，生体成分からの抽出法や化学合成法で主に製造されていたが，微生物による発酵法の出現により，安価に安定に大量供給することが可能になったからである。また発酵法は，安価で再生可能な糖質を主原料とし，特殊で危険な化学物質を用いることなく，常温・常圧の状態で効率的に生産することが可能な環境調和型の製法であり，かつその生産性は従来法を遥かに凌駕するものである。つまりは技術革新によるグリーンバイオケミストリーへの転換のさきがけであるといえる。

　この有用なアミノ酸の中でも，その物理化学的性質において利用機会が制限されているものがある。このようなアミノ酸をジペプチドの形にすると，本来の機能は維持・発揮しつつ，問題である物理化学的性質が格段に改善される事例が多くあり，新たな利用領域開拓のツールとして期待されている。またジペプチド自体の構造に起因した新たな生理活性を発揮する事例も報告されている。例えば，人口甘味料として馴染み深いアスパルテームはジペプチドの誘導体（L-Asp-L-Phe のメチルエステル体）であり，その他血圧降下[1]，鎮痛[2]，抗潰瘍[3]等の生理活性を示すものが報告されている。このようにジペプチドには，従来のアミノ酸の利用領域を拡大させるとともに，新たな機能性物質としての可能性が秘められている。

---

*　Kazuhiko Tabata　協和発酵バイオ㈱　バイオプロセス開発センター　主任研究員

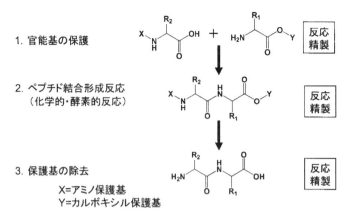

図1　ジペプチドの化学および酵素合成の概略図

しかしながら，実際にはあまり利用されていないのが現状である。その最大の理由は，ジペプチドを安価に工業生産する技術が確立していないからである。従来のジペプチドの製法は，アミノ酸の初期製法と同じく抽出，化学・酵素合成法が主流である。前者は生体成分由来タンパク質の分解物を抽出する方法で，収率が低く大量の廃液が伴うという問題がある。また目的のものを単一成分まで精製し大量に取得することは不可能に近い。後者では図1に示すように出発原料であるアミノ酸のうち少なくとも一方に修飾（保護基を付加する），また生成したジペプチド産物から排除（保護基を外す）する必要があるなど多段階の煩雑な工程になることや，反応に危険な薬品および大量の有機溶媒を使用すること，ラセミ化や酵素法ではその反応効率の低さから，安価な工業生産技術としては確立していない[4]。

そこでアミノ酸の市場拡大の最大の求心力となった安価でさらに環境調和型の製法である「アミノ酸発酵技術」と同じような，画期的な製法の確立が待望されていたのである。

2　新規ジペプチド合成酵素のスクリーニング戦略

想定された新規製造法は，従来製法で原料となるアミノ酸に化学修飾する事無く，従来の酵素法の反応機構（分解酵素の逆反応）とは異なる不可逆的な反応を介して製造することであった。すなわち原料アミノ酸から全工程を酵素的反応で完結できる全く新たな製法である。ペプチド結合を形成する酵素は複数報告されているが，ここで必要なL-アミノ酸同士においてα-ペプチド結合を形成してジペプチドを合成する酵素の存在は知られていないため，この新規活性酵素の探索が行われた。

新規酵素探索の定法として，活性を指標としたスクリーニング法がある。自然界より多種類の

第4章 新規ジペプチド合成酵素のクローニングとジペプチド生産

生物種を分離し、目的酵素反応の基質を培養液に添加する in vivo 評価系や、菌体の無細胞抽出液を用いての in vitro 評価系で、目的産物の生成の有無で選別する方法である。しかしながら今回の対象となるジペプチドは上述の通りタンパク質分解過程で生じるものであり、生物の細胞中では容易に分解される性質を持つ。それゆえジペプチド合成活性を高感度で検出することは不可能であると考えられる。そこでゲノム情報をもとにした in silico スクリーニングの方法が考えられた。この方法で最も重要な条件となる比較対象になる明確な酵素の配列情報が存在しないため、独自で目的酵素の構造的特徴の仮説を設定し、それにもとづいて行われた。その仮説は以下の3点である。(1)生物の有するペプチド結合形成酵素 [リボソームを介したタンパク合成系（翻訳）、非リボソーム型ペプチド合成酵素（Nonribosomal peptide synthetase：NRPS）、D-アラニン-D-アラニンリガーゼ（Ddl）、γ-グルタミルシステイン合成酵素、グルタチオン合成酵素、ポリ-γ-グルタミン酸合成酵素など] は共通して ATP 依存的な反応機構を有することから、目的酵素活性も ATP 依存的な酵素反応であり、その類の酵素が持つ ATP 結合モチーフが存在する。(2)これまで報告のない新規活性酵素であることから、機能未知の遺伝子の中に存在する。(3)想定されるジペプチド合成酵素の反応機構と最も近似する既存酵素として Ddl が考えられる。これは D-アミノ酸を基質とする点を除き ATP 依存的に α-ジペプチドを合成できるからである。それゆえ想定される酵素は Ddl の構造に対し相同性を持つと考えられる。

3 新規ジペプチド合成酵素 L-アミノ酸 α-リガーゼの発見[5]

上述の仮説を基に、PROSITE データベースを対象に検索を行った。その結果、(1)において ATP-dependent carboxylate-amine/thiol ligase family[6] に属する多数の遺伝子が選択されてきた（300種以上）。次に(2)の絞込みの結果、13種まで減少し、(3)の条件で、明らかに D-Ala-D-Ala ligase に対する有意な相同性を示すものとして、全ゲノムが決定された枯草菌 *Bacillus subtilis* 168株[7] の機能未知の ORF として登録されている ywfE [1,416塩基対；472アミノ酸残基] がみいだされた（図2A）。この遺伝子は枯草菌が生産する抗生物質バシリシン（bacilysin）の生合成クラスター中に存在することがわかった[8]（図2A）。バシリシンはN末に L-アラニンをC末に L-アンチカプシン（L-anticapsin）という非天然型アミノ酸を持つジペプチド抗生物質である（図2B）。ywfE は機能未知遺伝子で分類されていたが、バシリシン生合成過程において α-ペプチド結合形成に関与していることが予想されたわけである。そこでジペプチド合成活性を確かめるべく ywfE について大腸菌での組換え型酵素（C末端へ His タグを付加した形）を取得し精製した後、酵素反応評価が行われた。精製酵素を用いるのは、大腸菌細胞内に存在するジペプチド分解酵素活性を排除する目的からである。L-アラニン、L-グルタミン（L-アンチカプシンは

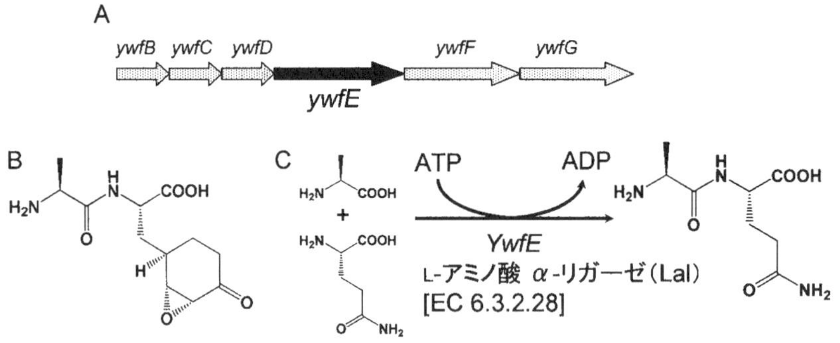

図２　A. 枯草菌由来バシリシン生合成クラスターの構造と *YwfE* の構造的特徴,
B. バシリシンの構造，C. L-アミノ酸 α-リガーゼによるアラニルグルタミン合成反応

		C末側 L-アミノ酸														
		Gly	Ala	Ser	Cys	Thr	Val	Leu	Ile	Met	Phe	Tyr	Trp	Gln	Asn	His
N末側 L-アミノ酸	Gly															
	Ala		◎								◎	◎		○		
	Ser															
	Thr															
	Met															
	Cys															

図３　*YwfE* の合成可能なジペプチドの構造の一覧
特異性：◎>○

グルタミンアナログとして機能する[9]）および ATP とインキュベートさせたところアラニルグルタミン（L-Ala-L-Gln）の生成が確認できた。この反応は ATP を除いた場合進行しないことから ATP 依存的な反応であり，当初の目標である未修飾の遊離 L-アミノ酸を直接的に α-ペプチド結合を形成させジペプチドにする新規酵素活性の存在を確認したわけである。本酵素は構造的特徴から ATP-dependent carboxy/thiol ligase ファミリー[6]に属し，その後の解析より L-アミノ酸を基質に，α-ジペプチドを特異的に合成すると同時に広い基質特異性を有する（図 3）という全く新規の性質を有することから，新たに L-アミノ酸 α-リガーゼ：L-amino acid α-ligase（Lal）と命名され登録された（新規酵素 EC 6.3.2.28）（図 2C）。この Lal については *ywfE* の発見以降，その構造に対するホモロジーを指標とした探索等で，他の細菌においても存在することが確認されている[10]。またバシリシン同様のペプチド性抗生物質リゾクチシン（rhizocticin）の生合成も Lal が関与していることが解明され[11]，細菌の生産するペプチド性二次代謝産物の生合成酵素としての役割を担っていることが分かってきた。また個々の Lal は *ywfE* と同様に L-アミノ酸の基質特異性は広く，さらにその傾向が異なることから，より広範な種類のジペプチド生

第4章 新規ジペプチド合成酵素のクローニングとジペプチド生産

産への応用が期待されている。

4 L-アミノ酸α-リガーゼを用いた新規ジペプチド生産プロセスの概要

遊離アミノ酸から直接ジペプチドを合成できる Lal の発見により，従来の製法とは全く異なるジペプチド合成の新規プロセスの構築が可能になった。すなわちこれまでの基質アミノ酸を化学的に修飾する過程を必要としないことから，全工程を酵素反応とする製法が可能になったわけである。この特徴を最大限に発揮すべく二通りの新規ジペプチド製造プロセスが考案された。

4.1 休止菌体反応法（図4A）[12]

Lal によるジペプチド合成反応は ATP 依存的であるため，ATP を連続的に供給できれば効率的生産が可能になると考えられる。そこで反応後生成する ADP を再度 ATP へ変換する ATP 再生系との組み合わせによるプロセスが考案された。ATP 再生系としては安価なポリリン酸を原料とするポリリン酸キナーゼ（Ppk）との組み合わせで検討された。プロセスとして精製酵素を用いる反応系ではなく，休止菌体（2種の酵素 Lal と Ppk を発現強化した大腸菌）を酵素源とした場合，宿主大腸菌の持つジペプチド分解活性が共存するため収率低下が避けられない。この問題は菌体に加熱処理を施し，分解酵素を熱失活させることで解決された。また膜の透過性を高める界面活性剤処理で反応性を向上できた。これらのプロセス最適化の工夫の結果，添加するアミノ酸の種類を選択するだけで目的のジペプチドが生産できる非常に汎用的な製法として利用されている。

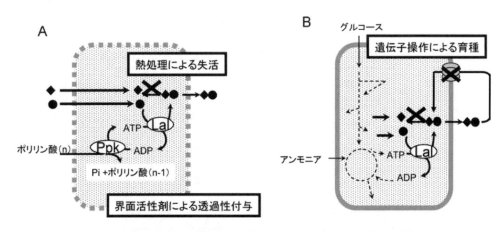

図4 A. 休止菌体反応法, B. 発酵法によるジペプチドの生産の概略図

4.2 発酵法（図 4B）[13]

従来のジペプチドの化学・酵素合成法は，必ず出発原料としてアミノ酸が用いられてきたが，Lal の新規活性を用いれば，ジペプチドの生産が一貫して酵素反応すなわち細胞内で完結して生産できることが連想される。これは従来のアミノ酸発酵の生産菌のようにアミノ酸を直接発酵で効率的に供給できる細胞において Lal 活性を強化させることで，非常に安価な原料（グルコースやアンモニア）から直接的にジペプチドを生産させるということである。しかし単純にそうしてもジペプチドはほとんど生成・蓄積しないことが確認された。そして試行錯誤の結果，製法を確立するための必須要因として，(1) Lal を安定に発現強化させること（過剰な強化は生育を悪化させる），(2) 宿主細胞のジペプチドの分解活性（ペプチダーゼ類）および取り込み活性を欠失させること（安定なジペプチドの蓄積のため），(3) 目的のジペプチドを構成するアミノ酸の供給能を強化すること（従来のアミノ酸発酵の技術を応用する）以上の三点が抽出された。これら多面的な育種を組み合わせることでアラニルグルタミンをはじめとするジペプチドの効率的生産が確認され，圧倒的に安価な製法として工業生産に用いられている。

5 アラニルグルタミン（AlaGln）およびアラニルチロシン（AlaTyr）の生産

前述のようにアミノ酸自体の物理化学的性質から利用が制限される場合がある。グルタミンはその有用な生理機能（タンパク合成促進，腸管保護など）から固形成分でのサプリメントは開発されているが，液状製品の利用が望まれるにも関わらず実現されていない。その理由は自身の水に対する低溶解性・溶状不安定性の物性にある。しかし，このグルタミンをアラニルグルタミン（L-Ala-L-Gln）というジペプチドの形にすると，本来のアミノ酸としての機能を発揮しつつ，問題である物理化学的性質が格段に改善されることが分かり（表1），これまで無かった輸液等の

表1 ジペプチドによる構成アミノ酸の溶解性・安定性の改善効果

アミノ酸	ジペプチド	溶解性（g/L）（水，20℃）	安定性
グルタミン（L-Gln）		36	不安定
	アラニルグルタミン（L-Ala-L-Tyr）	568	安定
チロシン（L-Tyr）		0.4	安定
	アラニルチロシン（L-Ala-L-Tyr）	14	安定

自社データ

第4章　新規ジペプチド合成酵素のクローニングとジペプチド生産

新たな利用領域の拡大が期待されている[14]。このことはより溶解度が低いアミノ酸として知られるチロシンにも当てはまる[15]（表1）。また幸いなことにLalの基質特異性の中でAlaGln, AlaTyrの合成活性は高いことが分かっている（図3）。そこでこれらに関する直接発酵法が構築された。直接発酵法に共通する必須用件を満たし，それぞれの生産を区別するアミノ酸（グルタミン，チロシン）の生産能強化育種の方法が異なっている。グルタミンでは生合成の鍵酵素であるグルタミン合成酵素の活性の脱調節（活性調節タンパクglnE, glnBの破壊）とアミノ酸要求性（プロリン）が有効であることが解明された[13]。その結果効率的なAlaGlnの生産が確認され工業スケールで製造できることも実証されている。またチロシンの場合は，Lalがフェニルアラニンに対する特異性も同様に高いため（図3），フェニルアラニンを副生することなくチロシンの生産能を強化させる必要がある（アラニルフェニルアラニンの副生を低減するため）。そこでチロシン発酵における育種方針を参考に検討が行われ[16]，その結果AlaGlnの3割程度の効率でAlaTyrを発酵生産できることが確認されている。

今回紹介した新規ジペプチド合成酵素の発見およびそれを利用した新規ジペプチド製造技術ができたのと同時期に，アミノ酸メチルエステル体を用いた効率的な新規ペプチド酵素合成法も報告されている[17]。しかしながらジペプチド発酵技術は究極的に経済的な製造法であり，また同時に最も環境へ負荷を与えない製造法として，先に述べたアミノ酸の現在の巨大市場を形成する原動力となったアミノ酸発酵技術と共通する技術革新であると言える。そしてこれにより各種ジペプチドの新たな用途展開の障壁に対するブレークスルーになると期待されている。

文　献

1) Matui, T. *et al.*, *Clinc. Exper. Pharmacol. Phisiol.*, **30**, 262-265 (2003)
2) Takagi, H. *et al.*, *Eur. J. Pharmacol.*, **55**, 109-111 (1979)
3) Cho, C.H. *et al.*, *Life Sci.*, **49**, PL189-PL194 (1991)
4) Yagasaki, M.& Hashimoto, S., *Appl. Microbiol. Biotechnol.*, **81**, 13-22 (2008)
5) Tabata, K. *et al.*, *J. Bacteriol.*, **187**, 5195-5202 (2005)
6) Galperin, M.Y. *et al.*, *Protein Sci.*, **6**, 2639-2643 (1997)
7) Kunst, F. *et al.*, *Nature*, **390**, 249-256 (1997)
8) Inaoka, T. *et al.*, *J. Biol. Chem.*, **278**, 2169-2176 (2003)
　　Steinborn, G. *et al.*, *Arch. Microbiol.*, **183**, 71-79 (2005)
9) Chmara, H., *J. Gen. Microbiol.*, **131**, 265-71 (1985)
10) Kino K. *et al.*, *Biochem. Biophys. Res. Commun.*, **371**, 536-540 (2008)

Kino K. *et al.*, *J. Biosci. Bioeng.*, **106**, 313–315 (2008)

Senoo A. *et al.*, *Biosci. Biotechnol. Biochem.*, in press.

11) Kino K. *et al.*, *Biosci. Biotechnol. Biochem.*, **73**, 901–907 (2009)
12) Ikeda, H. *et al.* WO2006/001382 (2006)
13) Tabata, K. & Hashimoto, S., *Appl. Environ. Microbiol.*, **73**, 6378–6385 (2007)
14) Furst, P. *et al.*, *Nutrition*, **13**, 731–737 (1997)
15) Daabes, T.T. & Stegink, L.D., *J. Nutr.*, **108**, 1104–1113 (1978)
16) Lütke-Eversloh, T. *et al.*, *Appl. Microbiol. Biotechnol.*, **77**, 751–762 (2007)
17) Yokozaki, K. & Hara, S., *J. Biotechnol.*, **115**, 211–220 (2005)

第5章 アラキドン酸

角田元男[*]

1 はじめに

　油脂は私たちの食生活を彩る重要な食品素材であるとともに，三大栄養素の一つとして健康に深く関わっている。ここで取り上げるアラキドン酸含有油脂は大豆や菜種のような油糧植物から得られる食用油脂（植物油）に代表される中性脂質の一つである。我々が食する中性脂質はトリグリセリドと呼ばれる脂質が主要成分である。トリグリセリドはグリセリン骨格の3つのOH基に3つの脂肪酸が脱水縮合したものである。さらに化学的に構造を見てみると脂肪酸には炭素間の二重結合の有無によって，飽和脂肪酸，不飽和脂肪酸に分類される。例えば，ステアリン酸，パルミチン酸は飽和脂肪酸であり，オレイン酸，リノール酸は不飽和脂肪酸である。アラキドン酸や魚油に含まれるDHA（ドコサヘキサエン酸），EPA（エイコサペンタエン酸）もまた不飽和脂肪酸の仲間である。しかし，植物油に多く含まれるオレイン酸，リノール酸に比べて炭素数が多いこと（20個，22個），二重結合が多いこと（4から6個）から高度不飽和脂肪酸（Poly Unsaturated Fatty Acid：PUFA）と呼ばれている。特にPUFAは脂質としてエネルギーの源になるとともに，細胞膜のリン脂質に組み込まれて様々な生理機能をもつことが徐々にわかってきた。生態機能という面で近年，DHA，EPAで研究が先行したが，最近，n-6系のPUFAの一つのアラキドン酸も注目されてきている。

2 アラキドン酸（ARA）とは

　我々は日常の食生活で表1に示すような食品からアラキドン酸やDHAを摂取している。この表は五訂増補日本食品成分表（脂肪酸成分表編）や五訂増補日本食品脂溶性成分表からアラキドン酸とDHAに着目してまとめたものである。このようにアラキドン酸を多く含む食品は肉類，魚介類，卵類である。これら食品に含まれるアラキドン酸は体内に吸収され，一般的な脂質同様にエネルギー源として利用される他，図1に示されるように，体内の血液や肝臓などの重要な器官の構成成分になる。アラキドン酸が多く含まれる組織では構成する総脂肪酸の10％を超える

---

[*] Motoo Sumida　サントリーウエルネス㈱　生産部　課長

表1　可食部100gに含まれるARAおよびDHAの量（mg）

	ARA	DHA		ARA	DHA
肉類			魚介類		
豚レバー	300	82	うに	180	25
牛レバー	170	9	きす	11	36
豚バラ	83	–	干しかれい	48	280
鶏ハツ	150	31	さば（水煮）	120	1300
若鶏もも	78	7	ぶり（焼）	180	1900
卵類			するめ	88	620
鶏卵（卵黄）	480	380			

五訂増補日本食品標準成分表-脂肪酸成分表編（2005年）
五訂増補日本食品脂溶性［脂肪酸，ビタミンA・D・E］成分表
（編：医歯薬出版）

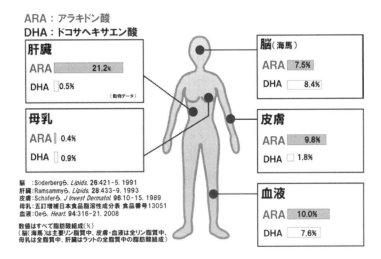

図1　身体における必須脂肪酸の分布（各臓器リン脂質中の組成比）

こともある。アラキドン酸は動物組織では細胞膜の主要構成成分として膜の流動性の調節に関与したり，体内の代謝で様々な機能を示す一方，プロスタグランジン類の直接の前駆体として重要な役割をも果たす。哺乳動物はリノール酸やα-リノレン酸を生合成することが出来ないため，これら脂肪酸は必須脂肪酸と呼ばれている。哺乳動物はリノール酸やα-リノレン酸を生合成することが出来ないが，植物性食品などから摂取し，生体内で不飽和化と炭素鎖の延長が繰り返されて，アラキドン酸やDHAに変換される（図2）。したがって，リノール酸に富む食品を摂取すればアラキドン酸が不足することはないが，生活習慣病やその予備軍，乳児，老人ではアラキドン酸の生合成に関与する不飽和化酵素の働きが低下することが多く，アラキドン酸は不足しがちとなり，直接摂取することが望まれる。特に乳児の場合，アラキドン酸はミルクからしか摂取

第5章　アラキドン酸

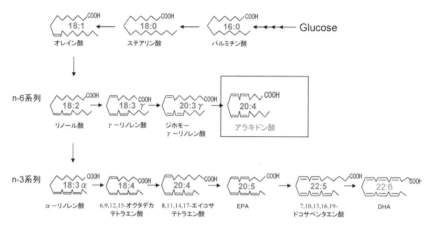

図2　高度不飽和脂肪酸（PUFA）の推定生合成経路

できず，その役割に注目が集まっている。

3　アラキドン酸の醗酵生産

このようにアラキドン酸の役割が注目された結果，肉類，魚介類，卵類に代わって大量に供給できる可能性を秘めた微生物の探索が開始された。Shinmenら[1]は京都の土壌からアラキドン酸高生産菌 Mortierella alpina の1株を分離した。Mortierella alpina はケカビ目に属するカビの一種である。ケカビ目には食品用酵素の生産菌である Mucor 属や Rhizopus 属等の有用で安全性が高いと考えられているカビが多く含まれている。一方，カビ毒（アフラトキシン等）を作るカビは不完全菌の中に属するカビであり，これらケカビ目のカビ類とは分類学上大きく離れている。

Mortierella alpina はある種の条件下で培養した時に，菌糸の中に油滴小胞と称される器官を作り，多くの油脂（トリグリセリド）を蓄積する特徴を有する。その蓄積量は乾燥菌体の数十％にもおよぶ。Shinmen らの発見とほぼ同時期に砂崎ら[2]はふすまを用いた固形培養でアラキドン酸が生産できることも発表している。

我々は醗酵タンクを用いた液体培養が大量生産に適していると考えた。一般的な微生物醗酵の考え方に従って，フラスコや小型の醗酵槽を用いて生産性向上の検討を行った。使用する醗酵原料には食の安全性が担保されている食品，食品添加物を原料の供給源に求めた。その結果，脱脂大豆粉とグルコースが良い醗酵原料（培地）になると考えられた。これにリン酸や微量金属を加えて液体培養することで，高濃度にアラキドン酸が含まれる菌体を得ることに成功した。パイロットプラントを使った醗酵試験の結果を図3に示す。アラキドン酸は Mortierella alpina の菌体内にトリグリセリドの形で蓄積され，総脂肪酸に対するアラキドン酸の組成比が40％を超え

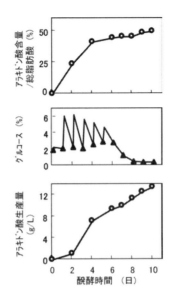

図3 パイロットプラントスケールでのアラキドン酸の醗酵生産

るアラキドン酸高含有油脂の原料菌体を得た[3]。

現在アラキドン酸高含有油脂（商品名：SUNTGA40S）の生産において，工業的には脱脂大豆粉とグルコースを主原料に少量のリン酸や微量金属を加えた培地を用いて，大型の醗酵槽を使った好気的な液体培養が行われている。アラキドン酸を含む油脂（トリグリセリド）は *Mortierella alpina* の菌体内に蓄積されるため，醗酵終了後，ろ過で菌体を集め，さらに乾燥して油脂原料にしている。アラキドン酸は空気中の酸素に弱く，容易に酸化されるため，原料菌体中の油脂が劣化する恐れがある。この工程のメリットはアラキドン酸を菌体内に封じ込め酸素から隔離する点にある。

次に醗酵で得られたアラキドン酸を高含有する菌体は，油糧植物（大豆，菜種等）から食用油脂が抽出精製される方法とほぼ同様の精製工程を経て食用に適したアラキドン酸高含有油脂が出来上がる。すなわち，アラキドン酸高含有油脂は原料菌体から食添のヘキサンを用いて抽出される。次に，脱色・脱ガム・脱酸・脱ヘキサン・脱臭（水蒸気蒸留）等の各精製工程を経て，最終的に，抗酸化剤の天然トコフェロールを配合して，食用に適したアラキドン酸高含有油脂が出来上がる。

欧州では1997年5月15日以前に使用実績がない食品は，条例に定められた事項を科学的に評価した報告書を作成して，Novel Food という認可を取得することが義務付けられている。我々は，数々の分析や安全性に関わる試験を行ってきた。この結果をもとに欧州の Novel Food をも取得した[4]。

第 5 章 アラキドン酸

4 アラキドン酸の有用性

4.1 粉ミルクへのアラキドン酸と DHA 添加の重要性

　生まれてから離乳食が始まるまでの間，赤ちゃんはお母さんの母乳を唯一の栄養源として育つ。しかし，その母乳が不足していたり，近年の女性の社会進出によって早期に託児施設へ乳児が預けられたりする現状では育児用の調整乳，いわゆる粉ミルクが代用されることになり，ますます粉ミルクの重要性が高まっている。

　乳児用の粉ミルクは，主に牛乳を原料として作られる。そのままではタンパク質や脂質，ミネラルなどの組成が母乳と大きく異なるため，乳児に適さない成分を除いたり，必要な成分を補うなどして調整されている。表2には母乳と粉ミルク（調整乳）に含まれる脂質の脂肪酸組成が比較されている。粉ミルクは製造上，脱脂した牛乳を主成分として，除去した脂質を補うために数種の植物油を添加して作られている。このため，動物の油脂に含まれる PUFA が欠落している。この PUFA には DHA やアラキドン酸が含まれている。これらの PUFA の含量は低いけれども，意味があると考えられ，以下のいくつかの研究がなされた。

　Carlsonら[5,6]は早産児に対し，アラキドン酸を含まない調製乳と高度不飽和脂肪酸の DHA や EPA を含む魚油添加調製乳でその効果を調べた。血漿フォスファチジルコリン中のアラキドン酸濃度と体重・身長間に正の相関を見出した。しかし，魚油添加調製乳群ではアラキドン酸量が低下し，成長にとっては好ましくない結果となった。この研究を発端に早産児，成熟児でのアラ

表2　母乳と調製乳の脂肪酸組成比較

脂肪酸組成 （重量%）	母乳	調製乳
14:0	5.5	5.0
16:0	20.5	19.8
18:0	6.8	6.3
18:1	36.4	32.4
18:2 (n-6)	15.0	18.9
18:3 (n-3)	2.1	1.5
20:1	0.7	0.4
20:2 (n-6)	0.2	tr
20:3 (n-6)	0.3	0
20:4 (n-6) ARA	0.5	0
20:5 (n-3)	0.1	0
22:6 (n-3) DHA	0.5	0
others	11.4	15.7

四訂日本食品標準成分表
日本食品脂溶性成分表（1990）

キドン酸，DHA の役割に関する研究が精力的に進められ，母乳で育てられた乳児と同じレベルまでアラキドン酸を高めるためには，アラキドン酸の前駆体となる γ-リノレン酸を与えても効果がなく，アラキドン酸を与えなければならないことが明らかとなった。

　Birch ら[7]は生後 5 日以内の乳児 56 人を 3 つのグループに分け，「DHA もアラキドン酸（ARA）も配合していない粉ミルク（無添加グループ）」，「DHA 配合の粉ミルク（DHA グループ）」，「DHA と ARA の両方を配合した粉ミルク（DHA＋ARA グループ）」を，生後 5 日目から 17 週目まで各グループに与えた。そしてその乳児らが生後 18 カ月を迎えたところで，彼らの総合的な知能，及び運動量を調べた。まず歩行，ジャンプ，お絵描きといった「精神運動発達指標」では，グループ間に有意な差は認められなかったものの，「DHA＋ARA グループ」では全米平均を上回る結果が得られた。一方，記憶や単純な問題の解決力，言語能力を見た「精神発達指標」においては，「DHA グループ」とは差がないものの，「無添加グループ」と比べて，「DHA＋ARA グループ」は有意に高い値であることが示された。

　さらに，アラキドン酸はこれまでは卵黄からの抽出等でしか得られず，高価で希少であったが，醗酵法によりこれまでより安価で多量に供給できるようになった。これらの有用性の実験との組み合わせで，米国ではベビーミルクメーカーが主体になって DHA とアラキドン酸を含む粉ミルクを FDA（米国食品医薬局）に申請し，FDA から乳児に対するその安全性も認められている。1990 年代後半から発売された DHA とアラキドン酸を含む粉ミルクは徐々に米国から世界へ広がりスタンダードに成りつつある。世界的に見ても DHA とアラキドン酸を配合する粉ミルクを販売している国は 60 カ国を越えている。

　このような世界的な潮流の中，2007 年 7 月にローマで開かれたコーデックス総会で，新しい国際規格が承認された。コーデックスは FAO（国連食糧農業機関）と WHO（国際保健機関）の合同機関として 1962 年に設置された組織で，国際的な食品規格（コーデックス規格）の策定などを行っている。日本の参加は 1966 年からで，現在では 170 カ国以上がこの組織に参加している。新しい規格では「もし DHA を乳児用ミルクに添加する場合，アラキドン酸（ARA）含量は少なくとも DHA と同濃度にすることが望ましい」ことが言及されている。コーデックスが定める国際規格に強制力はない。具体的な対応は各国に任されている。今回の決定を受けて，日本でもこのコーデックスの提言を厳粛に受け止め，国の機関でも検討された[8]。さらに，日本の粉ミルクメーカーが厚生労働省の許認可を得て，DHA と ARA を配合した粉ミルクの販売を開始した[9]。今後益々，DHA と ARA を配合した粉ミルクが期待されている。

4.2　有用性に関する研究

　PUFA，特にアラキドン酸はプロスタグランジン類（エイコサノイド）の前駆体になることは

第5章　アラキドン酸

よく知られている。加えてエイコサノイドとは全く機能を異にする生理活性物質（アナンダミド，2-アラキドノイルモノグリセロール（2-AG））がアラキドン酸の代謝物として相次いで発見された[10,11]。鎮痛，鎮静，神経緊張の緩和，多幸感，眠気，幻覚，興奮，離人感，時間感覚の変化など多岐にわたる神経活性作用を持つカンナビノイドと呼ばれる一連の化合物が知られている。アナンダミド（アラキドン酸がエタノールアミンとアミド結合した化合物）と2-AGがこのカンナビノイドに特異的な受容体に作用することが明らかにされた。

　近年，脳におけるPUFAの役割に関する研究が進められている。アラキドン酸は生体における膜の重要な構成成分での1つであり，疾病等において低下する傾向にある。特に，脳においてはDHAとともに比率の高い成分であり，アルツハイマー患者において，その構成比が低下するという報告がある[12]。また，老化したラットにアラキドン酸を投与することで脳の記憶の指標であるLTP（long-term potentiation）が回復することが報告されている[13]。22ヶ月齢のラット（老齢ラット）にアラキドン酸食を施した場合，若齢ラット（4ヶ月齢）並みのLTPの増強を示した。

　人の脳波は，音を聞き分けたり，ものを見きわめたりすると，約0.3秒（300ミリ秒）後に大きな波が現れる特徴があり，この特徴的な脳波はP300と呼ばれている。Ishikuraら[14]は高年者に1日に240mgのアラキドン酸を1ヵ月間摂取し，摂取前後の脳波（P-300）を比較している。このP-300は現れるまでの時間（脳の情報処理能力）と大きさ（集中力）に分解されるが，この実験ではアラキドン酸摂取群において両者を改善するという結果が報告されている。このように，これらの研究を含め脳機能とPUFAと脳機能の関係が徐々に解明されつつある。

5　アラキドン酸の構造変換による新たな脂質の創生

　アラキドン酸はその構造から酸化され劣化しやすいことも特徴のひとつである。さらに，アラキドン酸が不足すると言われている老齢者や乳児は胃および膵臓のリパーゼ分泌が成人に比べ低く，アラキドン酸に対する作用も弱いため，消化吸収が低下しているという報告もある[15]。アラキドン酸が食品素材として注目されながらも充分に実用化されていない理由の一つでもあると考えられる。

　脂質の変換に酵素を用いる技術が注目されている。食用油脂を酵素変換により物性改変（融点の改変）してカカオ脂代替脂を作る技術は古くから知られている[16]。さらに，カカオ脂代替脂同様に酵素変換の技術を用いて1-または3-位に中鎖脂肪酸を導入した脂質を含む油脂が工業レベルで生産・販売されている[17]。この技術と構造脂質の考え方を組み合わせて，新たな脂質の創生を考えてみたい。

　構造脂質とは，結合位置と脂肪酸分子種が特定された脂質（トリグリセリド）であり，通常の

脂質では得られない種々優れた性質を有していることが知られるようになってきた。藤本らが実験室スケールで，EPAを含む種々の構造脂質（トリグリセリド）を化学合成し，酸化に対する抵抗性を測定した。その結果，EPAの総量は同じであるにも関わらず，EPAを1分子に1残基しか含まない構造脂質は1分子に2あるいは3残基を含むものに比べて酸化を受けにくいと報告している[18]。

脂肪酸の側を見てみると，中鎖脂肪酸（炭素数が6〜12の飽和脂肪酸）はその特異な代謝から，消化吸収がよく，体内で燃焼されやすいという性質を有する[19〜21]。この燃焼型脂肪酸が肥満体質に傾きだした日本人の健康にマッチし注目され始めている。

この中鎖脂肪酸と不飽和脂肪酸を組み合わせて化学的に調製した構造脂質を使って小腸での消化吸収性について検討されている。すなわち，トリグリセリドの2位の位置にリノレン酸を1,3位に中鎖脂肪酸を配置する構造脂質（MLMタイプ構造脂質）が考案され，小腸で良好な消化吸収性を示す結果を得ている[22,23]。

Nagaoら[24]はこれらの考え方をアラキドン酸に適用して新たな脂質を酵素的に合成している。一般にリパーゼはアラキドン酸には作用しにくいため，先ず彼らはアラキドン酸に作用しやすい酵素をスクリーニングしている。次に酵素を安定化して効率を上げるため固定化して酵素を用いている。得られた固定化酵素を用いて種々反応条件を検討して，1,3位にカプリル酸（炭素数8の中鎖脂肪酸）と2位にアラキドン酸が結合した構造脂質を調製している。合成されたアラキドン酸を含む構造脂質の純度は最終的に50%以上の高純度品となった。この反応は35℃で行われ，約90日間安定的に酵素反応が行われている。しかし，これらの検討は実験室レベルであり，工業的な供給の可能性が検討されるものと考える。

6　おわりに

以上，アラキドン酸の醗酵生産，粉ミルクへの配合，生理機能，構造変換について紹介した。アラキドン酸も含めPUFAの生理機能についてはまだまだ未知な部分も多い。今後の研究や工業化についても検討すべきことが多く残されている。PUFAの研究・開発の一助になれば幸いと考える。

第5章　アラキドン酸

文　　献

1) Y. Shimen et al., *Appl. Microboil. Biotechnol.*, **31**, 11 (1987)
2) 砂崎和彦ほか，公開特許公報 特開昭 64-38007 (1989)
3) K. Higashiyama et al., *J. Am. Oil Chem. Soc.*, **75**, 1815 (1998)
4) Official J. European Union, L344/123 20.12.2008 (2008)
5) S. E. Carlson et al., *Proc. Natl. Acad. Sci. USA*, **90**, 1073 (1993)
6) S. E. Carlson, *International News on Fats, Oil and Related Materials*, **6**, 940 (1995)
7) E. E. Birch et al., *Developmental Medicine & Child Neurology*, **42**, 174 (2000)
8) http://www.maff.go.jp/j/study/codex/28/pdf/data09.pdf（農水省資料）
9) http://www.morinagamilk.co.jp/release/detail.php?id=651
10) W. A. Devane et al., *Science*, **258**, 1946 (1992)
11) T. Sugiura et al., *Biochem. Biophys. Res. Commun.*, **215**, 89 (1995)
12) M. Soederberg et al., *Lipids*, **26**, 421 (1991)
13) B. McGahon et al., *Neuroscience*, **81**, 9 (1997)
14) Y. Ishikura et al., *Neuropsychobiology*, **60**, 73 (2009)
15) J. W. Liu et al., *J. Am. Oil Chem. Soc.*, **75**, 507 (1998)
16) 松尾高明ほか，公開特許公報 特開昭 55-71797 (1980)
17) 青山敏明，オレオサイエンス，**3**, 403 (2003)
18) 藤本健四郎ほか，科学工業，**75**, 53 (2001)
19) N. J. Greenberger et al., *J. Clin. Invest.* **45**, 217 (1966)
20) P. R. Holt, *Gastroenterology*, **53**, 961 (1967)
21) N. J. Greenberger et al., *N. Eng. J. Med.*, **280**, 1045 (1969)
22) M. S. Christensen et al., *Am. J. Clin. Nutr.*, **61**, 56 (1995)
23) I. Ikeda et al., *Lipids*, **26**, 369 (1991)
24) T. Nagao et al., *J. Am. Oil Chem. Soc.*, **80**, 867 (2003)

第6章 CDPコリン

丸山明彦*

1 はじめに

CDPコリンは図1に示すような化学構造を有するピリミジン系核酸関連物質である。分子量は488.32，白色の結晶性粉末で，水に極めて溶けやすく，エタノール，アセトン，クロロホルムにはほとんど溶けない。本物質は動物や酵母などにおいて，リン脂質の一種であるフォスファチジルコリン（レシチン）の重要な生合成中間体として，1957年にKennedy[1]らによって発見された。頭部外傷並びに脳手術に伴う意識障害や脳梗塞急性期意識障害の改善などに有効な脳代謝賦活薬として，1967年より医薬品（注射剤）として広く用いられてきた。また最近では，脳機能を改善し，認知機能の低下を抑制することが期待される経口のサプリメントとして，米国を中心として販売されるようになってきた。

2 生産法の歴史

CDPコリンの生産法としては，酵母RNAの分解法[2]で副生するCMPを出発物質とした，化学合成法[3]と酵素法[4]について数多くの研究がなされてきた。酵母RNA分解法は核酸系うま味調味料である5'-イノシン酸（IMP），5'-グアニル酸（GMP）といったプリンヌクレオチドの製法のひとつであり，ピリミジンヌクレオチドであるCMPはこの製法の副生物として生じ，CDPコリンの合成原料として利用されてきた。しかしながら，核酸系うま味調味料の工業生産におい

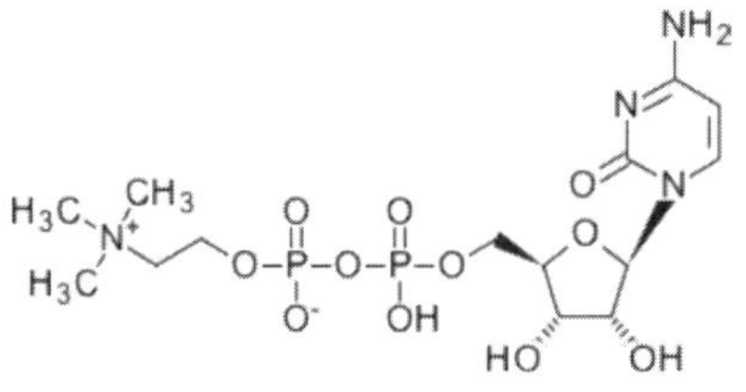

図1 CDPコリンの化学構造

---

* Akihiko Maruyama　協和発酵バイオ㈱　バイオプロセス開発センター　主任研究員

て，直接発酵法やヌクレオシドのリン酸化法が主体となり，RNA分解法が減少するに伴い，ピリミジンヌクレオチドの工業的規模での入手が困難になってきた。この原料の問題を解決する目的で，武田薬品の朝日らはウリジン及びシチジンの発酵生産法を開発した。Bacillus subtilis にピリミジンアナログ耐性などの変異処理を施した結果，最終的に得られたそれぞれの生産菌を用いた工業規模での培養により，18%のグルコースから65g/Lのウリジン[5]，30g/Lのシチジン[6]を安定に生産することを報告した。

3 オロト酸からの新規生産法の開発

筆者らは協和発酵において安価に発酵生産されていたオロト酸に着目し，これを出発基質として用いる新たな酵素的生産法を検討し，コスト競争力のある工業的製法を確立することができた[7,8]。以下，その製法研究の経過について述べる。

オロト酸は図2に示すような化学構造を有するピリミジンヌクレオチド生合成の中間体であり，ビタミンB_{13}とも呼ばれるが，生体内でも合成されるため厳密な意味ではビタミンではない。本物質は強肝剤としての用途の他，抗ガン剤や抗ウイルス剤などの合成原料としての需要がある。高山らは Corynebacterium glutamicum の変異株を生産菌として用い，糖蜜を炭素源とした培養で56g/Lのオロト酸を蓄積させている[9]。オロト酸は溶解度が低いため，発酵の進行に伴い大半が結晶として析出してくる。従って，発酵終了後培養液を静置しておくと，オロト酸の粗結晶を沈殿として容易に回収することができる。このような精製上のメリットのため，化学合成法よりも発酵法の方が生産コストははるかに低く，CDPコリン生産の出発基質として有利である。

図3に生合成経路を示したが，オロト酸とコリンを基質とした場合，CDPコリンを生産するためには合計7段階の酵素反応が関与している。さらに，最初のOMP生産反応はPRPPをとり込む反応であり，また4つの酵素反応ではATPを必要としている。そこで筆者らは，強いATP再生活性とPRPP供給能力を有する工業用微生物である Corynebacterium ammoniagenes を実験材料に用いて生産検討に着手した。協和発酵において，C. ammoniagenes はGMP[10]やATP[11]といった核酸の生産で長年工業利用されており，ATP再生系とPRPP供給系が絡んだ核

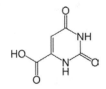

図2 オロト酸の化学構造

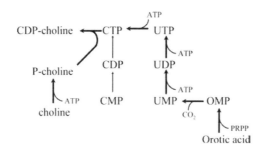

図3 生合成経路

酸関連物質の生産である今回の課題に好適な微生物であると期待された。

4 UMPの生産

C. ammoniagenes KY13505株の培養菌体（湿重量200g/L）を酵素源として，膜透過性を付与するため，非イオン系界面活性剤であるナイミーンS-215（polyoxyethylene stearylamine：日本油脂製）4g/Lとキシレン10ml/Lを添加した系で，オロト酸を基質とし，グルコース，リン酸といった反応液成分を添加して条件検討を行った。反応は200-ml容ビーカーを用い，20mlの反応液にてスターラーにて撹拌しながら，pHを7%アンモニア水にて一定に保った。検討の結果，30℃，pH7.2，26時間の反応で，20g/L（94mM）のオロト酸より28.6g/L（77.6mM）のUMPが蓄積した。反応液中には若干（10mM以下）のUDP，UTPの副生も観察された。

中山らはC. ammoniagenes ATCC 6872株を用いてオロト酸を含む培地で培養することにより，4.3g/LのUMPの蓄積を報告している[12]。この報告の数字と比較して，大幅な力価向上が見られたが，これは界面活性剤とキシレンで処理して膜透過性を付与することにより，親水性分子であるUMPが容易に細胞外に出ることが可能になったためであると推測される。

5 CTPの生産

C. ammoniagenesを用いた菌体反応で種々条件検討を行ったが，CTPは少量（2mM以下）しか生成しなかった。オロト酸添加の有無にかかわらず生成量が同程度であったことから，蓄積するCTPは菌体内に存在するCMPなどのシチジン系物質に由来するものと推定された。本菌もUTPからCTPを生成するCTP synthetaseを持っているはずであるが，菌体反応で高濃度の蓄積がみられないことは，CTP synthetase活性自体が微弱であるか，CTPによる強いフィードバック阻害がかかっているためと考えられた。

そこで，CTP生成量を増大させるため，Purdue大学のH. Zalkin教授より大腸菌において*pyrG*遺伝子（CTP synthetaseをコード）を発現強化したJF646/pMW6株を入手し[13]，活性増強効果を調べた。C. ammoniagenes KY13505株の菌体（湿重量150g/L）と E. coli JF646/pMW6株の菌体（湿重量20g/L）を混合した系でビーカー反応を行ったところ，30℃，pH7.2，23時間の反応で，8.95g/L（15.1mM）のCTPが蓄積した。

6 CDPコリンの生産

CTPとコリンからCDPコリンを生成させるには，さらに2種の酵素活性が必要である。群馬大学医学部の山下教授らは酵母（*Saccharomyces cerevisiae*）由来の*CCT*遺伝子（cholinephosphate cytidylyltransferaseをコード）と*CKI*遺伝子（choline kinaseをコード）をクローニングし，大腸菌で活性発現させることに成功した[14,15]。そこで山下教授より両遺伝子を発現するプラスミド，pCC41（*CCT*）とpUCK3（*CKI*）の分与を受け，CDPコリンが蓄積可能かどうか調べた。初期検討の段階で界面活性剤のナイミーンS-215がCDPコリン生産反応に阻害的に働くことが判明したため，膜処理条件としてはキシレン10ml/L単独添加に変更した。C. ammoniagenes KY13505，E. coli JF646/pMW6，E. coli MM294/pUCK3，E. coli MM294/pCC41の4種の菌体を湿重量にて，それぞれ150，20，20，50g/L混合した系でビーカー反応を行ったところ，30℃，pH7.2，23時間の反応で，7.7g/L（15.1mM）のCDPコリンが蓄積した。

7 工業的プロセスの構築

菌体に*pyrG*，*CCT*，*CKI*の3種の遺伝子産物を加えることによりCDPコリン蓄積が可能であることが示されたが，より実用的なプロセスとするため，この3種遺伝子が同時発現するプラスミドを構築した。最終的に構築したプラスミドpCKG55の構造を図4に示す。pCKG55では*CCT*，*CKI*を融合蛋白として発現させている。その理由としては，プラスミド構築に先立ち，*CCT*，*CKI*両遺伝子周辺の制限酵素認識部位を見比べたところ，*CCT*構造遺伝子のC末と*CKI*構造遺伝子のN末に*Hpa*I制限部位がそれぞれ一箇所存在し，このサイトを利用して接続すると，*CCT*のC末14アミノ酸残基と*CKI*のN末31アミノ酸残基が除去された形でフレームが合ってつながることが判明したためである。研究当時は任意の位置に制限酵素認識部位を導入できるPCR法が普及しておらず，材料となる遺伝子の両端に好適な制限サイトがあるかどうかがコンストラクションの死命を制する時代であった。簡単な組換え操作で発現させることができたこの融合蛋白は，幸運なことに，*CCT*，*CKI*両活性を元のプラスミドと同程度有しており，

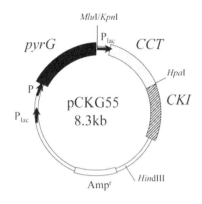

図4 pCKG55 の構造

熱安定性なども変わりなく，十分実用に耐えうる酵素であった。本来ならば個別発現のプラスミドも構築し，融合蛋白との比較データーを取るべきであろうが，その試みは実施しなかった。

C. ammoniagenes KY13505株と E. coli MM294/pCKG55株の5Lジャー培養液を，それぞれ360mlずつ2Lジャーにて混合し，反応基質としてオロト酸10g/L（47mM），塩化コリン8.4g/L（60mM）を添加し，さらにグルコース，リン酸などの反応液成分を加えて反応を行った。その結果，30℃，pH7.2，23時間の反応で11.0g/L（21.5mM）のCDPコリンが蓄積した。

本製造プロセスは，培養・反応のスケールアップ検討，精製検討を経て，1993年に協和発酵工業㈱で工業化され，現在に至っている。

8 おわりに

本研究テーマに着手した時，その成功を危ぶむ声が少なからずあった。図3に示したように，生産反応は7段階の酵素反応に加えてATP再生系とPRPP供給系が必要な複雑な系であり，このような多段の反応系を一バッチの菌体反応で成立させ，工業化した事例は皆無に等しいためである。オロト酸を出発基質として，各反応を効率よく行わせ，工業的に意味のあるレベルまでCDPコリンを蓄積させることは至難の業であると周囲の誰もが感じていた。本項では要点と結果のみの記述にとどめたが，実際には予想された通り，多くの課題を乗り越えるためのトライアンドエラーの連続であった。研究着手から現場生産まで，約7年の歳月を要したという事実からその点を推測して頂きたい。

研究を振り返ってみて，pyrG, CCT, CKI といった遺伝子が外部研究機関に於いてタイムリーにクローニングされ，それを利用することが出来たことは幸運であった。また，CCT/CKI融合蛋白利用のきっかけとなったHpaI制限部位の存在は偶然の所産に他ならないが，それを発見

第6章　CDPコリン

した時の興奮は今でも覚えている。当時を振り返り，遺伝子組換え技術の進歩の歴史を考えてみると，PCR法の普及が如何に革新的であったかが痛感される。さらに，協和発酵で諸先輩により長年蓄積されてきた核酸発酵や菌体反応の技術，ノウハウがプロセスの構築と工業化を達成する上で大きな力となったと感じている。

文　献

1) E. P. Kennedy et al., J. Biol. Chem., **222**, 193 (1956)
2) A. Kuninaka et al., Food Technol., **18**, 287 (1964)
3) E. P. Kennedy, J. Biol. Chem., **222**, 185 (1956)
4) A. Kimura et al., Agric. Biol. Chem., **40**, 1373 (1976)
5) M. Doi et al., Biosci. Biotech. Biochem., **58**, 1608 (1994)
6) 朝日知ほか，発酵ハンドブック，P.206, 共立出版 (2001)
7) T. Fujio et al., Biosci. Biotech. Biochem., **61**, 956 (1997)
8) T. Fujio et al., Biosci. Biotech. Biochem., **61**, 960 (1997)
9) 高山健一郎ほか，特開平 1-104189 (1989)
10) T. Fujio et al., J. Ferment. Technol., **62**, 137 (1984)
11) T. Fujio et al., J. Ferment. Technol., **61**, 261 (1983)
12) K. Nakayama et al., Agric. Biol. Chem., **35**, 518 (1971)
13) M. Weng et al., J. Biol. Chem., **261**, 5568 (1986)
14) Y. Tsukagoshi et al., J. Bacteriol., **173**, 2134 (1991)
15) K. Hosaka et al., J. Biol. Chem., **264**, 2053 (1989)

第7章　工業的スケールでの製造を目指した 2-deoxy-*scyllo*-inosose の微生物生産・精製法の開発

高久洋暁[*1]，宮﨑達雄[*2]，脇坂直樹[*3]，鯵坂勝美[*4]，髙木正道[*5]

1　はじめに

　近年の石油に代表される化石資源の利用による急速な技術革新は，我々の生活に多くの恩恵と利便性をもたらしてきた。家電製品，自動車，建築資材など，様々な産業部門や消費生活の各部門に浸透している化学製品は，化石資源を原料・燃料として使用する化学工業によりその大部分が生産されている。しかしながらこの従来の化石資源から各種化学製品を製造・精製する化学工業プロセスでは，エネルギー・資源の枯渇問題と価格不安を引き起こし，化石燃料消費による地球環境汚染，特に大量に排出される二酸化炭素による地球温暖化の問題がある。国連気候変動枠組条約締約国会議に象徴されるように，今後はこれまでの化石資源に依存した産業・社会構造から脱却し，持続可能な社会を構築することが必須である。このような化学工業プロセスを代替し，この問題を解決する手段として注目を集めているのが，再生可能な農産物資源（バイオマス）を用いた環境負荷の低い省エネルギー・環境調和型循環産業システムによる物質生産技術（バイオリファイナリー）である。バイオリファイナリーは「21世紀の産業革命」となる可能性を持ち，バイオマスから，燃料・電力・化学原料を生産するプロセスである。バイオリファイナリーの開発と関連技術の波及は単なる環境保全という観点を超えて，21世紀の社会を変革させる可能性を持つ。また，次世代技術として，微生物変換により有機資源を製造するバイオプロセスと生産される有機資源を種々のファインケミカルへ効率的に導く有機合成プロセスを融合させた手法が必要である。現状ではアメリカが先行しているが，日本も国家戦略としてその技術開発が精力的に行われている。

---

*1　Hiroaki Takaku　新潟薬科大学　応用生命科学部　応用生命科学科　准教授

*2　Tatsuo Miyazaki　新潟薬科大学　応用生命科学部　食品科学科　助教

*3　Naoki Wakisaka　新潟薬科大学　応用生命科学部　応用生命科学科　応用微生物・遺伝子工学研究室　研究員

*4　Katsumi Ajisaka　新潟薬科大学　応用生命科学部　食品科学科　教授

*5　Masamichi Takagi　新潟薬科大学　応用生命科学部　応用生命科学科　名誉教授

第7章 工業的スケールでの製造を目指した 2-deoxy-*scyllo*-inosose の微生物生産・精製法の開発

本稿の注目物質，2-deoxy-*scyllo*-inosose（DOI）は，炭素六員環骨格を持つキラルな化合物であり，種々の医薬品，農薬，健康食品等の出発原料に成りえる物質である。特に，芳香族化合物であるカテコールやハイドロキノンへ簡単に化学変換することができる有用な化学物質である[1,2]。しかしながら，大量生産する技術が確立されていなかったために，現在のところ化学工業原料としての利用には至っていない。また，一般にフェノール系化合物は様々な化学工業物質の原料として利用されているが，その生産は従来石油に依存するしか手立てがなく，わずかにアメリカの Frost らにより，芳香族アミノ酸を生合成するシキミ酸代謝系酵素遺伝子を組み込んだ微生物により，グルコースから環状の 3-デヒドロキナ酸などを生成させ，それを酸化分解して，カテコールなどを得る方法が試みられているにすぎない[3,4]。東京工業大学の柿沼らは，2-デオキシストレプタミンを有するアミノグリコシド系抗生物質の生合成過程を研究する中で，グルコース-6-リン酸を原料として多段階の反応を触媒し，最終的に炭素六員環骨格を有する DOI を生成する酵素を発見した。その後，その酵素遺伝子（グルコース-6-リン酸を DOI に変換する反応を触媒する酵素をコードする *btrC*）をブチロシン生産菌 *Bacillus circulans* SANK72073 よりクローニングし，その遺伝子を利用することにより，試験管内[5]及び大腸菌内で簡単に DOI を得ることが可能になった。しかしながら，その大腸菌におけるグルコースからの DOI 変換効率は約 1% にとどまり，実用化へのハードルは非常に高かった。本稿の前半では，DOI 生産宿主とした大腸菌の代謝工学的改変により，DOI 生産を実用化レベルまで近づけた技術開発について紹介し，後半では，培養液中からの簡便な DOI 精製法を検討した結果，及び DOI を鍵原料とした高付加価値化合物への変換技術について概説する。

2 組換え大腸菌における DOI 生産システムの開発

研究で用いた DOI 生産宿主は大腸菌であり，伝統的に原核生物の遺伝学の研究が行われてきたモデル微生物である。そのため，他のどの微生物種よりもその遺伝学的性質はよく知られ，さらに糖代謝のバイオシミュレーション情報も豊富である。大腸菌を利用して，高効率 DOI 生産菌を構築するためには，① DOI 合成酵素の発現強化，②副生成物経路の遮断，③ DOI 生産組換え大腸菌の生育と DOI 安定性を考慮した生産プロセスの最適化などが挙げられる。

① DOI 合成酵素の発現強化

大腸菌では，高価な IPTG（イソプロピル-1-チオ-β-D-ガラクトシド）などの誘導剤を用いた誘導型発現ベクターが多く利用されているが，安価で生産しなければならない化学工業原料生産には利用しにくい。そこで我々は，栄養増殖期に強く発現する *gapA*（glyceraldehyde-3-phosphate dehydrogenase A）プロモーターと定常期に強く発現する *gadA*（glutamic acid decarboxylase A) プロモーターのそれぞれの下流に DOI 合成酵素遺伝子を連結して利用したところ，栄養増殖期から定常期後期まで構成的に強く働く発現システムの構築に成功した。さらに *gadA* 転写活性にネガティブに働くと考えられる領域を欠失させた改変型 *gadA* プロモーターを利用したところ，定常期だけでなく対数増殖期から構成的に高発現した。そこで，この改変型 *gadA* プロモーターと *gapA* プロモーターを利用した発現システムを再構築し，大腸菌に導入して発現させたところ，培養開始初期から後期まで DOI 合成酵素を構成的にさらに高発現させることができた。また，この組換え大腸菌を米糠，廃糖蜜，コーンスティープリカーなどのバイオマス資源を利用した培地で培養を行ったとき，DOI 合成酵素は培地成分の影響を受けずに大腸菌内で高発現することができた。すなわち，バイオマスを含むような培地においても，培養開始初期から後期まで挿入遺伝子を高発現する安価な遺伝子発現システムを構築することができた[6]。

② 副生成物経路の遮断

DOI 合成酵素の直接の基質となるグルコース-6-リン酸は，解糖系の *pgi* 遺伝子によりコードされているホスホグルコースイソメラーゼ，ペントースリン酸経路に向かう *zwf* 遺伝子にコードされているグルコース-6-リン酸デヒドロゲナーゼ，グリコーゲン生合成経路に向かう *pgm* 遺伝子にコードされているホスホグルコムターゼにより，DOI 以外の物質へ変換される。そこで，遺伝子工学的手法により上述した3種類の関連経路酵素遺伝子の破壊を行い，グルコース-6-リン酸を DOI 合成酵素のみが利用できるシステムの構築を試みた。3種類の遺伝子（*pgi*, *zwf*, *pgm*）のそれぞれの単独遺伝子破壊株（Δ*pgi*, Δ*zwf*, Δ*pgm*），二重遺伝子破壊株（Δ*pgi*Δ*zwf*, Δ*pgi*Δ*pgm*, Δ*zwf*Δ*pgm*），及び三重遺伝子破壊株（Δ*pgi*Δ*zwf*Δ*pgm*）を作製した。炭素源としてグルコースのみを利用した培地における生育を調べたところ，Δ*pgi*Δ*zwf* と Δ*pgi*Δ*zwf*Δ*pgm* の2つの株は，ほとんど生育することができなかった。これは大腸菌における細胞内代謝フラックス解析で明らかになっているように，大腸菌内のグルコース-6-リン酸の大半がホスホグルコースイソメラーゼとグルコース-6-リン酸デヒドロゲナーゼにより利用されているためである[7]。しかしながら，この2つの株はグルコース以外にフルクトース，マンニトール，キシロース，グリセロールなどの他の炭素源を与えることにより，問題なく生育することが可能である。これは大腸菌がこれらの炭素源を代謝するとき，グルコース-6-リン酸を介さずとも代謝できるので生育が可能になったと考えられる（図1）。また，これらの株の細胞内において，DOI の基質であるグルコース-6-リン酸の蓄積が見られ，特に Δ*pgi*, Δ*pgi*Δ*zwf*, Δ*pgi*Δ*zwf*Δ*pgm* の *pgi* 遺伝子の欠失がある株において高濃度のグルコース-6-リン酸の細胞内蓄積が見られ，DOI 生産菌としての高い有効性が示された。

これらの高濃度グルコース-6-リン酸蓄積株における DOI 生産について検討したところ，野生

第7章 工業的スケールでの製造を目指した2-deoxy-scyllo-inososeの微生物生産・精製法の開発

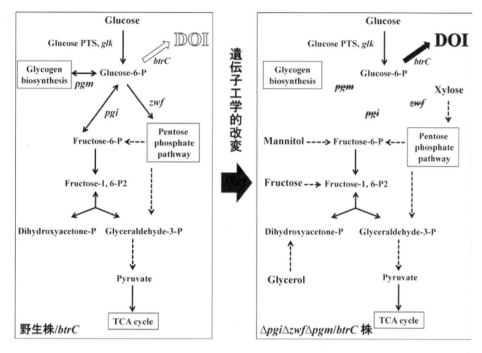

図1 遺伝子工学的改変によるDOI高生産株の構築

株と比較して，飛躍的にDOIの生産性が上昇した。特に，グルコース-6-リン酸の副生成物への利用経路を完全に遮断した$\Delta pgi \Delta zwf \Delta pgm$においては，95％以上の変換効率を達成した（図1，2）[6, 8]。

③ DOI生産組換え大腸菌の生育とDOI安定性を考慮した生産プロセスの最適化

この研究で用いた大腸菌の生育至適条件（37℃，pH7.5）におけるDOI生産性は良かったが，培養時間が長期になると培養液中に蓄積しているDOIの減少が見られた。培地中におけるDOIの安定性は，温度を37℃からさらに上昇させるとそのDOI安定性は低下したが，4℃まで下げるとそのDOI安定性は向上した。また，pHを5付近まで下げることにより，37℃におけるDOI安定性は大幅に向上した。そこで大腸菌の生育条件とDOIの安定性を考慮し，DOI生産の至適条件（30℃，pH6.0）を決定し，ジャーファメンターによるDOI生産を行ったところ，約60時間で50g/Lのグルコースを45g/LのDOIに変換することに成功した（図2）。その変換効率は，モル比換算でほぼ100％であった。ここに組換え大腸菌によるDOI高生産システムの開発に成功した。

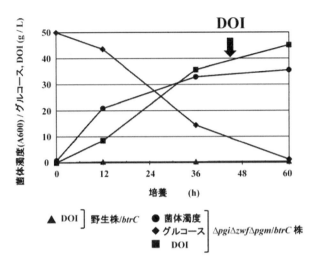

図2 ジャーファメンターを利用した組換え大腸菌によるDOI発酵培養生産

3 大腸菌培養液からの簡便なDOI精製法の開発

本節では，前述の組換え大腸菌によるDOI高生産システムにより驚異的な効率で生産されるDOIを培養液から分離・精製する手法について紹介する。DOIを得る方法は，現在までにいくつかのグループにより報告されている。微生物による物質生産を利用した方法として，培養生産したネオマイシンを加水分解することで2-デオキシストレプタミンとし酸化的脱アミノ化する手法[9]とvibo-クエルシトールを原料とし生物酸化する手法[10]が挙げられる。しかしながら，これらの報告はアミノグリコシド系抗生物質の生合成ルートを解明することを目的として行われた研究であったため定性的な分析実験であった。一方，化学合成法としては，myo-イノシトール，もしくはメチル-α-D-グルコシドを原料とした合成ルートが報告されている[11]。これらの手法によりDOIは単離されているが，最終工程の反応系内における不純物は全て減圧濃縮により除去可能であり，クロマトグラフィー等の特別な精製操作は行われていない。そのため，DOIの精製に関する唯一の報告例は，myo-イノシトール，若しくは(−)-vibo-クエルシトールを原料とした微生物変換によるDOI製造法のみであった[12]。その操作は，培養液を強酸性陽イオン交換樹脂カラムクロマトグラフィー（Duolite C-20，H^+型，住友化学社製），活性炭カラムクロマトグラフィー，弱塩基性イオン交換樹脂カラムクロマトグラフィー（Duolite A368S，OH^-型，住友化学社製）に通過させ，得られたDOI溶出画分を減圧下濃縮乾固する方法である。そこで，同手法を前節にて述べたDOI含有培養液に適用した。しかしながら，我々の生産プロセスより得られる培養液を用いた場合，若干のDOIが得られるもののその収率は低く，純度も85％程度であった。そこで，我々の開発したDOI生産組換え大腸菌より得られる培養液に特化した，

第 7 章　工業的スケールでの製造を目指した 2-deoxy-*scyllo*-inosose の微生物生産・精製法の開発

DOI の簡便な精製法を開発することとした。

　我々は，培養生産により得られた DOI の精製法を検討する過程において，著しく収率や純度が低下する現象を経験していた。その要因を検証するため，pH，温度条件が DOI 安定性に及ぼす影響について定量的に検討した。図 3 に，DOI を pH3.0，pH7.5 の緩衝液に溶解し，4 ℃，37 ℃，70 ℃の温度条件下にて保存した際の DOI 安定性を調べた結果を示す。これらの実験データは，pH3.0 であれば 37 ℃以下の温度条件に於いて，DOI が安定に存在できることを示唆していた。DOI はその化学構造から塩基性条件下では異性化反応などが起こり分解すると推測していたが，DOI は予想していたよりも不安定な化合物であり，中性領域でも 37 ℃では分解反応が進行すると判った。つまり，従来法による収率・純度の低下は陰イオン交換樹脂カラムクロマトグラフィーによる処理時の pH が塩基性であることに起因すると推察される。そこで我々は，精製時の pH を常に弱酸性に維持するために，対イオンを酢酸型に変更した陰イオン交換樹脂を使用することとした。その結果，収量は大幅に向上し，且つ再現性良く DOI を得ることが可能となった[8]。しかしながら，得られた粗製 DOI の形状は褐色シラップであるため取扱いが困難であり，純度はやはり 85 %程度であった。ファインケミカルの原料として利用するのであれば，単一化合物として DOI を取り出す技術が必須である。そこで，DOI の単離を目的に，様々な角度からその精製法を検討した。最初のアプローチとして，順相系シリカゲル樹脂を用い精製を試みたが，その純度の向上は見られなかった。次いで，DOI の有するカルボニル基にジメチルケタール基を導入することで得られるジメチルケタール体を結晶化法により単離し，DOI が安定に存在可能な酸性条件下にて脱保護することで，再び DOI に戻す方法を検討した[8]（図 4）。この手法により，初めて純粋な DOI を得ることに成功した。しかしながら，実質的に 2 工程の有機反応

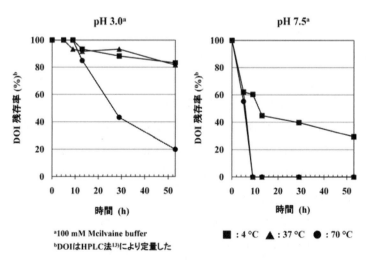

[a]100 mM Mcilvaine buffer
[b]DOI は HPLC 法[13]により定量した

■ : 4 ℃　▲ : 37 ℃　● : 70 ℃

図 3　DOI の pH・温度安定性

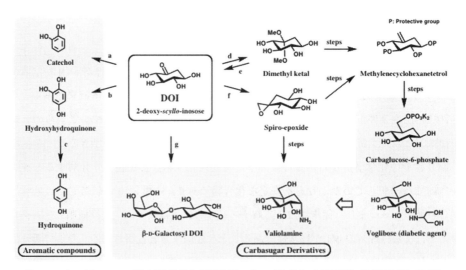

図4　DOIを鍵原料とした高付加価値化合物への変換反応

を行うこととなるため，煩雑な操作が多く簡便な精製法とはほど遠い手法であった。将来的に，工業的スケールにて単離精製を行うことを念頭に置くと，操作が簡便であり，且つスケールアップの容易な晶析による精製が最も有利である。そこで，イオン交換樹脂による精製操作後に得られる粗製 DOI を原料として，DOI の結晶化法を検討した。比較的極性の高い有機溶媒を中心に，単一溶媒，若しくは混合溶媒として試行錯誤を重ねたところ，粗製 DOI を還流条件下にて少量のメタノールに可溶化させ，エタノールを少しずつ滴下することにより DOI の結晶化が進行することが判明した。以下に，最終的に我々が確立した DOI 含有培養液からの数百グラムスケールでの精製工程を箇条書きにて示す。

① 組換え大腸菌による DOI 高生産システムより得られた培養液10.5L（DOI 39.2g/L，全含有量412g）をセライト濾過し，次いでメンブレンフィルター（孔径5.0μm，2.0μm，0.45μm）による加圧濾過を行い，菌体を除去した。

② 得られた無菌培養液を，強酸性陽イオン交換樹脂カラムクロマトグラフィー（Amberlite 200CT，H$^+$型，5 L，φ14cm×32cm，オルガノ社製）と弱塩基性陰イオン交換樹脂カラムクロマトグラフィー（Amberlite IRA96SB，酢酸型，7.5L，φ13cm×56cm，オルガノ社製）との2床2塔式装置により脱塩・脱アミノ酸処理し，褐色シラップ状の粗製 DOI を422g得た。

③ 還流条件下，粗製 DOI 422g を 505mL のメタノールに溶解し，エタノール 3550mL を滴下することで，DOI を結晶化させた。析出した結晶を濾別後，五酸化二リン共存下，デシケーター内で乾燥することで283gの精製 DOI を得た。

第 7 章　工業的スケールでの製造を目指した 2-deoxy-*scyllo*-inosose の微生物生産・精製法の開発

培養に使用したグルコース（473g）を基準として収率 67％にて目的物質である DOI を単離することに成功した。グルコースを原料として，数工程の化学変換により環外二重結合を有する環状エノールエーテルを合成し，2 価の水銀やパラジウム触媒を作用させる Ferrier 転移反応（タイプⅡ）を利用すれば，DOI 類似体を化学合成することが可能である[14]。しかし，この転移反応を用いて数百グラムの DOI 類似体を供給することは，莫大な労力と時間を必要とするのでほぼ不可能であった。しかしながら，我々によって組換え大腸菌による DOI 高生産システム，及び晶析法による簡便な DOI 精製法が確立されたことにより，初めて DOI を大量製造する技術が完成したのである。

4　DOI を鍵原料とした物質変換技術

DOI はその化学構造から脱水反応，芳香族化が起こり易いと推定される。実際に短行程にて芳香族化合物への変換ルートが報告されている（図 4）。最初の例として，柿沼らはヨウ化水素酸を用いる一工程の還元的脱離反応により DOI を有用工業資源であるカテコールへ導くことに成功している[1]。この反応は，我々の開発した組換え大腸菌から得られる無菌培養液を凍結乾燥させた試料に対しても問題なく進行し，抽出操作後は，昇華法により容易にカテコールが単離できることを確認している。また Frost らは酸触媒による脱水反応により DOI をヒドロキシヒドロキノン（1,2,4-トリヒドロキシベンゼン）へ変換し，続いてロジウム触媒によるフェノール性水酸基のデオキシ化反応によりハイドロキノンに導いている[2]。これらの反応は DOI の利活用にとって極めて重要な発見であり，本稿の DOI 生産・精製技術と組み合わせることで，バイオマスより有用工業資源であるフェノール類を大量生産する道筋が開けたのである。

また，DOI は β-D-グルコースと同じ立体配置の水酸基を 4 つ有するシクロヘキサノン誘導体であるため，糖の環酸素原子をメチレン基に置き換えたカルバ糖の合成原料としても最適である（図 4）。近年，小川らのグループは *myo*-イノシトールを原料に微生物より得られる粗製 DOI をジアゾメタンにより処理することで，スピロエポキシテトロールへ導き，これを鍵原料として，生理活性天然物バリダマイシンの構成成分であり，且つ糖尿病対症療法薬ボグリボースの合成前駆体でもあるバリオールアミンの合成を達成している[15]。またカルバ糖合成の有用な前駆体であるメチレンシクロヘキサンテトロール誘導体への化学変換法が 2 例報告されており，その鍵中間体より β-DL-カルバグルコース-6-リン酸の合成が達成されている[16]。一方，我々は糖加水分解酵素の転移活性を利用することで DOI の配糖化に成功しており，β 結合を介してガラクトース残基を導入した DOI が抗酸化作用を有することを見出している[17]。このように非常に汎用性の高い DOI の大量製造法が確立されたことにより，ファインケミカルへの応用研究が今後一層加

速されるであろう。

5 おわりに

これまでの石油依存型の化学製品の生産システムの代替システムとして政府及び産業界が一体となってバイオリファイナリーを積極的に推進している。ここで紹介した技術開発もバイオリファイナリーの一端を担うものであり，バイオマス由来のグルコースを利用し，組換え大腸菌を用いることによりDOIを発酵生産させた後，簡単な有機合成変換を行うことで，重要な化学原料や種々のファインケミカルが得られるのである。特にDOIは有用工業資源である芳香族化合物や糖を基盤とした創薬シーズと成りえるカルバ糖の合成原料としての利用価値が高い。また新たな光学活性原料として天然物合成化学の分野に於いても重宝されるであろう。このようにDOIは埋蔵量に限りのある化石資源を補う代替資源と成りえるのみならず，多岐にわたるファインケミカルの有望な原料でもあり，その大量製造法が確立された意義は大きい。しかしながら工業化を達成するためには，まだいくつかのハードルが存在する。

① 原材料

バイオマス資源から化学製品を生産するバイオリファイナリーは，地球温暖化対策として有効なものになると期待されている。しかしながら，バイオリファイナリーの導入が進むにつれ，バイオマス資源の増産が必要になり，農地拡大による森林破壊などが問題となり，この問題が深刻化すると逆に地球環境の悪化へと繋がる。また，トウモロコシなどの食糧を原料にすることは，倫理的にも問題が多く，耕地面積に限界のある日本では安定供給が望めない。そのため，非可食資源である草や木などのセルロース系バイオマスの利用への転換が必要である。

② DOI高生産性及び生産速度の向上

DOIの短時間における高生産性は，原料の取り込み機能強化，DOI合成酵素の基質であるグルコース-6-リン酸供給経路の強化，DOI酵素活性の強化などが必要である。

以上の問題を克服しながら本技術によりDOIを工業スケールにて得ることができるようになれば，様々な新規有用化学物質の開発にも大きく貢献することができ，バイオ関連産業は低迷する我が国経済活性化の起爆剤となり，環境・エネルギー分野の枠を越えて，物流体系の変革等，社会構造に変化をもたらす可能性を秘めている。

謝辞

本稿で紹介した研究の一部は㈱新エネルギー・産業技術総合開発機構の「平成20，21年度産業技術研究助成事業」の援助を受けて行われた。本研究の実施にあたっては，新潟バイオリサー

第 7 章　工業的スケールでの製造を目指した 2-deoxy-*scyllo*-inosose の微生物生産・精製法の開発

チパーク株式会社，新潟市バイオリサーチセンター所長 池川信夫先生に多大なるご示唆およびご支援を頂いた。ここに感謝の意を表する。

文　　献

1) K. Kakinuma *et al.*, *Tetrahedron Lett.*, **41**, 1935 (2000)
2) C. A. Hansen *et al.*, *J. Am. Chem. Soc.*, **124** (21), 5926 (2002)
3) N. Ran *et al.*, *J. Am. Chem. Soc.*, **123** (44), 10927 (2001)
4) W. Li *et al.*, *J. Am. Chem. Soc.*, **127** (9), 2874 (2005)
5) F. Kudo *et al.*, *J. Antibiot.*, **52** (6), 559 (1999)
6) T. Kogure *et al.*, *J. Biotechnol.*, **129** (3), 502 (2007)
7) Q. Hua *et al.*, *J. Bacteriol.*, **185** (24), 7053 (2003)
8) 小暮高久，脇坂直樹，高久洋暁，高木正道，鯵坂勝美，宮崎達雄，平山匡男「遺伝子発現カセット及び形質転換体，並びにこの形質転換体を用いた2-デオキシ-シロ-イノソースの製造方法及び2-デオキシ-シロ-イノソースの精製方法」国際公開番号 WO2006/109479
9) K. Suzukake *et al.*, *J. Antibiot.*, **38** (9), 1211 (1985)
10) S. J. Daum *et al.*, *J. Antibiot.*, **30** (1), 98 (1977)
11) (a) N. Yamauchi *et al.*, *J. Antibiot.*, **45** (5), 756 (1992)；(b) J. Yu *et al.*, *Tetrahedron Lett.*, **42**, 4219 (2001)
12) 友田明宏，神辺健司，北雄一，森哲也，高橋篤，公開特許公報「(-)-2-デオキシ-シロ-イノソースの製造方法」特開 2005-72
13) N. Yamauchi *et al.*, *J. Antibiot.*, **45** (5), 774 (1992)
14) K-S Ko *et al.*, *J. Am. Chem. Soc.*, **126** (41), 13188 (2004)
15) S. Ogawa *et al.*, *Org. Biomol. Chem.*, **2**, 884 (2004)
16) (a) S. Ogawa *et al.*, *J. Carbohydr. Chem.*, **24**, 677 (2005)；(b) E. Nango *et al.*, *J. Org. Chem.*, **69** (3), 593 (2004)
17) (a) K. Ajisaka *et al.*, *J. Agric Food Chem.*, **57** (8), 3102 (2009)；(b) 鯵坂勝美，宮崎達雄，公開特許公報「抗酸化物質」特開 2009-62304

第8章　5-アミノレブリン酸

石塚昌宏*

1　はじめに

　5-アミノレブリン酸（5-Aminolevulinic acid：ALA）は，δ-アミノレブリン酸，5-アミノ-4-オキソペンタン酸とも命名される図1の構造式で示される分子量131の化合物である。ALAは，自然界においてテトラピロール化合物の共通前駆体として，動物や植物や菌類など生物界に広く存在する物質として知られている。ALAは，非常に不安定な物質であるため，通常はALA塩酸塩として取り扱われている。なお，それぞれのCAS番号は，ALAがRN106-60-5であり，ALA塩酸塩がRN5451-09-2である。ALA塩酸塩の性状を表1に示す。

　ALAはテトラピロール化合物の出発物質であり，テトラピロール化合物には，酸素の運搬体であるヘモグロビン，酸素の貯蔵物質であるミオグロビン，エネルギー物質であるATP生産に関与するチトクローム類，薬物代謝に関与するチトクロームP-450類，神経の化学伝達物質であり血管拡張物質であるNOやCOの生産，代謝の中心を司るサイロキシンの合成，情報連絡に

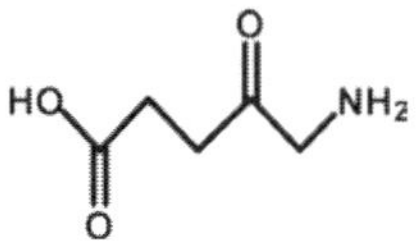

図1　5-アミノレブリン酸の構造式

表1　ALA塩酸塩の性状

分子量	167.6
分子式	$C_5H_{10}NO_3Cl$：$C_5H_9NO_3 \cdot HCl$
外観	白色結晶
溶解度	水　500g/L 以上
pH	1.7（1mol/L）
酸解離定数	pKa1 = 4.0　pKa2 = 8.6
等電点	pI = 6.3
変異原生	陰性
経口急性毒性	LD50値：2,000mg/kg 以上

＊　Masahiro Ishizuka　コスモ石油㈱　海外事業部　ALA事業センター　担当センター長

第 8 章　5-アミノレブリン酸

図 2　ALA を活用した応用分野

関与するグアニルシクラーゼ，活性酸素を分解するカタラーゼやペルオキシダーゼなどのヘム，光合成の重要な役割を果たしているクロロフィル，赤血球の中の核酸（DNA）の合成に必要な葉酸の働きを助けるビタミン B_{12} などの物質があり，これらの化合物は，生命維持に根幹的な生化学反応の中心物質であるといわれている。このため，代表的なテトラピロール化合物であるポルフィリンやヘムの生合成に関しては古くから研究されてきた。現在ではポルフィリンやヘムの生合成経路はほぼ解明されており（図 2），全てのテトラピロール化合物は，ALA を経由して生合成されていると考えられている。

先述したように ALA は，全てのテトラピロール化合物の唯一の前駆物質であることから，その応用範囲は極めて広く，肥料，飼料，食品，育毛，医薬品など様々な応用が期待されている（図3）。本稿では，ALA の製造方法の確立と，応用分野として商業化まで発展した ALA の植物への作用ならびに ALA を配合した液体肥料の商品開発について紹介する。

2　ALA の製造方法

ALA の製造方法については，原料にレブリン酸，コハク酸，2-ヒドロキシピリジン，テトラヒドロフルフリルアミンを用いた化学合成法や，*Methanobacterium*，*Methanosrcina*，*Clostridium*，*Chlorela*，*Rhodobacter* 等の微生物を用いた生産法が数多く提案されているが，何れの製造方法にも課題が残されており，研究用試薬として流通されているに過ぎない。つまり，工業的に ALA の製造方法が確立されていないため，大量供給できず，今日の用途・応用研究を遅らせていると考えられる。そこで，我々は，ALA の工業的製造方法の確立を目指して，化学合成法と発酵法の 2 つの方法からアプローチを検討した。

これまでに知られている化学合成法を図 4 に示す。レブリン酸（LA）を出発物質とする合成法（A）は，カルボキシル基を保護した後にブロム化を行い，その後ガブリエル合成もしくはアジド化を経てアミノ基に変換する方法が 1961 年に提案されている[1]。しかし，4 段階の工程をと

グリーンバイオケミストリーの最前線

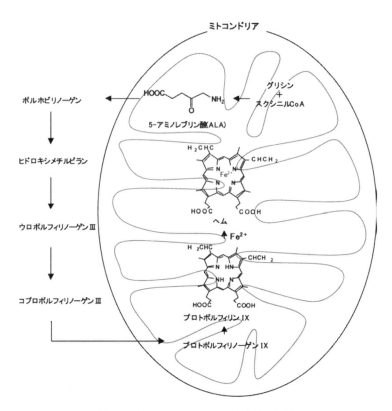

図3 ポルフィリン・ヘムの生合成の経路

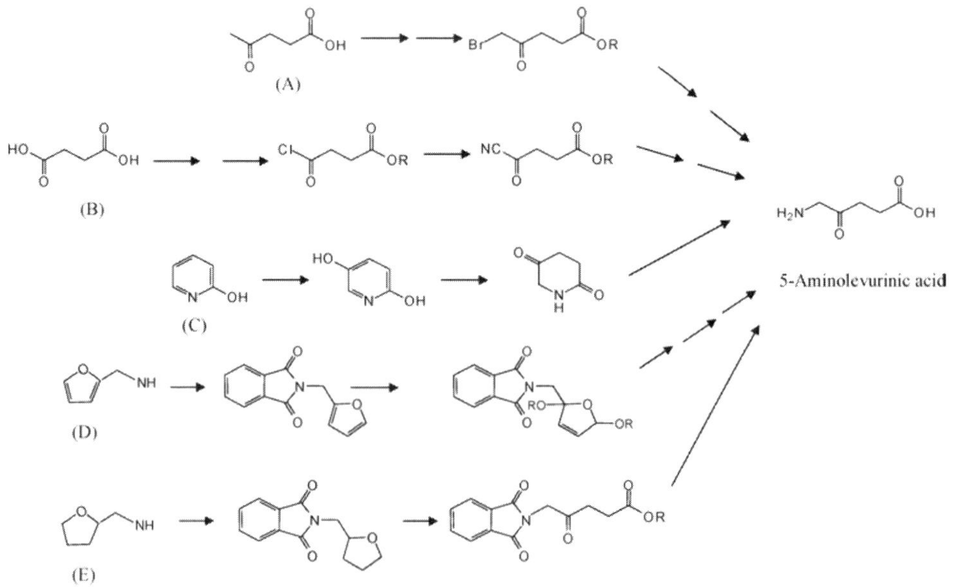

図4 これまでに知られている ALA の合成経路

第8章　5-アミノレブリン酸

るこの合成法は，ブロム化に選択性がないため収率が低いのが問題である。コハク酸を出発物質とする合成法（B）は，片方のカルボキシル基のみをエステル化して保護し，残ったカルボキシル基をハライドとし，さらにシアノ化した後に，還元して加水分解する方法である[2]。しかしながら，反応制御が難しい半エステル合成やその単離，不安定な酸ハライドを経由する点，さらに酢酸中金属亜鉛粉末を用いる還元アミド化や合成が5段階もあるなど工業化の難しい合成法である。フリフラールや2-ヒドロキシピリジンを出発物質とする合成法（C）は，いずれも2,5-ピペリジオンを経由し，還元後，開環してALAを得る方法で[3]，2,5-ピペリジオンが不安定であることや各段階の収率が低い等の問題がある。フリフラールから誘導されるフルフリルアミンを原料とする合成法（D）は，アミノ基保護をメタノール中で，臭素酸化した後にクロム酸塩を用いて酸化的に開環し，2重結合を還元後，脱保護するものである。この方法も実験室的には実施容易な方法であるが，工業的には酸化剤のコストや金属廃液処理といった問題を有している[4]。最近，テトラヒドロフルフリルアミンを原料として3段階でALAが得られる合成法（E）が提案されたが[5]，触媒に用いる塩化ルテニウムが高価で回収も困難であり，酸化剤として大量に用いる過ヨウ素酸ナトリウムのコストも，工業的に無視できないことから工業化に課題を残している。これらの方法は，いずれも収率が50％未満の方法でコストもかかり工業的には課題がある。当社が開発したフルフリルアミンを原料とする3段階の合成法は，反応の選択率，総収率および反応剤の安定性を考慮した。その合成経路を図5に示す。ピリジンを溶媒に使用して酸化と還元を1段階で行い，溶媒に適度な含水率を持たせることで一般的に高濃度化が困難である光化学反応の高濃度化を達成した本方法は，原料，段階数，収率，精製の容易さにおいて従来法より優位な方法である。特に，反応から金属試薬を追放することで，無機塩との分離が困難なALAの純度を確保しており，また，毒性の高い反応剤を使用しない点は，環境対策上の優位な点でもある。3段階の反応を1つの容器で行うことのできるこの方法の収率は約60％を達成し，現在知られている化学合成法の中では，最も効率的な方法である[6]。ただし，反応に専用の光リアクターを必要とするため工業化には至っていない。

一方で，我々は化学合成法には限界があると感じ，工業的に大量製造が可能な生物材料を利用する道を選び，微生物を用いた発酵法での生産研究を開始した。ALAの生合成に関しては，C_4経路とC_5経路の2つの経路が知られている。動物，酵母，菌類では，C_4経路と呼ばれるグリシ

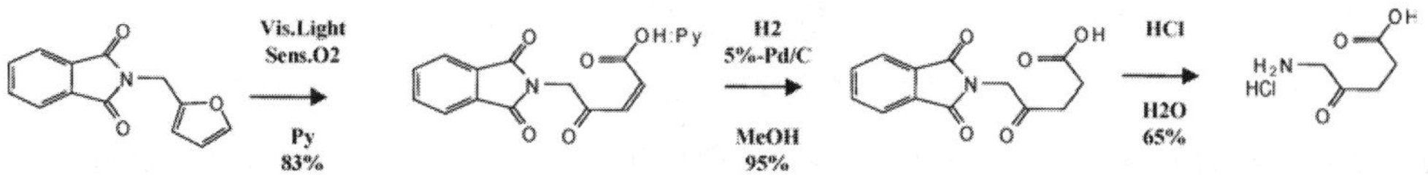

図5　フルフリルアミンの光酸化法の合成経路

ンとスクシニル CoA の縮合反応により合成される。この経路は, Shemin により発見され, Shemin pathway とも呼ばれており[7], 2 種類の ALA 合成酵素が存在することも報告されている[8~10]。一方, 高等植物, 藻類, 一部の細菌類では, グリシンを利用しないことから C_4 経路以外の合成系が想定され, Beale らの研究グループによってグルタミン酸が利用されていることがわかり[11,12], その後の研究でグルタミン酸から 3 段階の反応を得て ALA が合成される C_5 経路が確立された[13,14]。C_4 経路では, ALA の生合成反応がテトラピロール化合物の生合成律速であることが知られていてヘムが ALA 合成酵素の合成を何段階にも調節して最終的に細胞内のヘム濃度を適正に保つ機構が存在することも明らかになっている。C_5 経路では, C_4 経路ほど研究が進んでいないが, C_4 経路と同様にテトラピロール化合物の生合成律速であると考えられている。生物材料を利用して ALA を生産するには, こうした ALA の生合成経路を十分に理解しておくことが重要である。皮肉なことに, ALA の生産能が高い菌種として選択した *Rhodobacter sphaeroides* は, 光を受けて生育する光合成細菌であった。*R. sphaeroides* は, 紅色非硫黄細菌に属し, 光照射・嫌気条件で強力にポルフィリン生合成を行うことが知られており, ALA 生産に適した微生物と考えたからである。我々は, 最初に ALA を 2 分子脱水縮合させてポルフォビリノーゲン (PBG) を生成する ALA dehydratase の欠損株の取得を試みた。PBG 要求株, 十数株を分離し, ALA dehydratase 活性を測定したところ, 野生株の 1/3 程度に低減されている CR-105 株を得た。CR-105 株は, ALA dehydratase 阻害剤であるレブリン酸を添加しなくてもALA の蓄積が見られたが, 菌体生育を促進する酵母エキス存在下では, ALA を蓄積することができなかった。次に, CR-105 株を親株として NTG 処理した 5000 株の変異株群から, 酵母エキス存在下でも ALA を蓄積する CR-286 株の取得に成功した[15]。しかし, 光量に比例して ALA 生産量が増加する傾向が見られたにも係わらず, 菌体が増殖することで, 光が到達しなくなりALA の生産速度が向上しなくなることが判明した。我々は, 化学合成法で行き詰った光の問題に突き当たったのである。我々は, 光照射条件からの脱却を目指すことになった。CR-286 株を親株として, 10,000 株の変異株から暗所好気培養で ALA を蓄積する CR-386 株を得た[16]。しかし, ここにも落とし穴が待っていた。我々が用いた ALA の蓄積評価法は, エーリッヒ呈色反応で, 古くから ALA の定量法として知られているものである。ALA とアセチルアセトンの縮合によって生じるピロール化合物をパラジメチルアミノベンズアルデヒドで発色させるものである。取得した CR-386 株は, ALA よりもアミノアセトンを多く蓄積していたのである。アミノアセトンは, エーリッヒ呈色反応で 1-(2,4-dimethyl-1H-pyrrole-3-yl)-ethanone というピロール化合物を作り出し, ALA を作用させた時発色する 553nm の赤紫色を呈するものであった。その後も, 変異株を取得し続け, アミノアセトン非蓄積性の CR-450 株, レブリン酸添加を低減させた CR-520 株, 生育温度と ALA 蓄積の至適温度が一致した CR-606 株, そして遂に, 低濃度のグ

第8章　5-アミノレブリン酸

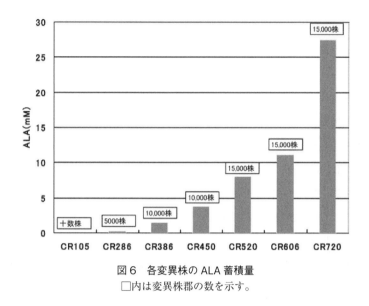

図6　各変異株のALA蓄積量
□内は変異株郡の数を示す。

リシン添加条件下でALA蓄積性の高いCR-720株を取得したのである。我々は，工業的生産を目指しスケールアップの検討を行い何とか60ton規模での工業化に成功した。7代にわたる変異から得たCR-720株は，実に総計10万株のスクリーニングを行った結果である。これまでに取得した変異株のALA蓄積量を図6に示す。本研究は，1999年に生物工学学会技術賞を受賞した[18]。

3　ALA配合液体肥料の開発

ALAの農業への応用研究は，当初除草剤として利用する検討が進められていた[18]。これは，ALAはテトラピロール化合物の共通前駆体として生体内で重要な役割を果たしているが，ALAの過剰投与は一時的にテトラピロール化合物の中間体であるプロトポルフィリンIX（PP IX）の蓄積を引き起こし，光照射による光増感反応により活性酸素を誘導し，細胞膜の主成分である脂質と反応し，過酸化物を生成することにより細胞膜系を破壊することを利用したものである。我々は，ALAで処理された植物の除草効果を検討したが，高濃度にALAが必要な上，植物体内での移行性が低く，接触部位のみの除草効果にとどまるため実用化は困難であると判断した。我々は幸運にも初期の除草効果を検討している中で，ALAの低濃度域処理によって植物生長促進効果を見出した。ALAの低濃度処理に対する植物の生理作用については殆ど報告がなく，我々は，様々な植物体に対しALA低濃度処理の効果を確認する検討から開始した。

イネ発芽種子の水耕実験では，光照射条件下で0.01～0.1ppm付近に種子根，幼葉鞘の生長促

進する傾向が観察されたが，1ppm 以上の暗条件下では明確な生長抑制傾向が観察された。これらの結果は光存在条件下での生長促進において ALA の至適濃度域が存在することを示唆している。低濃度域での ALA 処理では植物の生長促進と同時に緑色向上が確認されたため，ポストライムを用いた定量的な実験を行った。低照度条件下で 0～1ppm 濃度の ALA 水溶液を用いて 2 週間栽培した結果では，ALA 無添加区に対して，0.0001～0.1ppm 濃度の ALA 水溶液では，クロロフィル濃度が 9～15％増加した[19]。ALA の生長促進効果には光が必要なことから ALA の光合成に与える影響も検討した。コウシュンシバを用いたポット栽培を行い，グロースチャンバー型の光合成測定装置を用いた結果を図 7 に示す。なお，図中，ALA 処理前のコウシュンシバにおける明条件下での CO_2 吸収量，及び暗条件下での CO_2 放出量をそれぞれ 100％として表した。無処理区では，試験期間中のコウシュンシバの生育に伴い経時的に明条件下での CO_2 吸収量，暗条件下での CO_2 放出量が増加している。一方，ALA 処理区では，明条件下において無処理区に比較して常に CO_2 吸収量が大きく，その効果は処理 3 日後に CO_2 吸収量で 132％を示した。暗条件下では，ALA 処理により常に CO_2 放出量が抑制され，その効果は処理 3 日後に CO_2 放出量で 81％であった。これらの結果は光合成活性（炭酸ガス吸収速度）を向上させ，暗呼吸はむしろ抑制しており，ALA の生長促進が光合成促進に基づくことを示唆している。光合成促進は，単子葉植物であるコウシュンシバだけでなく双子葉植物であるハツカダイコンなどにおいても同様に認められた。この他にも ALA 処理によって，気孔開度の拡大，耐塩性・耐冷性向上などの効果を次々と見出した。

　こうした ALA の植生長促進効果を商品化するためには，農業利用上有益な効果を導くことが

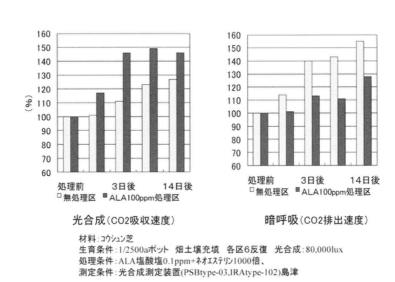

図7　コウシュンシバの光合成及び暗呼吸に対する ALA の効果

第 8 章　5-アミノレブリン酸

図 8　ALA 配合肥料「ペンタキープ」シリーズ

重要で，高濃度で見られる ALA の成長阻害を防ぐこと，そして効果を安定的に発現させることを検討する必要があった。生長阻害を防ぐには，PP IX の蓄積を防ぐことが必要で，クロロフィルやヘムへのスムーズな変換がその防御になると想定される。そのために，植物の栄養素として与えられる成分で，さらに，PP IX に結合できるマグネシウムと鉄に狙いを絞り組成検討を行った。この検討は見事に 2 つの課題を解消した。マグネシウムは PP IX をクロロフィルへ変換し，鉄は PP IX をヘム酵素へ変換することのできる唯一の多価金属である。マグネシウムと鉄の配合は，植物成長促進に有効であり，光合成能増強だけでなく，硝酸還元酵素の増強により窒素肥料の取り組みを促進する効果も果たしていると考えられる。我々は，㈱誠和と肥料開発を進め，この組み合わせをベースに，ALA の葉面吸収を促進する尿素や他の微量金属との配合比率の最適化を計り[20]，2001 年に世界で初めて ALA を配合した肥料「ペンタキープ V」の肥料登録に成功した。また，こうした ALA の植物への効果が認められ，2004 年に植物化学調節学会技術賞を受賞した[21]。現在，コスモ誠和アグリルカルチャ㈱より ALA 配合肥料をペンタキープシリーズとして販売している（図 8：ペンタキープシリーズ，コスモ誠和アグリカルチャ㈱）。

4　ALA の広がる応用分野

農業以外の用途については，伊藤医師（元代官山皮膚科形成外科医院）が，ALA と鉄の組み合わせに着目し発毛促進効果を見出した[22]。我々は，伊藤医師と共同研究を行い，現在では，理美容分野で業界をリードするミルボン㈱と共同事業契約を締結して商品化検討を進めている。伊藤医師は自身の経営するクリニックでインフォームドコンセントを取った上でボランティアに対する試験を実施し，男女を問わず顕著な効果を確認し，当社もマウスを用いた ALA の発毛促進試験でポジティブコントロールであるクロトン油をしのぐ発毛促進効果があることを見出した。今後，我々はさらに ALA の新しい用途を検討し，様々な分野で商品化を展開していきたい。

文　　献

1) Walter RH *et al.*, *Anal. Biochem.*, **2**, 140-146 (1961)
2) Pfaltz A *et al.*, *Tetrahedron Lett.*, **25**, 28, 2977-2980 (1984)
3) 鈴木洸次郎ら，公開特許公報，平 3-72450 (1991)
4) Awruch J *et al.*, *Tetrahedron Lett.*, **46**, 4121-4124 (1976)
5) Kawakami H *et al.*, *Agric. Biol. Chem.*, **55**, 6, 1687-1688 (1991)
6) 竹矢ら，ポルフィリン，**6**, 34, 127-135 (1997)
7) P. M. Jordan and D. Shemin., *Enzyme.*, **2**, 239 (1972)
8) 坪井昭三，生物と化学，**10**, 770-778 (1972)
9) E. L. Neidle and S. Kaplan., *J. Bacteriol.*, **175**, 2292-2303 (1993)
10) E. L. Neidle and S. Kaplan., *J. Bacteriol.*, **175**, 2304-2313 (1993)
11) S. I. Beale *et al.*, *Plant Physiol.*, **53**, 297-303 (1974)
12) S. I. Beale *et al.*, *Proc. Nat. Acad. Sci. USA.*, **72**, 2719-2723 (1975)
13) J. D. Weinstein *et al.*, *Arch. Biochem. Biophys.*, **239**, 87-93 (1985)
14) S. M. Mayer *et al.*, *Plant Physiol.*, **94**, 1365-1375 (1990)
15) 田中徹ら，生物工学，**72**, 461-467 (1994)
16) Nishikawa, S *et al.*, *J. Biosci. Bioeng.*, **87**, 798-804 (1999)
17) 上山宏輝ら，生物工学，**78**, 2, 48-55 (2000)
18) Rebeiz, C. A *et al.*, *Enzyme Microb. Technol.*, **6**, 390-401 (1984)
19) Hotta, Y *et al.*, *Biosci. Biotech. Biochem.*, **61**, 2025-2028 (1997)
20) 岩井一弥ら，植物化学調節学会第 36 回大会研究発表記録集，135-136 (2001)
21) 田中徹ら，植物の生長調節，**40**, 1, 22-29 (2005)
22) 伊藤嘉恭，PCT/JP2004/009894 (2004)

第Ⅳ編
機能材料

第1章　遺伝子組換え酵母を利用した乳酸生産

生嶋茂仁*

1　はじめに

　乳酸［2-ヒドロキシプロパン酸：$CH_3-CH(OH)-COOH$］は分子量90.08, pKa 3.86の有機化合物であり，L体とD体の2種の光学異性体が存在する。乳酸は遊離の形だけでなく，カルシウムやナトリウムなどとの塩，あるいはエタノールなどとのエステルの形もとり，これらは主に食品添加物（ex. pH調整剤），医薬品原料，さらには工業原料（ex. 溶剤）として幅広く利用されている[1~3]。なお，乳酸の製造法には化学的な合成法と発酵技術による生産法があり[1,2]，前者で生産される乳酸はL体とD体が共存するラセミ体である。一方，後者では，重合化されたポリ乳酸として利用する場合に特に有意義な特徴となるが，光学異性体の形を選択することが可能である。また，化学合成に比べて低温で行える，あるいはエネルギー消費が少ないなどの利点もある。

　低炭素社会実現への機運が高まる中，現在はほぼ完全に化石資源に依存しているプラスチックを，再生可能な植物バイオマスを原料にして生産しようとする取り組みに注目が集まっている（バイオマス・プラスチック）。特に乳酸をポリマー化して作られるポリ乳酸は，成形加工性に優れるなどの理由からプラスチックの素材として有望であり，今後の流通の拡大が期待されている[4]。ポリ乳酸の諸性質については本書の第Ⅳ編第4章で記載されているため，本節ではその詳細は割愛するが，一方の光学異性体にその対掌体が混入したもの，つまり光学純度が高くないものから作ると，その融点が低下することが知られている。なお，製品に求められるスペックは多様であるが，現在市場にあるポリ乳酸は「ポリL-乳酸」と言われるものがメインであり，最も融点が高いグレードのものでさえ1.3~1.4%のD-乳酸が共重合されている[4]。このため今日では，高い光学純度のL-乳酸，さらにはD-乳酸を高効率で発酵生産するための技術開発が非常に重要な課題とされている。

　従来，発酵による乳酸の生産は，乳酸菌（Lactic acid bacteria：LAB）や糸状菌（ex. *Rizopus oryzae*）を用いたプロセスが主流であり[2,5]，乳酸の製造についてまとめられた文献では，これらの菌群にフォーカスされることがしばしばである。そのため，これらについては優れた文献も多

＊　Shigehito Ikushima　キリンホールディングス㈱　技術戦略部　フロンティア技術研究所　研究員

く出されており,比較的新しいものでは John RP ら,あるいは Hofvendahl らによる総説などがある[2,6]。なお,本節で乳酸菌 LAB とよぶ微生物は,グラム陽性の *Lactobacillales* 目に属し,炭水化物から多量の乳酸を作る *Lactobacillus* 属や *Leuconostoc* 属などの菌属に分類される細菌のことである。この乳酸菌の分類の詳細については Kaminogawa による書籍[7]を参照してほしい。一方,近年ではその他の微生物を用いた乳酸生産系の開発も行われている。この理由の1つとしては,LAB や糸状菌が有する欠点(改善が望まれる特質)を別の微生物種を用いることによって克服しようというアイデアがあげられる。LAB は組換え技術を用いなくても乳酸を作る利点を持つが,LAB には複雑な栄養要求性を示す株や,L体とD体を同時に生産する株が多いことが知られている[6]。例えば,*Streptococcus bovis* 148株を用いて生産されたL-乳酸の光学純度は95.6%である[8]。また,*R. oryzae* は高い光学純度で L-乳酸を作ることが可能であるが,その収率に影響を与えるエタノールなどの副産物を生産する点で不利があり[2],これは LAB でも解決すべき課題となりうる[6]。その他,1998年の Adachi らの報告には,乳酸の生産は一般的に pH が6〜7付近で行われているとの内容が記述されており[9],実用の観点からは微生物への耐酸性の強化も望まれる。現在までにこれらを素材とした研究開発は積極的に行われてきたので改善された点もあるが[2],より良い株を構築しようとするその他の菌群の成果も目覚ましいものである。例えば大腸菌を用いた研究では,組換え技術を用いて代謝改変を行うことにより,pH を7.0にスタットした条件ではあるが,無機塩培地から99%以上の光学純度の D-乳酸が高収率で生産された[10]。このような中で2008年にシーエムシー出版より LAB や糸状菌とともに,その他の菌種についての成果にも言及された書籍が刊行された[3]。ただ,後者の試行の範疇である酵母については,複数の菌種で様々な検討が行われているものの,その成果が1つの文献の中でまとめて記載される機会は乏しかった。そこで本節では,酵母を利用した乳酸の生産,その中でも特に,高い乳酸生産能を持つ株の構築とその展望に重点を置いて述べることとする。

2 酵母による乳酸生産

2.1 酵母の諸性質と乳酸高生産株構築のための基本原理

　酵母は一般に,高い細胞密度で培養することができ,連続培養も可能である,発酵液からの菌体の分離が容易である,酸に対するストレスにも強いなどの利点から,有用物質の製造にしばしば利用される。また,図1に簡単な代謝経路を示したが,酵母は特に微好気条件において,ピルビン酸をピルビン酸脱炭酸酵素(PDC)によってアセトアルデヒドへと変換し,さらにアルコール脱水素酵素(ADH)によってエタノールへと代謝する能力が高い。しかし酵母は一般的に乳酸をほとんど作らないことから,酵母で乳酸を高生産するためには組換え DNA 技術などを利用

第1章　遺伝子組換え酵母を利用した乳酸生産

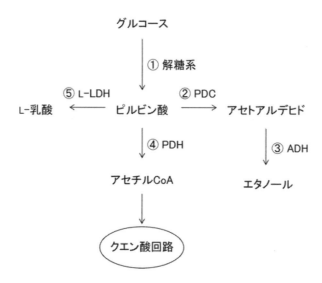

図1　L-乳酸を高生産する酵母において特に注目すべきピルビン酸の代謝
① 多段反応で進められる解糖系の代謝。
② ピルビン酸脱炭酸酵素（PDC）による代謝。
③ アルコール脱水素酵素（ADH）による代謝。
④ ピルビン酸脱水素酵素（PDH）による代謝。その後クエン酸回路へと進む。
⑤ L-乳酸脱水素酵素（L-LDH）による代謝。本節で記載するL-乳酸高生産酵母株の構築においては外来種のL-LDHを発現させる。

した代謝工学が必要である。1994年のDequinらの報告[11]は乳酸高生産酵母の構築の研究として初期のものであるが，ここでは*Saccharomyces cerevisiae*で*Lactobacillus casei*のL-乳酸脱水素酵素遺伝子L-*LDH*を発現させることにより，50g/lグルコース（発酵開始時）から10g/l程度のL-乳酸が生産された（L-*LDH*非導入株でのL-乳酸は検出できないほど微量であった）。ただ，同時に15g/l以上のエタノールも副生されたことから，L-乳酸の収率を高めるためには，エタノールの生産を抑えることが必須であると考えられた。その後，多くの研究が積み重ねられた結果，PDCの活性を低減させた上でL-LDHを発現させることにより，エタノールの生産量を低下させ，L-乳酸の収率を高められることが明らかにされてきた。現在は複数の酵母種でこのような戦略を基本とした検討が進められている。

　酵母の中には，後述するように，*PDC*遺伝子の破壊によってPDC活性を大幅に低下（ほぼ完全に不活化）させても重篤な生育遅延が起こらない種と，そうではない種が存在する。この違いを決定する要因は今のところ明らかではないが，例えばアセトアルデヒド由来の代謝物の中に生存に不可欠な化合物が存在する場合，前者の酵母種ではPDCによる代謝を経ないでもそれらを

充分に合成できる経路が存在し，その結果として深刻な生育阻害を回避できるなどの可能性が考えられる。一方，木質系のバイオマスにはキシロースが多く含まれることを考慮すると，これらのバイオマスを原料とする場合は，グルコースからだけでなくキシロースからも高い効率で乳酸を発酵生産できる株の構築も課題となる。ただし酵母の場合，キシロースの資化性がない，あるいは資化性はあっても発酵性がない種がほとんどであり，キシロースをエタノールに代謝できる種はあまり多くない[12～14]。このような背景のもと，それぞれに特徴が異なる4種の酵母を素材とした研究開発の成果について以下に概説する。

2.2 Saccharomyces cerevisiae の育種

S. cerevisiae を用いた研究は数多くなされているが，本段では特にワイン酵母を素材とした報告を取り上げる。なお，本酵母種にはPDCをコードする遺伝子が3種類存在するが（ScPDC1，ScPDC5，ScPDC6），このうちScPDC1とScPDC5を二重で破壊してPDC活性を低下させた場合，重篤な生育阻害が引き起こされることが知られている[15]。

ScPDC1遺伝子が破壊され，一方で本遺伝子のプロモーター制御下にあるウシ（bovine）由来のL-LDH遺伝子6コピーが染色体に組込まれた株が構築され，さらに生育能（グルコース消費能）を回復させるために変異処理が行われた[16,17]。この結果，酵母エキスが添加されたケーンジュース（サトウキビ搾汁）からなる培地（糖濃度は約20％）で，pHを5.2に保って発酵させることにより，99.9％以上の光学純度のL-乳酸122g/lが48時間で得られた。ただ，40g/l程度のエタノールも同時に生産されており，さらなる改善の余地も見られた。なお，各酵素の性質（ex. ピルビン酸に対する親和性）の違いが関係しているのであろうと推察されているが，ゲノムに組込ませて発現させた場合，ビフィズス菌（Bifidobacterium longum）由来のL-LDHよりも，ウシ由来のL-LDHが導入された株の方が高い乳酸の生産性を示した[18]。その他，100g/lのグルコースを含む富栄養培地（1％酵母エキスと2％ペプトンを含む）から中和条件下にて82.3g/lのL-乳酸が生産されたとの報告がある[19]。ここではScPDC1とScPDC5が二重で破壊された効果として，高収率での乳酸生産が実現されたものの（エタノールは2.8g/l），増殖速度や発酵速度が低下してしまい，乳酸の生産量がプラトーに達するまでに192時間が費やされた。さらに，Aspergillus aculeatus 由来のβ-グルコシダーゼを発現させることにより，S. cerevisiae にとっては本来ならば利用できない糖であるセロビオースから，L-乳酸を生産することを可能したとの論文もある[20]。以上のように本酵母種では多くの成果が出されているが，エタノール副生の問題の完全解決など，さらなる効率化に向けた今後の研究開発が期待される。

本酵母種では Leuconostoc mesenteroides 由来の D-乳酸脱水素酵素 D-LDH を発現させたとの報告もある[21]。ここでは100g/lのグルコースから99.9％以上の光学純度のD-乳酸61.5g/lが生産

第1章　遺伝子組換え酵母を利用した乳酸生産

された（炭酸カルシウムを中和剤として使用）。前述のようなL-乳酸の高生産株を開発する中で得られた知見に基づけば，D-乳酸の生産能をさらに高めることも可能であろうと議論されている。

2.3　*Kluyveromyces lactis* の育種

Kluyveromyces lactis は，産業だけでなく遺伝学的な解析にもしばしば利用される酵母である[12,14]。本種の場合，PDCをコードする *KlPDC1* 遺伝子の破壊によってPDC活性がほぼ完全に失われたPDC欠損株でも，野生株と同程度の速度で増殖できる[22]。そこで *Klpdc1* 破壊株に *KlPDC1* プロモーター制御下のウシ由来L-*LDH* 遺伝子発現プラスミドが導入されたが，pHを4.5に保った条件において，消費されたグルコースからのL-乳酸への変換率は60％程度であり（エタノールは作られなかった），依然として大幅な改善の余地があると考えられた[23]。次にピルビン酸脱水素酵素（PDH）複合体の構成因子をコードする *KlPDA1* 遺伝子の破壊が追加されたところ，水酸化カリウムでpHを同じく4.5にスタットした発酵条件で，L-乳酸への変換率は85％にまで上昇した[24]。しかし *KlPDA1* 遺伝子の破壊はグルコースの消費に大きな負の効果をもたらしてしまい，その影響のためか，この発酵では乳酸60g/lの生産に500時間を費やした。ピルビン酸の代謝のうち，PDC以外の代謝経路も抑制した取り組みとして価値があるが，さらに高い効率での乳酸の生産を実現するためには，発酵の長期化の問題を解決することが必要であると考えられる。

2.4　*Candida utilis* の育種

トルラ酵母とも呼ばれる *Candida utilis* は *S. cerevisiae* とともにアメリカ食品医薬局（FDA）によって食品添加物としての安全性が認められており，1990年代には形質転換系が確立されて好熱性古細菌由来のα-アミラーゼの高生産株などが構築された実績もある有用酵母である[25]。ただ，1〜2倍体である先述の2種の酵母とは異なり，本酵母には高い倍数性があるため，完全な遺伝子欠損株を構築することは困難であった。しかし2009年になって形質転換時の選択マーカー遺伝子の再利用システムであるCre-*loxP*系が本酵母でも利用可能になり[26]，さらに本システムを利用したL-乳酸生産株の育種に関する報告がなされた[27]。まず，*C. utilis*・NBRC0988株においてPDCをコードする *CuPDC1* 遺伝子の4回の破壊を積み重ね，本遺伝子の完全欠損株が構築された。この株はエタノールを生産しない上に重篤な生育遅延も示さなかった。さらに *CuPDC1* 遺伝子のプロモーターの制御下に置いたウシ由来L-*LDH* 遺伝子が *CuPdc1* 遺伝子座に導入された。L-*LDH* 遺伝子が2コピー組込まれた株は，1コピーしか組込まれていない株よりも，単位時間あたりのL-乳酸の生産速度およびグルコース消費速度が優れていた。そこで前

者の株を炭酸カルシウムでの中和条件下で，108.7g/l のグルコースを含む富栄養培地での発酵に供したところ，33時間後には99.9%を超える光学純度のL-乳酸が103.3g/l，つまり95.1%の収率で生産された（発酵終了時のpHは4.0）。また，グルコース以外の栄養源を1/10に抑えた培地や炭素源をモラセスの主要構成糖であるスクロースとした培地からも同様の高い効率でL-乳酸が生産された。これらの結果から，本株は極めて高いL-乳酸生産能を有していると考えられる。今後，実際のバイオマスを用いた条件や中和剤を用いない条件でL-乳酸を生産する取り組みを行うなど，本酵母株についてのさらなる研究の発展が望まれる。

2.5 *Pichia stipitis* の育種

Pichia stipitis はスクロースの発酵はできないものの，前述の3種の酵母とは異なり，キシロースを発酵させることが可能な酵母である[12~14]。本種を素材とした乳酸生産株の構築に関する報告も存在し[28]，ここではアルコール脱水素酵素（ADH）をコードする遺伝子のプロモーターによって *Lactobacillus helveticus* 由来のL-LDHを発現させた。構築株は94g/l の濃度でグルコース，あるいは101g/l の濃度でキシロースが含まれる培地において，それぞれ41g/l と58g/l の乳酸を生産した（中和剤として炭酸カルシウムを使用）。酵母を利用してキシロースから乳酸を高効率で生産させた点で高い価値がある。この報告ではエタノールの副生も起こったが，PDCをコードする遺伝子に変異が加えられていないため，本遺伝子を改変することによって収率を向上させることが可能であるかもしれないと考えられている。

2.6 今後の課題

組換えDNA技術を利用することによって，収率や発酵速度，光学純度などの面で非常に優れた乳酸生産能力を発揮できる酵母株の構築に関する成果を紹介してきた。なお，このような試行は先述の4種に限られるものではなく，例えばメタノール資化能を有する酵母である *Candida boidinii* を素材とした報告もある[29]。ただ，いずれの酵母においても，現段階ではさらなる研究開発の余地が多分に残されていることには留意すべきである。例えば，素材としている酵母にとって非発酵性の糖から，乳酸を生産できるようにしようとする取り組みが考えられる。

酸性度の高い条件での発酵は，中和剤の費用を抑える効果があるだけでなく，微生物汚染のリスクを低減させることにもつながるため，実生産においては非常に有用である。一方，不純物の少ない発酵液は乳酸の分離・精製工程を容易にする利点がある。これらのことを踏まえると，耐酸性を強化した酵母株の育種，エタノール以外の副産物の調査やその生産を制御する技術の開発なども今後の重要な試行になると考えられる。

第 1 章　遺伝子組換え酵母を利用した乳酸生産

3　おわりに

　乳酸は産業的に極めて重要な化合物である。その用途の 1 つとして，低炭素社会の実現に貢献しうるバイオマス・プラスチックの素材にもなることから，乳酸の重要性はますます高まっていくと予想される。そこでこれまで乳酸菌（LAB）や糸状菌が乳酸の製造に用いる主たる微生物であった中，近年ではさらに優れた生産システムの構築を目指し，その他の微生物を用いた研究も進められている。本章ではこのような状況の下，特に酵母を素材とした研究開発に注目し，遺伝子工学技術を用いて高い乳酸生産能を持つ株が構築された事例を紹介してきた。現在のところはいずれの酵母にも課題が散見されているが，このことは能力をさらに高められる余地があるとも言い換えることができる。今後，培養のハンドリングに優れるなどの酵母の強みを最大限に生かしたより良い乳酸生産プロセスの確立が期待される。

文　　　献

1)　R. Datta et al., *FEMS Microbiol. Rev.*, **16**, 221（1995）
2)　R. P. John et al., *Appl. Microbiol. Biotechnol.*, **74**, 524（2007）
3)　木村良晴ほか，ホワイトバイオテクノロジー；エネルギー・材料の最前線，シーエムシー出版（2008）
4)　（財）機械システム振興協会，バイオマス・プラスチックの普及を実現する技術システムの開発に関するフィージビリティスタディ報告書－要旨－（システム開発 19-F-9）（2008）
5)　J. H. Litchfield, *Adv. Appl. Microbiol.*, **42**, 45（1996）
6)　K. Hofvendahl et al., *Enzyme Microb. Technol.*, **26**, 87（2000）
7)　上野川修一，乳酸菌の保健機能と応用，シーエムシー出版（2007）
8)　J. Narita et al., *J. Biosci. Bioeng.*, **97**, 423（2004）
9)　E. Adachi et al., *J. Ferment. Bioeng.*, **86**, 284（1998）
10)　S. Zhou et al., *Appl. Environ. Microbiol.*, **69**, 399（2003）
11)　S. Dequin et al., *Bio/Technology*, **12**, 173（1994）
12)　J. A. Barnett et al., "Yeasts, characteristics and identification" Third edition, Cambridge University Press, Cambridge（2000）
13)　B. Hahn-Hägerdal, et al., *Appl. Microbiol. Biotechnol.*, **74**, 937（2007）
14)　C. P. Kurtzman et al., "The yeast, a taxonomic study" Fourth edition, Elsevier Science B.V.,（1998）
15)　S. Hohmann, *Curr. Genet.*, **20**, 373（1991）
16)　N. Ishida et al., *Appl. Biochem. Biotechnol.*, **131**, 795（2006）

17) S. Saitoh *et al.*, *Appl. Environ. Microbiol.*, **71**, 2789 (2005)
18) N. Ishida *et al.*, *Appl. Environ. Microbiol.*, **71**, 1964 (2005)
19) N. Ishida *et al.*, *Biosci. Biotechnol. Biochem.*, **70**, 1148 (2006)
20) K. Tokuhiro *et al.*, *Appl. Microbiol. Biotechnol.*, **79**, 481 (2008)
21) N. Ishida *et al.*, *J. Biosci. Bioeng.*, **101**, 172 (2006)
22) M. M. Bianchi *et al.*, *Mol. Microbiol.*, **19**, 27 (1996)
23) D. Porro *et al.*, *Appl. Environ. Microbiol.*, **65**, 4211 (1999)
24) M. M. Bianchi *et al.*, *Appl. Environ. Microbiol.*, **67**, 5621 (2001)
25) Y. Miura *et al.*, *J. Mol. Microbiol. Biotechnol.*, **1**, 129 (1999)
26) S. Ikushima *et al.*, *Biosci. Biotechnol. Biochem.*, **73**, 879 (2009)
27) S. Ikushima *et al.*, *Biosci. Biotechnol. Biochem.*, **73**, 1818 (2009)
28) M. Ilmén *et al.*, *Appl. Environ. Microbiol.*, **73**, 117 (2007)
29) F. Osawa *et al.*, *Yeast*, **26**, 485 (2009)

第2章　環境持続型コハク酸樹脂「GS Pla®の開発」

植田　正[*]

1　はじめに

　三菱化学は，脂肪族ポリエステル樹脂「GS Pla」の本格的な市場導入を行っている。この名称はGreen Sustanable Plasticからつけたもので，"地球環境の持続"と"プラスチック無しでは考えられない我々の生活"を両立させたいという理想を表したものである。

　昨今，地球温暖化をはじめとする地球環境問題に対する注目が集まっている。このような状況において，二酸化炭素をはじめとした温暖化ガスの排出抑制を目的として石油代替資源の開発などさまざまな取り組みが行われており，そのひとつとしてバイオマス（植物由来）資源の利活用が検討されている。GS Plaは現在は石油資源より得られる原料を用いて製造されているが，将来的には植物から得られる原料に転換される計画である。

　植物原料を活用するメリットとして，次の2つが一般的に認識されている。即ち，
- 毎年再生の可能な"リニューアブル"資源である。
- 製品の焼却廃棄等により発生する二酸化炭素は，元々大気中から吸収されたものであり，地球温暖化の原因となる二酸化炭素は増加しない（"カーボンニュートラル"）。

　現在，化学製品において国内および世界で最も多く生産・消費されているのはプラスチック材料である。植物を原料とする計画であるプラスチック「GS Pla」の普及は，植物資源の普及を意味するものと我々は考えている。

　一方，GS Plaは土中等で微生物に代謝され水と二酸化炭素に分解するいわゆる「生分解性」機能も有している。この機能を生かし，日本国内ではマルチフィルムを始めとした農業用資材での展開が活発であると共に，堆肥化施設等のインフラ整備の進んだ地域では，ゴミ袋への適用も始まっている。このような流れはヨーロッパで特に活発であり，堆肥化可能でありかつバイオ由来材料を用いたごみ袋や食品包材を使用する流れが本格化しており，原料の植物化を目指すGS Plaとしては今後大きく飛躍する可能性があると考えている。

---

[*] Tadashi Uyeda　三菱化学㈱　ポリマー本部　ポリエステル・ナイロン事業部

2 特徴

　GS Pla は，コハク酸と 1,4-ブタンジオールを主な原料とする脂肪族ポリエステル樹脂であり，用途に応じて標準タイプの AZ シリーズと FZ シリーズ，AZ シリーズに透明性と柔軟性を付与したタイプの AD シリーズの 2 つの基本グレードがある。AZ（FZ）シリーズは融点等ポリエチレンと類似の特性を持つが，透明性は劣る。これは AZ（FZ）シリーズの結晶性と密接に関係しているが，核剤の最適化等結晶性を制御することにより透明性と柔軟性を改良したタイプが AD シリーズである。それぞれの主要な物性値を表 1 に示す。比較のためにポリエチレン（HDPE，LDPE），ポリプロピレン（PP），ポリ乳酸（PLA），ポリスチレン（PS）を加えた。表 1 に示したとおり弾性率はポリエチレンとほぼ同等で柔軟な特性を有す。また GZ95TN は AZ シリーズにタルク等のミネラル成分を添加したものだが，ポリプロピレンと同等の弾性率（約 1500MPa）を容易に発現することができ，同時に耐熱性も向上させることができる。このような配合設計を行うことにより弾性率を低～高と調整可能で，広範な用途への適用が可能である。

　植物資源を原料としたプラスチック材料として知られ，市場開発が精力的に行われているポリ乳酸とは種々の異なる特性を持つ。上述したように GS Pla は弾性率が比較的小さく「柔らかな素材」であることに対し，ポリ乳酸は弾性率の非常に大きい剛性の高い材料である。従ってこれら 2 種の材料はそれぞれ異なった用途分野で使用されると同時に，相互の物性補完を目的としたポリマーブレンドによる応用が多くなされている。ポリ乳酸と溶融ブレンドした場合，良好な相溶性を示し，数百 nm オーダーの微細な海島構造を形成する（図 1，黒色部が GS Pla）。

　なお，表 1 以外にも，成形用途に応じて溶融特性の異なる他のグレードも準備している。

表 1　樹脂特性比較

		GS Pla AZ91TN	FZ91PN	AD92WN	HDPE	LDPE	PP	PLA	GPPS
密度	g/cm^3	1.26	1.26	1.24	0.95	0.92	0.90	1.26	1.05
ガラス転移温度（T_g）	℃	−24	−22	−36	−120	<−70	−10	59	100
融解温度（T_m）	℃	110	115	88	132	108	165	179	−
引張強度	MPa	55	40	50	70	18	30	55	40
破断伸び	%	450	250	800	800	700	700	2	2
曲げ弾性率	MPa	550	550	300	900	150	1300	3500	3150
Izod 衝撃強度（ノッチあり）	kJ/m^2	10	9	40	4	50	3	3	2

第 2 章　環境持続型コハク酸樹脂「GS Pla®の開発」

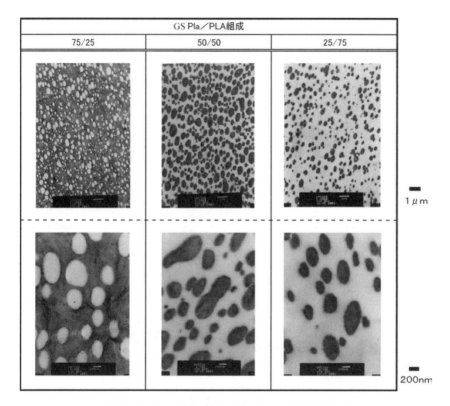

図1　GS Pla/PLA ブレンドにおける分散形態観察

3　用途展開

　成形法に関しては，現行プラスチック材料で用いられているほぼ全ての成形加工法（インフレ成形，射出成形，押出し成形，シート成形，発泡成形，真空成形等）への適用が可能であり，用途に応じて幅広く対応できる。成形加工性はポリオレフィンに類似しており，条件設定は比較的容易である。具体例として表2にインフレ成形と射出成形の成形条件例を示す。

　また GS Pla は良好なヒートシール性を示す。ポリエチレン同様125℃程度からヒートシール特性が発現する。図2に温度とヒートシール強度の関係を示す。また，GS Pla はポリエステルを基本骨格として有するためポリオレフィンと比較すると極性基を多数有する。そのため特別な修飾を施すことなく優れた印刷や接着性を得ることができることも特徴である。

　現在，これらの成形加工性と機械物性を基に，各種用途（農業資材，日用雑貨，包装資材，土木資材，工業部材など）への展開を図るべく市場開発を展開しているところである。またポリブチレンサクシネート系樹脂が2007年5月末にポリオレフィン等衛生協議会の理事会にて29番目の自主基準対象樹脂として承認されたのを機に，日本国内における食品包装資材としての用途開

表2 成形条件例

〈インフレ成形〉
30φ単層小型インフレ成形機（ダイス径：75φ）

サンプル		AZ91TN	AD92WN
温度 [℃]	C1	140	80
	C2	150	120
	C3	160	140
	H	160	140
	D	160	140
スクリュー回転数 [rpm]		50	50
引取速度 [m/分]		4.5	4.5
フロストライン [mm]		200	200
折り径 [mm]		200	200
フィルム厚み [μm]		50	50
ブロー比		1.7	1.7

〈射出成形〉
型締め圧力：130t

サンプル		AZ81TN	AD82WN
温度 [℃]	NH	190	190
	H1	200	200
	H2	200	200
	H3	160	160
金型温度 [℃]		25	15
スクリュー回転数 [rpm]		96	96
射出圧力 [MPa]		75	75
保圧 [MPa]		69	69
射出時間 [秒]		15	15
冷却時間 [秒]		30	30

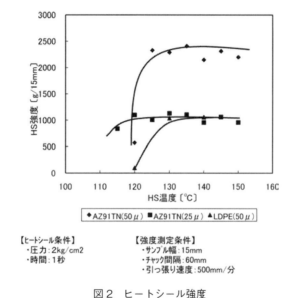

図2 ヒートシール強度

発が進むことを期待している。現段階ではFZグレード（FZ91PD：100℃以下での使用）で確認証明書を取得済みであり（図3），順次拡充中である。

また欧州における食品包装資材への展開を図るべく，2002/72/EC指令に準拠するよう環境整備を取り進めており，さらに「FDA Status of GS Pla Products for Use in Housewares」というタイトルで食器類に関してKeller&Heckmanのオピニオンレターを得ている。

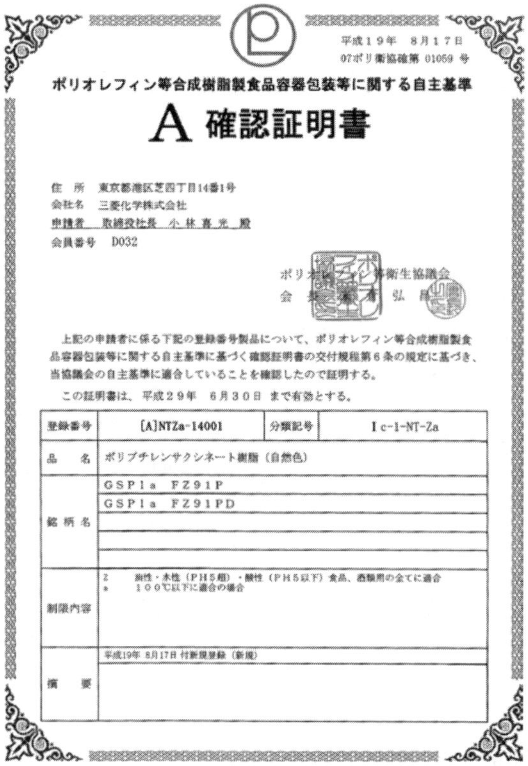

第 2 章　環境持続型コハク酸樹脂「GS Pla®の開発」

図 3　ポリ衛協確認証明書：FZ91PD

4　生分解性

　GS Pla は土中等で微生物に代謝され水と二酸化炭素に分解する「生分解性」機能を有している。即ち，廃棄する際の作業性や費用等を考慮し，回収やリサイクルが難しい場合はそのまま環境中で分解，消滅させることができる。この特徴を生かした用途の一つが農業資材，特にマルチフィルムであり，他の生分解性樹脂と同様にこの分野での実用化が始まっている。
　一定期間後の分解性に関しては，例えば AZ91TN では JIS K6953 に準じた好気的コンポスト試験において生分解度 77％（65 日後）の結果を得ている。また，AD 系は生分解速度が極めて速く，AZ 系と用途により使い分けが可能である。これらの結果から，GS Pla は日本バイオプラスチック協会でグリーンプラに認定（認定番号：A52201）をされている。また，基本グレードに関しては「OK コンポスト」マーク（No.O07-168-A, No.O07-169-A）も取得済みである（図 4）。

図4　OK コンポスト認証：AZ91 シリーズと AD92 シリーズ

5　植物資源化に向けて

　三菱化学では，GS Pla の原料を石油資源から植物資源に将来転換する計画である。その第1段階としてコハク酸を植物資源から発酵法により生産することを目指している。プラスチック中の植物由来原料の割合を示す指標として「植物度」があるが，コハク酸を発酵法により得る段階で GS Pla の植物度は日本バイオマスプラスチック協会の基準で 48.8wt％，炭素基準で 50.0wt％となる。

　GS Pla の主原料であるコハク酸は，ポリマー原料以外にも各種溶剤などの中間体としても期待されている化合物であり，また貝の旨味成分としても知られる自然界に存在する有機酸の一種である。コハク酸は，現在，石油資源を用い化学合成法により製造されているが，植物資源を利用した方法では 1990 年代から米国の大学や国立研究所などを中心に研究がなされてきた。我々も嫌気性菌を用いた発酵法でコハク酸を製造する研究を鋭意進めている。

　なお，2008 年 10 月より GS Pla の販売は三菱化学の 100％子会社であるダイアケミカル㈱に一元化した。販売窓口をダイアケミカルに統合することにより，販売力強化を図り，今後の市場開発を積極的に行っていく。

第2章　環境持続型コハク酸樹脂「GS Pla®の開発」

（お問い合わせ先）

ダイアケミカル㈱　TEL：03-6414-4770，3020（代表）

第3章 バイオ由来1,3-プロパンジオール(Bio-PDO™)とBio-PDO™出発原料のポリトリメチレンテレフタレート

賀来群雄*

1 世界のメガトレンド

　我々人類が命を育むこの地球の環境は21世紀になってその変化を加速し，明瞭な事実として先進諸国が20世紀後半に享受した生活様式を維持し続けることが難しくなってきただけでなく，緊急でかつ抜本的な解決策の必要性を，異常気象や生態系の急変という形で地球が人類に警鐘を鳴らしているように思える。

　現在世界規模で我々は大きく三つの問題に直面している．①人口増加に伴う食糧不足，特に開発途上国における人口増加のスピードは飢餓という深刻な問題になっている．②石油消費の増加と化石燃料の枯渇，これにより短期的には石油価額の乱高下，長期的には石油価額の高騰化の原因になっている．③地球温暖化と天候不順，二酸化炭素発生量の削減が急務になっている。これらの問題は複雑でかつ互いに関連しており，その解決は急務を要しているが従来の技術と手法だけでは限界がある。デュポンはサイエンスを礎にする会社として，解決策の一つの鍵はバイオ技術の開発と工業化であると考えている。デュポンはその研究開発費の75％を農業生産の安定化，食糧の増産，化石燃料からの脱却と環境負荷軽減な素材開発に集中し，第三紀の歴史を迎えている会社が持続な生長し続けるための糧にすることを決め，ビジネスの再編成を行い将来に向けて進化をし続けている。

2 デュポンのコミットメント

　デュポンは2015年ビジョンとして3点の重要項目を公に対する約束として掲げ，会社の研究対象とビジネス目標にしている。

① 研究開発から環境対応に優れた市場機会の創出

2015年までに，環境上のメリットをもたらす研究開発への投資額を現行の2倍にする。

＊ Mureo Kaku　デュポン㈱　先端技術研究所　所長

② 地球温暖化ガス排出量を削減に貢献する製品

2015年までに，省エネおよび・または大幅な地球温暖化ガス排出量の削減をもたらす製品で年間20億ドル以上の売上増を実現する。これらの製品によって顧客及び消費者は4,000万トン以上のCO_2削減が果たせると見込んでいる。

③ 非枯渇資源からの売上げ

2015年までに，非枯渇資源からの売上げを80億ドルに成長させる。

このビジョンを達成するためにデュポンはバイオ技術を駆使した新たな事業を開始，構築し，その成功が不可欠であると信じている。

デュポンのバイオ技術を根幹とするビジネスは大きく3つの分野に分けることができる

① 食料 —— 人口増加や地球環境の悪化に対応するために，とうもろこしを中心とする食料の安定供給や増産を可能にする乾燥に強く，害虫に強く，栄養価の高い食料の開発と商品化を中心とする事業である。

② 燃料 —— とうもろこしの芯や幹の非可食部のセルロースを原料として，枯渇する石化燃料の代替となるバイオ燃料の開発と事業化である。

③ 材料 —— 環境負荷の軽減ができるバイオ法で再生可能なバイオマスを原料に化学製品を製造する事業である。1,3-プロパンジオールが最初の製品であり，またこの1,3-プロパンジオールを出発原料とする高分子材料も特徴のある高分子材料として商品化する。

これらの新規事業の根底を支えているのは，新規種子開発で駆使される農業バイオの技術とバイオ触媒の概念として大腸菌などの代謝経路をデザインするゲノムバイオ技術である。またデュポンが従来から持つ化学，エンジニアーリング技術がそれに加わることによりその事業化が初めて可能になるのである。約20年に亘る研究が今デュポンが目標に掲げているビジョンを支えており，その事業化が本格化している。

3 バイオ1,3-プロパンジオール（Bio-PDO™）の開発と商業化

Bio-PDO™は目的とする化合物のみを生成するように微生物の代謝経路を設計し直した"Bio-Catalyst"という概念によって，最初にデュポンが事業化した化合物である。

工業バイオは再生可能な生物資源を原料にしており，二酸化炭素の増加に寄与しない「カーボンニュートラル」な資源として枯渇する石化原料の代替として期待がますます大きくなっている。工業バイオ開発の成功条件として，

ⅰ）既存の化学合成法に比べて安価に製造する

ii）既存の化学プロセスに比べて環境負荷を軽減する

iii）ユニークな機能を持つ

が考えられ，1,3-プロパンジオールはすべての条件を満たし，工業バイオとして最適な開発テーマである[1]。

3.1 Bio-PDO™ の製造

自然界で Bio-PDO™ は図1の様にグルコースを出発物質に酵母とバクテリアの2段階プロセスにより生成されているが，収率が低く工業製品にはなり難い。Bio-PDO™ を競争力のある工業製品にするためには飛躍的なバイオ技術と総合的な技術の底上げが不可欠である[2,3]。

デュポンは Bio-Catalyst の概念に基づき，*Escherichia coli*（大腸菌）に一連の必要な機能を組み込むことにより一段階プロセスでグルコースから Bio-PDO™ のみを生成するような機能を持つ *Escherichia coli* を開発し，量産効率の向上に成功した。

2004年5月デュポンはコーン糖などの食品製品ビジネスを世界で展開しているイギリスに本社を持つ Tate & Lyle 社と合弁会社，DuPont Tate & Lyle BioProducts 社を設立し Bio-PDO™ の生産と販売を始めた。Tate & Lyle 社からコーン糖の供給を受けて2006年11月からアメリカのテネシー州 Loudon の地に4万5千トンの工場を稼動している。この工場が世界規模のバイオ製品工場である事は発酵塔の大きさからもよく分かる（図2）。

Bio-PDO™ の製造は発酵，分離と精製と三つの工程に分かれており，その工程スキームを図3に示した。Bio-PDO™ の製造プロセスは化学プロセスに比べて簡素で，コンパクトになっている。しかし全体のプロセスが効率良く Bio-PDO™ を製造するには，Biocatalyst の性能に依るところが大きい。デュポンの開発した高性能 Bio-Catalyst でグルコースが100％に近い効率で Bio-PDO™ に変換されることから，Loudon 工場は化学原料の生産工場として最も規模が大きく且つ効率が高い工場であると考えられる。

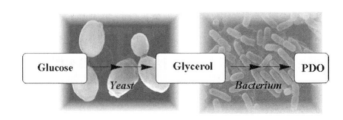

図1　自然界による PDO の生成

第3章 バイオ由来 1,3-プロパンジオール（Bio-PDO™）と Bio-PDO™ 出発原料のポリトリメチレンテレフタレート

図2　DuPont Tate & Lyle 社の Bio-PDO™ の生産工場

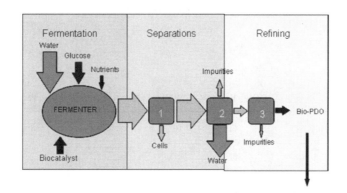

図3　Bio-PDO™ の製造工程

3.2　Bio-PDO™ の基本物性

1,3-プロパンジオール（PDO）は既存物質で無色，無臭で安定な化合物である。PDO の基本物性を表1にまとめた。

奇数の直鎖炭素数持つ Bio-PDO は他のグリコールと比べて特異的な物性を持つことが明確である（表2）。

PDO の沸点は同じ分子量を持つ PG に比べて約27度高く，また融点では36度も高くなっている。この沸点と融点の違いは現在多様に利用されている PG に較べて PDO がより一層特徴のある利用法があることを示唆している。低温に於ける PG の著しい粘度増加は，冬季でパイプラインの詰まりなど熱媒体として支障をきたしていることから是正が待たれる。PDO の低温粘度変化は EG の挙動に似ており，温度の低下でも PG に比べて粘度の上昇が少なく，PG だけでなくその毒性から使用が敬遠される EG の代替としても期待される（図4）。

グリーンバイオケミストリーの最前線

表1　PDOの基本物性

化学名	1,3-プロパンジオール
CAS番号	504-63-2
化審法番号	(2)-234
分子式	$C_3H_8O_2$
分子量	76.1
外観	無色透明液体
臭い	無臭からわずかな特異臭
pH	中性
沸点	214℃
融点	－24℃
引火点	131℃
比重	1.054（20℃）
粘度	52cP（20℃）
蒸気圧	0.08mmHg（20℃）

表2　PDOとEG，PGなどのグリコールとの物性比較

一般名	化学名	CAS#	分子式	構造	分子量	沸点 ℃	融点 ℃	比重 g/ml
Ethylene Glycol (EG)	1,2-Ethanediol	107-21-1	$C_2H_6O_2$		62.1	197.6	－12.7	1.116
Propylene Glycol (PG)	1,2-Propanediol	57-55-6	$C_3H_8O_2$		76.1	187.3	－60	1.038
PDO	1,3-Propanediol	504-63-2	$C_3H_8O_2$		76.1	214	－24	1.053
Butylene Glycol (BG)	1,3-Butanediol	107-88-0	$C_4H_{10}O_2$		90.1	207.5	－50	1.006
BDO	1,4-Butanediol	110-63-4	$C_4H_{10}O_2$		90.1	230	16	1.017
MPDiol	2-Methyl-1,3-Propanediol	2163-42-0	$C_4H_{10}O_2$		90.1	221	－91	1.015
DPG	Dipropylene Glycol (several isomers are possible)	25265-71-8	$C_6H_{14}O_3$		134.17	231		1.023

第3章　バイオ由来1,3-プロパンジオール（Bio-PDO™）とBio-PDO™出発原料のポリトリメチレンテレフタレート

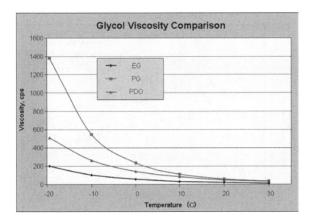

図4　PDO，EGとPGの粘度変化

4　Bio-PDO™ の用途展開

Bio-PDO™ は基礎原料として幅広い用途が考えられ，用途開発が急ピッチで進められている。

4.1　Bio-PDO™ の直接用途

デュポンはBio-PDO™ を大きく二つの用途①化粧品関連，②工業用途にそれぞれZemea®とSusterra®のブランド名で市場展開している。

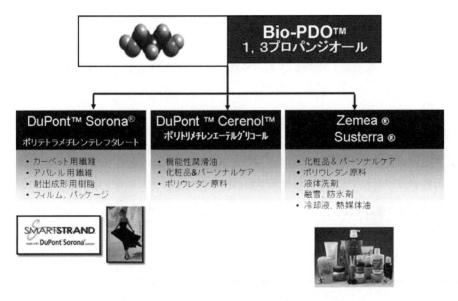

図5　Bio-PDO™ の用途展開

155

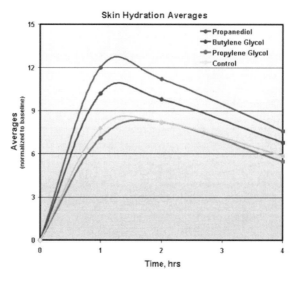

図6　PDOとBGグリコールの保湿性テスト

化粧品関連用途で業界で使われているグリコールに較べて，Zemea®はⅰ）無刺激性，ⅱ）安全性，ⅲ）高保湿性（図6）などの特徴を持ち，化粧品組成の基礎原料としての展開が本格化している[4,5]。化粧品業界では天然や植物が安心や安全製品の開発テーマになっており，Zemea®とZemea®含有の化粧品が天然，安心な規格であるEcocert規格に登録できたことも大切な要因である。

工業用途では，特にポリウレタンの原料[6]として使用され，PDOはPGに比べて反応性が高くまた沸点が高いことから，材料を高収率で製造することが可能であることが確認されている。また地球環境配慮型の材料として，LCA面の利点が大きなアピールとしてその採用が始まっている。

4.2　Bio-PDO™のホモ重合体

Bio-PDO™の重合体で得られるポリオールはポリウレタンのソフトセグメントとしての利用が考えられている，また分子量の制御が比較的簡単に行えることから，デュポンはCerenol®のブランドで数種の製品を作り，その分子量に則した用途開発を積極的に行っている。

4.3　テレフタル酸との共重合体[8〜10]

Bio-PDO™とテレフタル酸の共重合で作られるポリ（トリメチレンテレフタレート）（PTT）はスパンデックスのような伸び縮みを持つポリエステルである。このPTTを繊維ではSorona®，

第3章　バイオ由来1,3-プロパンジオール（Bio-PDO™）とBio-PDO™出発原料のポリトリメチレンテレフタレート

射出成形ではSorona®EPのブランド名で活発に商業化している。デュポンのPTTはバイオプラスチック度35.9%で日本バイオプラスチック協会が運営しているバイオマスプラ識別表示制度のポジティブリストJPBA証第B08003号に登録されている。

　PTTの分子構造がジグザグ[5]を取るのに対して，PETやPBTは比較的剛直な分子構造（図7）になっているので，ユニークなPTT物性が期待でき，PETやPBTと同様に繊維，フィルム，射出成形品として様々な用途で特性を発揮する高機能性ポリマーとして期待される。

(1) Sorona®ポリマーの繊維（Sorona®繊維）用途

　Sorona®繊維とPET，PBT，Nylon繊維の物性を比較し，図8のように結果をまとめた。Sorona®繊維は他の繊維と違い独特な柔らかい感触，快適な伸縮性と回復力を持ち，手入れが簡単で紫外線や塩素にも耐性を有している。これらの特徴を活かした衣料素材，カーペット用繊維や自動車のシートファブリックなどの用途への展開が本格化している。

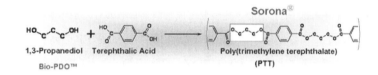

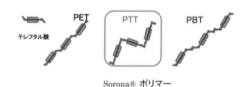

図7　PTTの特異的な分子構造

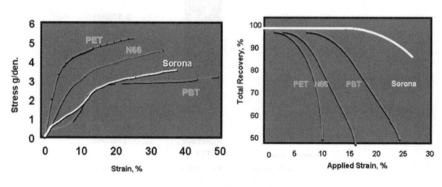

図8　Sorona®繊維の特徴

Sorona®繊維は,特にカーペット用途では従来使われているナイロンに比べて際立った特徴が見られている。カーペットの素材としてナイロン繊維が多く使われているが,フッ素系材料などに依る加工で防汚性向上が必要であるのに対し,Sorona®繊維では図9に示す様にその必要性が無く,ポリエステル構造由来の防汚性が付与されていることが明らかになった。

(2) Sorona®ポリマーの射出成型用途[11]

繊維用途以外で注目されるのは,エンジニアリングプラスチックとしての射出成形がある。Sorona® EPはSorona®ポリマーをベースとして射出成形用材料として使用できるよう各種添加剤を配合するため,Sorona® EPのバイオ化比率はそれらの添加剤量に依存し,30%ガラス強化Sorona® EPの場合,約25%となる。表3に15%と30%のガラス繊維で強化した標準グレードの物性をまとめた。

Sorona® EPの融点は約227℃で,溶融樹脂温度域としては240〜260℃で成形が可能である。金型温度域としては80〜110℃を推奨している。

Sorona® EPは吸湿による寸法変化がほとんどないため,成形品の寸法変化は主に成形収縮に依存するが,Sorona® EPはPBT樹脂と比較して成形収縮率そのものが小さく,成形加工後の熱処理や使用環境放置下による影響も小さい。また図10にSorona® EPのガラス強化グレードがPBTに比べて低ソリであることが確認されている。これらのことから,Sorona® EPはハウジングなどの用途に適していると思われる(図11)。

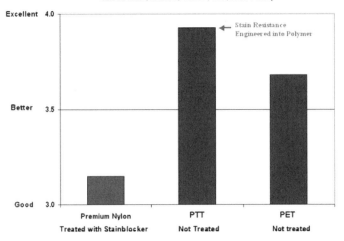

図9 Sorona®とナイロン繊維の防汚性比較

第3章 バイオ由来1,3-プロパンジオール（Bio-PDO™）とBio-PDO™出発原料のポリトリメチレンテレフタレート

表3 Sorona® EP 標準グレードの一般物性

試験項目	試験方法	単位		Sorona® 3015G 15%ガラス強化 標準	Sorona® 3030G 30%ガラス強化 標準
機械的物性					
引張強度	ISO 527-1,2	MPa	23℃	123	162
引張破断伸び	ISO 527-1,2	%	23℃	3.0	2.5
引張弾性率	ISO 527-1,2	MPa	23℃	6,200	10,400
曲げ強度	ISO 178	MPa	23℃	190	245
曲げ弾性率	ISO 178	MPa	23℃	5,700	9,600
シャルピ衝撃強度（ノッチ有）	ISO 179	kJ/m^2	−30℃	6.0	9.0
		kJ/m^2	23℃	5.5	9.0
シャルピ衝撃強度（ノッチ無）	ISO 179	kJ/m^2	−30℃	30	45
		kJ/m^2	23℃	30	50
熱的特性					
融点	ISO 11357	℃	℃	227	227
その他					
比重	ISO 1183			1.40	1.56
成形収縮率（2mmt厚）	型温80℃	%	流動	0.5	0.3
		%	直角	0.7	0.8
成形収縮率（2mmt厚）	型温110℃	%	流動	0.6	0.4
		%	直角	0.8	0.8

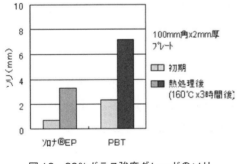

図10 30%ガラス強度グレードのソリ

図11 ハウジング

5 環境負荷の軽減

5.1 Bio-PDO™の環境削減

Bio-PDO™は再生可能なトウモロコシを出発原料とし，またその製造プロセスはエネルギーを多く消費する従来の石油プラントプロセスと違い，外部エネルギーをほとんど必要としない発酵反応によりコーンシュガーから一工程で製造することから，汎用化されているPGに比べても

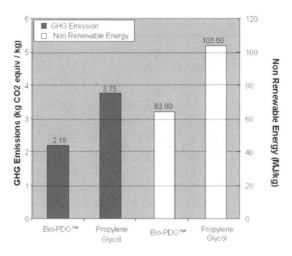

図12 Bio-PDO™ と PG の環境負荷の比較

図12に示すように二酸化炭素の発生量と製造に要するエネルギーが少ない。つまり Bio-PDO™ は PG に比べて約38％少ないエネルギーで製造することが可能で，発生する二酸化炭素も42％少ない計算になる。地球温暖化問題の解決として，日本は世界にリードして1990年度比25％の温暖化ガス削減という目標を掲げており，すでに世界に先駆けて環境技術を開発し，実施して来た日本の企業にとってこの数値はかなり高い目標であると考えられる。その観点から使用しているグリコール類を Bio-PDO™ に代用するだけで温暖化ガス削減が可能になる貴重な例である。

5.2　デュポン Sorona® ポリマーの環境軽減

Sorona® ポリマーはその一成分が再生可能な原料を使用していることから，市場で同様な繊維用途で使われるナイロンに較べて55％の温暖化ガスの排出量の削減が認められ（図13），この材料の汎用化が従来材料の高機能化だけでなく地球環境の改善にも寄与することが明確である。

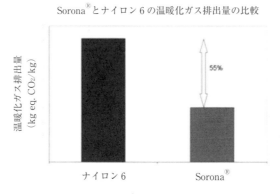

図13　Sorona® ポリマーの環境貢献

6 まとめ

化石燃料の恩恵で人類は20世紀飛躍的な産業の進歩を成し遂げ，特に先進諸国に住む人々はその利便性を大きく享受し，快適な日常生活を過ごしてきた。しかし今我々を取り巻く地球環境はもはやそれを許さず，我々に繰り返し警告を発し一刻も早い行動を促している。しかし一方で我々人類は一度手に入れた今の生活を捨てることも，また生活水準の低下を受け入れることも容易ではない事実がある。

優れたバイオ技術は再生可能なバイオマスを原料として，化石燃料と同様に工業原料の生産を可能にするだけでなく，持続可能でかつ環境負荷軽減の製法である。我々が一刻も早く20世紀の化石燃料に依存した産業から持続的に継続するバイオ技術に則した産業構造に変換する必要がある，つまり工業バイオ，White Biotechnology の推進である。

本格的な工業バイオの成功例として，Bio-PDO™ を用いた新しい製品開発が本格化し，化粧品原料から工業用途まで多分野で商品化が始まっている。またこの Bio-PDO™ を出発原料とする Sorona® ポリマーもそのユニークな機能や環境負荷削減の観点から，カーペット用途やアパレル業界で実績を挙げている。さらに射出成形用途，フィルム用途についても積極的に自動車用部品，電気・電子関連部品，産業用・大衆消費用製品の用途に広く展開し始めようとしている。

今後我々は更なるバイオ技術の進歩でバイオマスの効率化利用，非可食バイオマスの利用，変換する化合物の多様化と高収率化などの課題を克服していかなければならない。その成功が我々に持続的な環境と生活を可能にする唯一の手段である。研究者の奮起と企業の飽くなき挑戦に地球の願いと人類の将来を託したいと思う。

文　献

1) M. Kaku, White Biotechnology ; The Front of Energy and Material Development, Chapter 8, P108-118, CMC, Japan (2008)
2) EP 1204775, EP1076708, WO0112833, WO111070.
3) S. E. Manahan, Environmental Chemistry, CRC Press, 2005, P503.
4) Household and Personal Care Today nr/3/2007, P30-31, Am HPC's customer publication.
5) H. Managi, M. Kaku, *Fragrance Journal*, **37** (5), 61-64 (2009)
6) Urethanes technology International : Vol. 25, No.5 : October/November 2008 P43.
7) US 6331264, US 6325945, US 6281325, WO 0158980.
8) J. V. Kurian, "Natural Fibers, Biopolymers and Biocomposites", Chapter 15, P487-525,

CRC Press (2005)
9) M. Kaku, Advanced Materials and technologies of Bioplastics, Chapter 6, P96-104, CMC, Japan (2009)
10) A. K. Mohanty, W. Liu, L.T. Drzal. M. Misra, J.V. Kurian, R.W. Miller and N. Strickland, American Institute of Chemical Engineers (AIChE) 2003 Annual Conference, November 16-21, 2003, San Francisco, California, Paper Number [491e]
11) H. Sumi, Journal of Society of Automotive Engineers of Japan, Vol. 63 2009/4

第4章 ステレオコンプレックスポリ乳酸

内山昭彦*

1 はじめに

　地球温暖化防止，石油資源枯渇の恐れ等の観点から，脱石油を志向した植物由来の原料を使用した高分子材料の研究開発が近年活発化してきている。2009年10月末から11月初旬に開催された第41回東京モーターショーは，金融危機後約1年ということもあり規模は縮小したものの，電気自動車やハイブリッド車等，脱石油，省エネルギーに関する次世代技術の息吹を感じることのできる内容であった。材料に関しても例外ではなく脱石油を志向したプラスチックを積極的に採用しようとする各自動車メーカーの意向が伺えた。代表例としてトヨタ自動車㈱は，植物資源が原料のエコプラスチックを，室内表面積の約60％に採用した新型車『SAI』を発表した[1]。今後もこのようなエネルギー，材料分野における脱石油の傾向は一段と加速していくと予想される。

　植物由来樹脂の1つであるポリ乳酸は，石油由来樹脂の代替材料として期待されている。我々はすでに，ポリ乳酸の性能課題の1つである耐熱性を改善するために，ステレオコンプレックスポリ乳酸結晶構造を導入したステレオコンプレックスポリ乳酸（stereo complex polylactic acid；以下 scPLA と称する）『バイオフロント®』を世界に先駆けて実用化した。本報では，当社における scPLA の技術開発，市場開発状況等について報告する。

2 開発経緯

　植物由来樹脂を広く普及させるためには，①性能，機能，②コスト，③環境負荷低減効果，が重要な考慮すべき項目である。植物由来樹脂の代表的存在である汎用ポリ乳酸は，②，③は概ね満足していると考える。しかしながら，①に関しては汎用エンプラと比較して特に耐熱性の点で十分とは言いがたい。我々は汎用ポリ乳酸を汎用エンプラ並みの性能に向上させるには，この耐熱性の向上が必要最低条件であると考えた。ポリ乳酸は結晶性高分子であるため，耐熱性の向上のためには，融点上昇，結晶性の向上が重要因子となる。すでに多くのポリ乳酸の改善提案[2~4]

---

*　Akihiko Uchiyama　帝人㈱　新事業開発グループ　HBM 推進班　開発担当課長

がなされているが，融点および実用上結晶性に著しい影響を与える結晶化速度を向上させる手段として，scPLA に着目した。

ポリ乳酸のステレオコンプレックス結晶相形成プロセスは大きく 2 つに分けることができる。1 つは溶液プロセス，もう 1 つは溶融プロセスである。溶液プロセスにおいて代表的な研究としては筏らにより発表[5]された論文があるが，これは D-ラクチドと L-ラクチドをそれぞれ単独で開環重合させたものを，メチレンクロライド溶液中で混合させてステレオ化させるものである。PLLA/PDLA = 50/50 の時に DSC および XRD で解析して，単独ポリマーからなるホモ結晶が消失し，ステレオコンプレックス結晶のみが出現することを示している。

一方，実用的な観点からは当初から scPLA 溶融プロセスが注目され，多くの報告がある[6,7]。当社は実用化までの時間を短縮させるために，京都工芸繊維大学の木村良晴教授らと共同開発を行い，『バイオフロント®』を実用化した。

3 開発概況

当初より当社の岩国事業所において年間生産能力 200t 程度のプラントを稼動させ，樹脂開発，用途開発を行ってきた。2008 年 8 月にトヨタ自動車㈱からポリ乳酸の実証プラントを購入し，写真 1 に示すように松山事業所に 1000t 規模の実証プラントを設置，2009 年 9 月より稼動を開始した。用途開発概況については後述する。

4 ステレオコンプレックスポリ乳酸とは

4.1 位置づけ

図 1 は各種プラスチックの耐熱性を，横軸に Tg（ガラス転移点温度），縦軸に Tm（融点）を

写真 1　松山事業所実証プラント

第4章　ステレオコンプレックスポリ乳酸

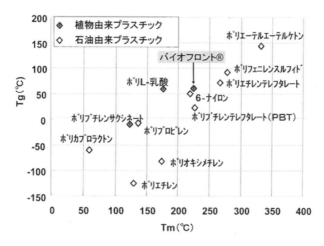

図1　各種プラスチックの耐熱性

配した図で表したものである。『バイオフロント®』の融点は200℃を超えており、汎用エンプラで石油由来高分子であるPBTに匹敵することが分かる。

4.2　結晶構造

ポリ乳酸にはL乳酸をモノマーとするポリL乳酸（汎用ポリ乳酸）と、その光学異性体であるD乳酸をモノマーとするポリD乳酸という旋光性以外の物理的性質がまったく同じである2種類の光学異性体がある。それぞれを単独で結晶化させた場合は、図2に示すように10_3螺旋構造を持ち斜方晶の結晶構造を形成する[8]。

一方、ポリL乳酸とポリD乳酸を混合すると、図2のように分子鎖の螺旋の方向が異なる3_1螺旋構造で、結晶は三斜晶となる。すなわち、ステレオコンプレックスポリ乳酸結晶は、ポリL乳酸とポリD乳酸が組み合って、うまくはめ込まれた特殊な構造を有する。このことにより、

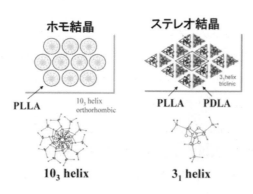

図2　ポリ乳酸ステレオコンプレックス結晶

ステレオコンプレックスポリ乳酸である『バイオフロント®』の融点は，汎用ポリ乳酸より約40℃高い210℃程度となる。

4.3 結晶安定化技術

当社は，溶融プロセスでscPLAの製造技術を開発したが，工業化においては以下の課題があった。
・scPLAの高分子量化
・scPLA結晶と同時に生成するホモ結晶の抑制

十分に高い分子量のscPLA結晶を安定に生成させるためには，分子鎖絡みの影響を減少させ，ポリL乳酸とポリD乳酸をより小さなドメインで接近させ，ポリL乳酸鎖とポリD乳酸鎖が交互配列するように制御する必要がある。さらにポリLまたはD乳酸単独で形成されるホモ結晶の成長を抑制するためにscPLA結晶を瞬時に生成させることが重要なポイントとなる。つまり，単にポリL乳酸とポリD乳酸を溶融混練しただけでは，scPLA結晶融点と同時にホモ結晶融点を示す成分も形成されてしまう。ホモ結晶化成分が混在したポリマーを紡糸工程に使用した場合は，例えば糸斑の発生が頻発する。低い融点のホモ結晶化成分が僅かに混在していても，それらの工程でホモ結晶化成分の影響が顕在化するため，製品の安定生産，耐熱性の確保に大きな障害となっていた。

これらの課題に対して，新たに添加剤や工程条件等を検討することにより，ホモ結晶化成分をなくして，実用上十分に高い分子量で，ステレオコンプレックスポリ乳酸結晶のみを再現性よく形成する製造技術，すなわち「いつでもどこでもステレオ化」できる技術を世界に先駆けて確立することができた。

4.4 特徴

(1) 耐熱性

『バイオフロント®』は前記したステレオコンプレックス結晶構造を有するため，ポリ乳酸よりも融点が高く，結晶速度が速いという特長を有し，その結果，大幅に耐熱性に優れる。図3に『バイオフロント®』および汎用PLAのDSCチャートを示す。融点はPLAに比べて40℃程度向上しており，結晶化温度は低いことが分かる。

また，図4に示すように汎用ポリ乳酸に比べて結晶化速度は約5倍程度と大幅に改善されている。その結果，射出成形特性も大幅に改良され，20秒程度の冷却時間でも十分な結晶化が進行し，金型からの取出しが可能である（金型温度110℃適用／ISO試験片成形の場合）。

フィルム製膜，延伸工程においても結晶速度は重要であり，通常のPET等のフィルム工程に

第 4 章　ステレオコンプレックスポリ乳酸

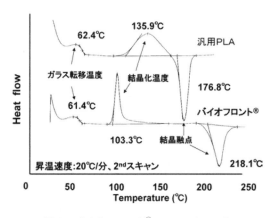

図 3　バイオフロント®の DSC チャート

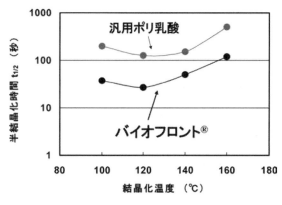

図 4　結晶化速度の違い

おいても十分に結晶化可能であることを確認している。さらに，scPLA は一般に球晶が成長し難く，その結晶は微結晶であるために，結晶化を完了させてもヘーズ（曇り度）を汎用 PLA よりも抑制することが可能である。

(2) 加水分解性

辻ら[9]はリン酸緩衝液（pH7.4）中において，scPLA と汎用 PLA の加水分解性を比較し，scPLA は汎用 PLA に比較して加水分解が抑制されることを報告している。このようにある条件下における比較においては，その結晶構造の違いにより汎用 PLA に比べてより加水分解し難いことは間違いない。しかし，PET，PBT に比較すると耐加水分解性は劣るので，耐加水分解性が要求される用途においては，何らかの改善を施すことが必要である。我々はすでに独自技術による耐加水分解改善にも着手しており，汎用 PLA よりも大幅に改善できる見通しを得ている。

(3) 耐溶剤性

表1に示すように，scPLAは結晶性ポリマーであるので，一般に非晶性ポリマーであるPMMAやPC等に比べて有機溶媒に対する耐溶剤性は優れている。また，scPLAは汎用PLAに比べてより緻密な結晶構造を有しているため，溶剤分子が結晶格子中に進入することがより困難であり，耐溶剤性に優れている。

(4) 水蒸気，ガス透過性

水蒸気透過性や酸素透過性は表2に示すようにPETに比べて高い。これらの透過性が低いことが望まれる包装材料として，PETやOPPにそのまま置き換えようとする場合には，高バリア材料とともに利用することも必要と考える。PLAは疎水性であるのに水蒸気透過性が高く，ほぼセロファンと同程度の特性を有していることが知られているが，scPLAもほぼ同程度の値を有しており，このような特徴を活かした用途開発が望まれる。

5 用途開発

当社のコア技術を用いて，繊維，フィルム，樹脂の3分野において用途開発を行っているので，

表1 耐溶剤，薬品性の比較[10]

20℃，10日間の浸漬試験結果

薬品	scPLA	PLLA	透明PET	PMMA	PC
エタノール	○	△	○	△	○
ヘキサン	○	△	○	○	○
アセトン	△	×	△	×	×
酢酸エチル	△	×	△	×	×
THF	△	×	×	×	×
酢酸	△	△	△	×	△
25%硫酸	△	△	○	○	○
37%塩酸	△	×	○	○	○
10%NaOH.aq	×	×	○	○	○

試験後の重量増減が1%未満　　　○
　〃　　　　1以上10%未満　　　△
　〃　　　　10%以上　　　　　　×

表2 水蒸気，酸素透過性の違い

	バイオフロント®	汎用PLA	PET	OPP
水蒸気 [g·mm/m²·24hr]	7.4	11.1	0.8	0.2
酸素 [cm³·mm/m²·24hr·atm]	13.5	15.2	1.9	2.3

水蒸気透過率：JIS Z0208準拠（40℃）
酸素透過率：JIS K7126B準拠（23℃）

第4章　ステレオコンプレックスポリ乳酸

概要を以下に記す。

5.1　繊維

2007年9月に当社はマツダ㈱と共同で『バイオフロント®』を利用したカーシート用素材を開発したことを発表したが，これは2009年3月からリース販売されたマツダの水素ハイブリッド自動車「マツダ プレマシー ハイドロジェン RE ハイブリッド」に採用されている（写真2）。

汎用 PLA では，先述したように融点が低いため，アイロンをかけると布が融解して原型を留めることができない。そのため，汎用 PLA を衣料用途に用いようとしても，アイロンがけが不要な T シャツ用途等のみにおいて展開が可能であったが，scPLA は高耐熱性を有するため，例えばアイロンがけの必要とされる衣料用途への展開が可能となり，用途が拡大した。写真3，4，5はそれぞれ，『バイオフロント®』を用いた衣服，丹後縮緬テーブルクロス，ボディータオルの例である。この例でも分かるように高耐熱性を有するがゆえに，各種の用途展開が可能となった。

写真2　カーシート用繊維の例

写真3　バイオフロント®を用いた衣服の例

写真4　丹後縮緬テーブルクロス

写真5　ボディータオル「あわっこ®」

また，PET と同条件での染色が可能である。

5.2 フィルム

図5に2軸延伸した『バイオフロント®』と汎用 PLA のフィルム動的粘弾性特性を記す。いずれもガラス転移点温度付近での変化はあるものの，結晶性であるがゆえに融点付近まで強度を保っており，汎用ポリ乳酸に比べて耐熱性が著しく向上していることが確認される。フィルムの表面処理等の加工時においては，ロールツウロールにて高温の熱処理が要求される場合があるが，汎用ポリ乳酸ではこれらの熱処理に耐えることが困難な場合が多く，工程耐熱性の観点で『バイオフロント®』フィルムの利用が期待されている。

また，『バイオフロント®』は結晶速度が速く透明性が高い点が特長である。したがって，同じ結晶性ポリマーである PET 等が利用されている透明フィルム分野においての展開が可能である。また，表3に示すように屈折率，光弾性係数が小さいことも特長であり，PC，PMMA，COP 等の非晶性ポリマーの独壇場である光学用途における展開も期待される。

写真6はフィルムの試作例であるが，当社ではすでに幅1400mm 以上，数千 m 超の透明長尺フィルムの連続製膜に成功している。さらに，ユーザーの多様な要求に応えるために，耐加水分解処理や紫外線吸収能力向上，表面加工等についても検討を行っている。植物由来樹脂フィルムの利用方法として従来はゴミ袋等の汎用品が中心であったが，scPLA の高性能を活かすには，

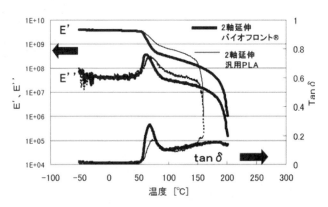

図5　動的粘弾性特性の違い

表3　各種ポリマーの光学特性

	バイオフロント	PMMA	PC	PET
屈折率	1.457	1.490	1.595	1.602
光弾性係数（×$10^{-12}Pa^{-1}$）	6	−5	90	40
光線透過率（％）	94	94	91	90

第4章　ステレオコンプレックスポリ乳酸

写真6　フィルム長尺試作品

一層の高機能化を志向した開発を行うべきであると考え，その方向で開発を進めている。

5.3　樹脂

特に環境意識の高いユーザーの多い自動車，家電，事務機器向けを中心に用途開発を進めている。

自動車内装部品のうち，従来の植物由来樹脂では耐熱性が低くて適用が困難であった高耐熱性が要求されるピラーカバー，インパネ，センタークラスター，ドアトリムなどへの利用が期待される。また，PC，PPE樹脂等非晶性エンプラとのポリマーアロイ化技術の開発により，さらなる高機能化，適用範囲拡大も検討されている。自動車内装以外においても，自動車部材として注目されている。表4に示すように繊維状強化材により『バイオフロント®』の熱変形温度（高加重）は200℃以上となり，ガラス繊維強化PBT並の高耐熱性を実現することが可能である。写真7に自動車内装材の例を示す。

自動車部品以外でも植物由来樹脂は積極的に検討されている。家電や事務機器が中心ではある

表4　各種樹脂の機械物性比較

		測定法	単位	バイオフロント	30%GFバイオフロント	汎用ポリ乳酸	ポリカーボネート	PBT	30%GF PBT
比重		JIS	g/cm³	1.24	1.41	1.24	1.2	1.31	1.53
引張	破断強さ	JIS	MPa	57	80	60	74	51	132
	破断伸び		%	14	3	25	140	>200	2.5
曲げ	強度	JIS	MPa	88	115	90	90	93	210
	弾性率		GPa	3.5	6.4	3.2	2.3	2.5	9.1
アイゾット	ノッチ無し	JISK7110	kJ/m²	26	41	28	−	−	−
	ノッチあり		kJ/m²	7	13	4	77	34	93
HDT	高荷重	JIS	℃	49	200	49	131	78	213
	低荷重		℃	126	−	51	146	155	−

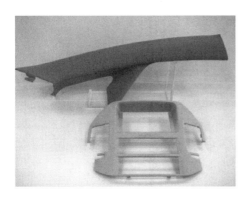

写真7　自動車内装材の試作例

写真8　バイオフロントをフレームに用いた眼鏡
（タナカフォーサイト㈱製造）

が，眼鏡等のファッション性の高い商品においても環境重視を謳ったものづくりが進行している。写真8は『バイオフロント®』を使用した眼鏡である。耐熱性，加工性だけでなく，耐溶剤性にも優れている『バイオフロント®』の特長が活かされた商品設計の例である。また，家電や事務機器等で必要とされる難燃性に関しても非ハロゲン系難燃システムでUL94/V0やV5規格にも対応可能である。

6　今後の課題

　できるだけ多くの分野において，石油由来樹脂を植物由来樹脂で置換していくことが我々の最終目的であるとすると，改善すべき課題は少なくない。樹脂そのものの技術的な課題解決だけではなく，出口を見据えて，コスト低減や機能を高めた高付加価値化の検討の両面で開発を進めて行く必要がある。また，原料まで遡って考えると，非可食原料の開発，利用も避けて通れない問題であり，当社ではこの課題についても検討に着手している。

　日本は前世紀，欧米への技術キャッチアップの中で，外国生まれの石油由来樹脂を大量に生産，使用してきた。『バイオフロント®』は日本のものづくり環境の中で誕生した植物由来樹脂であり，今世紀において世界に誇れる素材となれるよう，地球環境保護に興味のある世界中の諸氏とともに開発を加速させていきたい。

第 4 章　ステレオコンプレックスポリ乳酸

文　　献

1) トヨタ自動車㈱プレスリリース，2009 年 10 月 20 日，http://www2.toyota.co.jp/jp/news/09/10/nt09_078.html
2) 上田一恵，プラスチックエージ，**49** (4), 132 (2003)
3) 特公平 7-81204
4) 大目裕千，プラスチックエージ，**53** (12), 103 (2007)
5) Y. Ikada, K. Jamshidi, H. Tsuji, S. Hyon, *Macromolecules*, **20**, 904 (1987)
6) 登録特許 3687354
7) 登録特許 3960797
8) T. Okihara, M. Tsuji, A. Kawaguchi, and K. Katayama, *J. Macromol. Sci. Phys.*, **B30**, 119 (1991)
9) H. Tsuji, *Polymer*, **41**, 3621 (2000)
10) 遠藤浩平，バイオプラスチックの素材・技術最前線，望月政嗣，大島一史監修，シーエムシー出版，41 (2009)

第5章 酸化還元バランス発酵による3-ヒドロキシプロピオン酸,1,3-プロパンジオールの併産方法の開発

向山正治*

1 はじめに

近年再生可能資源からの化学品合成の研究が欧米を中心に盛んになってきており,移動体燃料としてのエタノールをはじめとしてプラスチック原料モノマーとしてのコハク酸や1,3-プロパンジオール(1,3-PD)の発酵生産については実用レベルになりつつある。

しかしながら日本においてはまだまだ研究例も少なく,今後の研究の進展と実用化が期待されているのが現状である。

弊社では植物油脂を原料としたバイオディーゼル燃料(BDF)製造のための無機固体触媒の開発,およびこれを利用したBDF製造プロセスの開発を行っている[1]が,このプロセスから排出される高純度グリセリンを利用し,微生物の発酵によって有用物質へ変換する研究についても取り組んでいる。

グリセリンは大腸菌など大部分の微生物を好気的な条件で培養する際にはグルコースに次ぐ良好な炭素源となるが嫌気的な条件下ではグルコースに比べて還元度が一段高いためグルコースと同様の発酵を行うことができない[2]。

炭素源がグルコースの場合にはグルコースの嫌気代謝で生成するNADHなどの還元力は最終的にピルビン酸から乳酸への還元やアセトアルデヒドを経たエタノールへの還元に利用されることで消費され,これらの最終産物までの反応で生成・消費されるNADHは同じモル数となるため細胞内の酸化還元的バランスがとれるようになっている[3]。しかしながら炭素源にグリセリンを用いた場合には炭素3個あたりのユニットで見るとグルコースよりもNADH換算で1分子分還元度が高くなっており,乳酸やエタノールへの代謝のみではグリセリン1モルからの代謝で生成したNADHが1モル残存してしまうため細胞内にNADHが蓄積しNADが足りなくなることによって代謝が停止してしまうなどの影響が生じるため,表面的にはグリセリンで嫌気的に生育しないなどの現象が観察される[2]。

---

* Masaharu Mukouyama ㈱日本触媒 基盤技術研究所 主任研究員

2 嫌気性菌によるグリセリン利用システム―*Klebsiella pneumoniae*, *Lactobacillus reuteri* の pdu オペロン

前述のようにグリセリンは嫌気的な条件下では代謝されにくい物質ではあるがグリセリンを嫌気条件下で発酵する微生物として *K. pneumoniae*，*L. reuteri* などが知られている。

これらの微生物は pdu オペロンと呼ばれるプロパンジオール利用オペロンをゲノム上に持っており，グリセリンは脱水素されてジヒドロキシアセトン（DHA）となる。この際に1分子のNADH が生成する。これと並行してもう一分子のグリセリンがグリセロールデヒドラターゼ（GD），あるいはジオールデヒドラターゼ（DD）と呼ばれるグリセリン脱水活性を持った酵素によって 3-ヒドロキシプロピオンアルデヒド（3-HPA）となった後，アルデヒドが NADH で還元されて 1,3-PD となる。

このグリセリン2分子から誘導される DHA と 1,3-PD までの過程では反応に関与する NADHと NAD の量が一致しているため，細胞内の酸化還元バランスがとれていることになる。DHAはその後，リン酸化，異性化を経て解糖系へと入っていく。この過程でグリセルアルデヒド-3-リン酸を脱水素する際に NADH が一分子生成するがこれはピルビン酸を乳酸に還元する反応，あるいは脱炭酸を経た後エタノールに還元する反応に消費することで細胞内 NADH バランスが保たれるようになっている。このような発酵形式のため，通常，グリセリン嫌気利用の系では有価物として回収できるのは 1,3-PD のみとなり，原料であるグリセリンからの収率は50％程度となる[4]。

このような細胞内の NADH のバランス（酸化還元バランス）を保った条件設定の下で，グリセリンを原料とした生成物全てを有価物として回収できる新しいタイプの発酵を構築できないかと考えた。

3 1,3-プロパンジオールと 3-ヒドロキシプロピオン酸

K. pneumoniae や *L. reuteri* がグリセリンを利用するために行うグリセリンの脱水反応では 3-HPA が生成する。通常，アルデヒドは酸化するとカルボン酸に，還元するとアルコールとなるが，2分子のアルデヒドを酸化還元不均化するとグリセリンから 1,3-PD と 3-HPAc を等モル生成させることができる。

微生物が嫌気条件下で有機化合物を代謝して特定の化合物に変換する際に ATP を生成して生命活動のエネルギーとして利用するとともに，代謝中間体から生体成分を合成して自立的に増殖する現象を発酵と解釈すると，この脱水・酸化還元不均化反応のみでは ATP の生成がないため

生命活動を営むには不十分である。

　嫌気条件下で1,2-プロパンジオール（1,2-PD）を炭素源として利用する系（pduオペロン）では，1,2-PDを脱水して生成するプロピオンアルデヒドの1分子をプロパノールに還元するとともにもう1分子のプロピオンアルデヒドをCoA依存型のデヒドロゲナーゼで脱水素するとともにキナーゼの作用によってプロピオン酸とATPを生成することが示されている[4]。この系を利用すればグリセリンを基質とした場合にも同様の代謝を受けると期待され，生命活動のためのATPも供給できる可能性が考えられた。

　1,3-PDはデュポン社が組み換え大腸菌を用いた発酵法を開発しており，ポリエステルやポリウレタン原料として有用である。特に，炭素鎖3つ（C3）のユニットを持つ，ポリトリメチレンテレフタレートは，繊維に加工したときの柔らかさや，復元性など，C4のポリエステルとは異なる物理的性質を有しているため，高級織物，耐久性繊維などの分野での利用が広まってきている[5]。

　一方，3-HPAcは乳酸の異性体に当たり生分解性ポリエステルのモノマーの一つであるとともに，クエン酸やリンゴ酸のカルシウム塩より溶解度が優れていることから，生分解性スケール防止剤や生分解性スケール除去剤用途にも使用の可能性が模索されている。

　また3-HPAcのエステルは乳酸と同様に溶媒あるいは界面活性剤としての用途も期待されている。さらに，3-HPAcを脱水するとアクリル酸が得られる[6]。

　アクリル酸は，現在プロピレンの酸化によって生産されており，高吸水性樹脂や分散剤などの水処理剤，洗剤添加剤，塗料などの原料として，世界で400万トンの需要がある。

　また，3-HPAcを化学的に還元すると1,3-PDへと変換することができ，1,3-PDの片末端を酸化してカルボン酸にすれば全てを3-HPAc，そしてアクリル酸にすることもできる。そのため，酸化還元不均化を利用した併産方法ではあるが全てを片方の化合物として取得する可能性を持った方法である。グリセリンからの変換ルートのイメージを図1に示す。

　この3-HPAから1,3-PD，3-HPAcへの反応についてもう少し詳細に述べてみたい。

　グリセリンを脱水する反応はGDとDDの2種類の酵素が存在するが，両酵素ともにサブユニット3個からなっており，活性型のビタミンB12であるアデノシルコバラミン（Ado-cbl）を補因子として要求する。また，Ado-cblが結合したホロ酵素はある割合でグリセリンの脱水反応の際に不可逆的に不活性化するが，再活性化因子と呼ばれるATP依存のシャペロン様タンパクの作用によって不活性型になったコバラミン部分のみを交換することによって活性型のホロ酵素に再活性化することができる。この再活性化因子はグリセロールデヒドラターゼに特有のもの（GDR）とジオールデヒドラターゼに特有のもの（DDR）が存在し，ともにサブユニット2つからなっている[4]。

第5章 酸化還元バランス発酵による3-ヒドロキシプロピオン酸，1,3-プロパンジオールの併産方法の開発

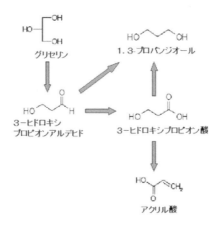

図1 グリセリンからの化学品変換ルート

　これらの酵素の作用によって生成した3-HPAから1,3-PD，3-HPAcへの酸化還元不均化反応は，アルデヒドジスムターゼなどのアルコールアルデヒド脱水素酵素活性を持ったタンパク質によって酸化還元的な不均化反応を行えば達成することができるが，グリセリンの脱水と酸化還元不均化反応のみでは生物が生育していくためのエネルギーであるATPを得ることが出来ない。

　3-HPAの脱水素反応に先に述べたCoA依存型のデヒドロゲナーゼによる3-ヒドロキシプロピオニルCoA，3-ヒドロキシプロピオニルリン酸を経たATPと3-HPAcが生成する系を機能させることができればATPが供給できるようになるため，生物として生きていくためのエネルギーを供給しながら反応が行える可能性が出てくる。

　このような考えに基づいて K. pneumoniae, L. reuteri を利用した併産方法の開発にとりかかった。図2に嫌気条件下でのグリセリン代謝と不均化反応経路を示した。

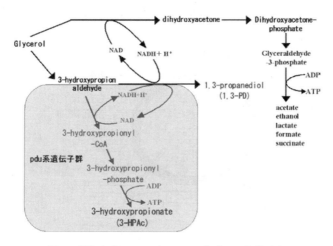

図2 嫌気条件下でのグリセリン代謝と不均化反応

4　1,3-PDと3-HPAc併産発酵に必要な酵素遺伝子の取得と大腸菌での発現

グリセリンを脱水する酵素系としてはGDとGDR，DDとDDRが知られており，GDとGDRは *K. pneumoniae* のdhaレギュロンにコードされている。一方DDとDDRは *K. pneumoniae*, *L. reuteri* ともにpduオペロンにコードされており，*K. pneumoniae* は両方の系を持っている。グリセリンから1,3-PDと3-HPAcの発酵の経路においてグリセリンの脱水反応で生成する3-HPAは，一般のアルデヒド化合物と同様に生物に対する毒性を有している。現在知られている1,3-PDの発酵微生物の多くは，この3-HPAの毒性から生体システムを守るためと考えられるポリヘデラルボディというタンパク質からなる構造体を有している。グリセリン脱水酵素ほかの酵素がポリヘデラルボディーに存在していると考えられており，脱水反応で生成したアルデヒドはポリヘデラルボディー内で次の反応へと進められることで毒性の低いアルコールとカルボン酸に変換されていると思われる[7]。ポリヘデラルボディーの構成タンパク質及びグリセリンの代謝関連の酵素遺伝子の大部分はpduオペロンに存在している[4]。

図3にポリヘデラルボディーの構造と機能のイメージを示した[4]。

K. pneumoniae のdhaレギュロンについては虎谷らによって詳細に解析されている[4]。

一方 *K. pneumoniae* ATCC25955株についてはワシントン大学で解析された株のゲノム情報[8]（アクセッション No.CP000647）を元にpdu/cobオペロンの配列を確定した。また *L. reuteri* JCM1112株のゲノム解析が麻布大学の森田らのグループにより進められた[9]。これらの情報を元に大腸菌をホストとして両株のpdu/cobオペロン領域をクローニングした。

図4に *K. pneumoniae* ATCC25955株のpdu/cbiオペロンを[8]，図5に *L. reuteri* JCM1112株のpdu/cbiオペロンを示した[9]。

得られたクローンを *E.coli* EPI300株に導入し，グリセリンを炭素源とした培養でオペロンの

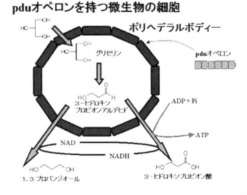

図3　ポリヘデラルボディの構造と機能のイメージ[4]

第5章 酸化還元バランス発酵による3-ヒドロキシプロピオン酸，1,3-プロパンジオールの併産方法の開発

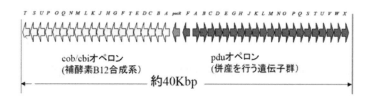

図4　*K. pneumoniae* ATCC25955株のpdu/cbiオペロン[8]

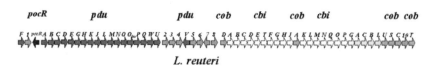

図5　*L. reuteri* JCM1112株のpdu/cbiオペロン[9]

発現を検討したが，どちらのプラスミドを導入したクローンともにグリセリンの脱水活性を検出することができなかった。

そこで方針を変えてグリセリン脱水反応に関与する遺伝子群のみを用いることにした。*K. pneumoniae* ATCC25955株については大腸菌をホストとして *K. pneumoniae* 由来のGDとGDR，DDとDDRを導入しグリセリンの脱水反応の検討を進めたが，大腸菌は補因子であるAdo-cblの生合成を持たないため反応系にAdo-cblを添加する必要があることなどから検討を中断した。一方，*L. reuteri* JCM1112株については食品生産にも使用されている安全な微生物であり，Ado-bclの生合成系も持っているため，この株を宿主とした検討を進めた。

5　*L. reuteri* JCM1112株の培養解析と遺伝子強化[10, 11]

L. reuteri JCM1112野生株をグリセリンを含んだMRS培地で培養した菌体を用いてマイクロアレイとリアルタイムPCRを用いて遺伝子発現レベルを解析した。その結果，*L. reuteri* のプロピオンアルデヒドデヒドロゲナーゼ遺伝子（pduP）の発現を高めることによって1,3-プロパンジオールデヒドロゲナーゼとプロピオンアルデヒドデヒドロゲナーゼの間で酸化還元バランスがとれ，1,3-PDと3-HPAcの併産が可能になると予測された。

そこで，グリセリンの添加によって発現上昇した遺伝子，定常的に高発現している遺伝子を検索し，そのプロモーターをpduPのプロモーターとして導入し，グリセリンのみを炭素源とした培地での発現上昇を検討したが，プロモーターを交換したpduPを導入した株でpduP遺伝子発現レベルが低下する結果となった。炭素源としてグリセリンのみ，あるいはグリセリンにグルコースを併用した培養試験，発現解析の結果からpduPはグルコースとグリセリンが共存してい

ないと転写誘導を受けないことが明らかとなった。

6 *L. reuteri* JCM1112 株での 1,3-PD と 3-HPAc 併産培養[10,11]

pduP 遺伝子の発現にグルコースの添加が必須であったことから、グリセリンとグルコースを炭素源とした培養条件の検討を行った。

0.2M グリセリン + 0.1M グルコースを炭素源とした MRS 培地で培養を行うと消費したグリセリンの 75％が 1,3-PD に、4.5％が 3-HPAc に変換された。

培養系の pH を 7.0 に維持して培養したところグリセリンからの 3-HPAc 収率が 13％にアップし、グリセリンの転化率は 100％となった。

この結果を踏まえて 0.6M グリセリンと 0.4M グルコースを含む MRS 培地を適時追加する形式で培養を行ったところ、グリセリンの消費と 1,3-PD の生成、3-HPAc の生成が継続し、特に 3-HPAc 収率が 30-40％にアップした。グリセリン・グルコース適時添加培養での 1,3-PD、3-HPAc 生成を図 6 に示した。

さらに追加を 5 時間ごとに行うことで、グリセリンの消費速度、1,3-PD、3-HPAc の生成速度が大きくなるとともに、菌体生育が停止してからも変換反応が継続するようになった。

グリセリン・グルコース添加インターバルを短くした場合の 1,3-PD、3-HPAc 生成を図 7 に示した。

この結果から 1,3-PD と 3-HPAc の生成系は増殖と連動しなくても機能すると考えられ、反応を継続させるためにはグルコースの供給による菌体の活性維持と ATP の供給が重要であると考えられた。

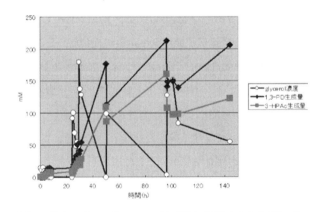

図 6　グリセリン・グルコース適時添加培養での 1,3-PD、3-HPAc 生成

第5章　酸化還元バランス発酵による3-ヒドロキシプロピオン酸，1,3-プロパンジオールの併産方法の開発

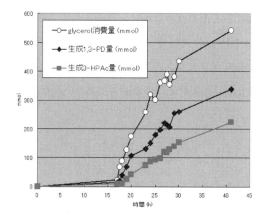

図7　グリセリン・グルコース添加インターバル
　　　を短くした場合の1,3-PD，3-HPAc生成

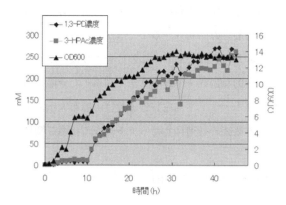

図8　グリセリン・グルコースを連続フィードした培養
　　　での1,3-PD，3-HPAc生成

センサーでモニタリングしながら培養系内のグリセリンの濃度を50mMにコントロールしながらグリセリンとグルコースをフィードする方法で培養したところ，消費されたグリセリンは脱水反応後ほぼ定量的に1,3-PDと3-HPAcに不均化され，グリセリンから1,3-PDと3-HPAcへの酸化還元バランス不均化反応を行うことができるようになった。

グリセリン・グルコースを連続フィードした培養での1,3-PD，3-HPAc生成を図8に示した。

7　今後の方向

現在までの検討でグリセリンから1,3-PDと3-HPAcへの酸化還元不均化反応を行うことができるようになったが，現状ではこの反応にグルコースの添加が必須である。*L. reuteri* JCM1112

株はヘテロ発酵型の乳酸菌であるためグルコースが代謝されて生成する乳酸と酢酸，エタノールが副生する。特に乳酸は 3-HPAc の異性体であるので分離精製の工程でほぼ同じ挙動を示す。使用原料や分離精製の面からもグリセリンの脱水反応，酸化還元不均化反応がグルコース非存在下でも機能するように菌株を改良していくことが必要であり，現在この方向で検討を進めている。

8 おわりに

バイオマス資源から化学品を製造する目的でバイオ技術が利用された歴史は非常に古い。しかし石油化学の時代になって安全性，コスト面で対抗できない用途以外では石油化学の方法に置き換わり，当時の実際の技術を知る人も少なくなってきているのも現実である。近年の石油高騰・枯渇，地球温暖化抑制の観点から，旧来の発酵にくわえて最新の微生物改良技術，培養技術を駆使して再生可能資源であるバイオマスを利用した化学品製造の研究が盛んになってきている。

これら発酵のための微生物触媒の開発もさることながら，生成物を培養の媒体である水溶液から効率よく分離する方法も非常に重要であり，この分野の今後の広がりの鍵を握っているといっても過言ではない。物理化学的な過程・平衡をうまく利用した分離技術の発展にも期待したい。

最後に，本研究の一部は岡山大学工学部虎谷哲夫教授，麻布大学獣医学科森田英利准教授との共同研究で行われました。本研究の推進にあたって多大なご指導ご鞭撻をいただきましたことに深謝申し上げます。

本研究の一部は NEDO バイオプロセス実用化プロジェクトの一環として行われました。

文　　献

1) 奥智治，触媒 **50**, 397 (2008)
2) Sprenger GA. et al., *Gen Microbiol.* **135**, 1255 (1989)
3) 日本生化学会編，細胞機能と代謝マップ，p23，東京化学同人 (1997)
4) Toraya T. *Chem Rev.*, **103**, 2095 (2003)
5) イー・アイ・デュポン・ドウ・ヌムール・アンド・カンパニー，特表 2007-501324
6) カーギル インコーポレイテッド，特表 2004-532855
7) Havemann GD. et al., *J Bacteriol.*, **185**, 5086 (2003)
8) Gene Bank accession No. CP000647
9) Morita H. et al., *DNA Res.*, **15**, 151 (2008)
10) 安田信三，向山正治，森田英利，堀川洋，特開 2005-278414
11) 安田信三，向山正治，堀川洋，虎谷哲夫，森田英利，特開 2005-304362

第6章　バイオマスアクリル酸製造技術

高橋　典*

1　アクリル酸の市場と用途

　アクリル酸は，高吸水性樹脂，粘接着剤，塗料等の原料として用いられ，全世界で350万t/年の生産量がある主要な基礎化学品の一つである。需要の伸びは3〜4％/年と推定されており，今後も成長が期待されている。アクリル酸は重合させることにより各種用途に用いられるが，精製アクリル酸として用いられる場合と，アクリル酸エステルとして用いられる場合がある。精製アクリル酸の需要は全体の半分弱で，その主な用途は高吸水性樹脂である。残りはほぼアクリル酸エステルとしての利用であり，その大半がアクリル酸ブチルとして繊維加工，粘・接着剤，塗料，合成樹脂，紙加工，アクリルゴムの原料として用いられている。

2　石油由来のアクリル酸製法

　アクリル酸の製法は，過去にはアセチレンを原料とするレッペ法，アクリロニトリルを原料としてアクリルアミドを経由する方法が実用化されたが，1990年代には閉鎖され，現在はプロピレンの2段酸化法が唯一の製法となっている。この方法は，プロピレンを1段目でアクロレインに酸化し，2段目でアクリル酸まで酸化する方法である。

3　石油資源から再生可能資源へ

　アクリル酸の原料であるプロピレンの価格は，原油価格の影響を大きく受ける。例えば，2008年の原油高騰時には，プロピレン価格は2004年の3倍近い価格まで上昇し，アクリル酸価格にも大きな影響を与えた。国際エネルギー機関（IEA：International Energy Agency）のWorld Energy Outlook 2009の参照シナリオでは，原油価格は名目で2015年までに102＄，2020年までに131＄，2030年までには190＄/バレルになるとの予測されており，プロピレン価格も2030年には現在の倍以上の200円台半ばになる可能性が有ると推測される。石油資源量自体も，従来

＊　Tsukasa Takahashi　㈱日本触媒　研究開発本部　研究企画部　主任部員

型石油資源では需要が賄えず，天然ガス液やオイルサンド等の新規資源が必要と予測されている。以上のような価格上昇，資源枯渇の問題に加え，温暖化ガス排出削減に対する社会的要求も年々強くなっており，経済的問題だけではなく社会的責任を果たす意味でも，化石資源から再生可能資源への原料転換の必要性は高まっている。

4　バイオマスアクリル酸製造技術

　以上のような状況下，バイオマス資源を原料とする各種化学品製造の技術開発が始まっている[1]。アクリル酸についてもいくつかの方法が検討されており，日本触媒，アルケマ，ストックハウゼン，昭和電工，三菱化学，カーギル，デグサ，バテル研究所等から特許が出願されている。

① 3-ヒドロキシカルボン酸を経由するアクリル酸の製法

　生化学的方法によって3-ヒドロキシプロピオン酸を合成し，これを化学的に脱水する方法が検討されている[2]。例えばカーギル社からはグルコースを原料としてβ-アラニンを経由し，3-ヒドロキシプロピオン酸を合成する方法が示されており，同社のホームページによれば，米国DOEの助成を受けてノボザイムス社との共同開発を行っているとの事である[3]。また，日本触媒／岡山大学からはグリセリンを原料とした，3-ヒドロキシプロピオン酸製造方法が報告されている[4]。特許等を見る限り3-ヒドロキシプロピオン酸の生産のレベルは重量収率10%，発酵濃度2.7g/L，発酵速度0.12g/L/hr程度であり[5]，乳酸発酵に比べてかなり低いレベルに留まっており，今後の開発が望まれる。また，3-ヒドロキシプロピオン酸は水より沸点が高く，水溶性も高いため発酵液からの回収にも工夫が必要と思われるが，カーギル社からは，3-ヒドロキシプロピオン酸等のカルボン酸のアンモニウム塩をトリオクチルアミン等の長鎖アルキル基を有するアミンや長鎖アルコールの存在化で加熱して分解し有機層側にアミン塩やエステルとして回収する

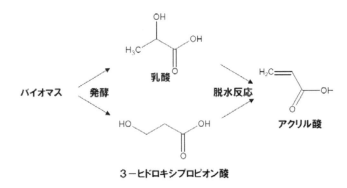

図1　ヒドロキシアルカン酸の脱水によるアクリル酸合成経路

第6章 バイオマスアクリル酸製造技術

方法が示されている[6]。3-ヒドロキシプロピオン酸からアクリル酸への脱水反応は特許等からみると90%以上の収率が達成可能とされている。反応条件の詳細が不明であるが、上記特表にはアミン抽出液に触媒を加え減圧下で190〜200℃まで加熱して、蒸発物を回収する方法で90%の収率が得られる事が記載されている。

② 乳酸を経由するアクリル酸の製法

3-ヒドロキシプロピオン酸同様に2-ヒドロキシプロピオン酸、すなわち乳酸を化学法で脱水する方法も検討されている。乳酸の脱水反応は脱炭酸、縮合、2量化等の副反応が起こりやすく、3-ヒドロキシプロピオン酸の脱水に比べ難度が高い。特許文献では60%台の収率も見られるものの、学術文献を見る限り最近報告されたHuangらの報告を除き[7,8]、10%程度と極めて低い収率の報告しか見られない[9]。上記のように乳酸の直接脱水は難度が高いが、副反応を押さえて高収率を得る方法として、乳酸の水酸基をエステル化した後、脱カルボン酸する方法が報告されている。例えば乳酸メチルと酢酸から乳酸の水酸基をエステル化したメチル2-アセトキシプロピオン酸を合成した後、脱酢酸を行う方法が開示されており、90%以上の収率が示されている[10]。この方法の問題点としては、エステル化が平衡反応であるため効率が悪く、エステル化反応を容易にするために無水酢酸等の酸無水物を用いた場合は、酸無水物の再生が必要となる事である。例えば酢酸からの無水酢酸の再生の場合はケテン化工程が必要になり、設備費の増大や再生ロス等の問題が生じる。酸無水物の再生を容易にするために無水フタル酸や無水マレイン酸を用いるとの報告もあるが、実施例にはエステル化工程が示されているのみであり、脱カルボン酸工程に

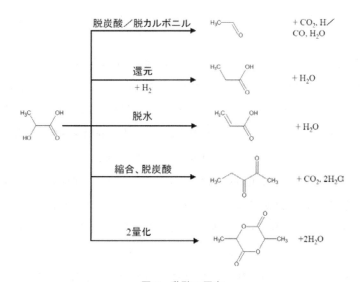

図2 乳酸の反応
(J. Mlller et al., Ind. Eng. Chem. Res., **37**, 2360 (1998))

ついては不明である[11]。乳酸から生化学的にアクリル酸を合成する方法についても研究がなされており、Clostridium propionicum および Megasphera elsdenii において、乳酸からアクリル酸が発酵生成されることが報告されている[12,13]。プロピオニル CoA デヒドロゲナーゼ活性を阻害する 3-ブチン酸を発酵液に添加することでアクリル酸蓄積量を増加させることが可能であるが、その蓄積量は C.propionicum で 0.005g/L、M.elsdenii で 0.1g/L と極微量である。したがって、工業的にアクリル酸を製造するには代謝改変等の微生物改良による大幅な生産性の向上が必要である。また、乳酸からアクリル酸を生成する反応では ATP が獲得できないため ATP 生成を伴う他の代謝経路が必須となり、アクリル酸収率の低下および他の発酵産物が生成されることも乳酸からのアクリル酸生成における技術課題である。加えて、アクリル酸は微生物への生育阻害活性が非常に高いため、発酵液からの連続的なアクリル酸回収プロセスを構築し、発酵と併用して用いることも必要である。

乳酸からのアクリル酸製造は、バイオマスからの乳酸製造技術が工業レベルに達しているという利点があるが、乳酸の価格が、アクリル酸とほぼ同等であり、現時点では現実的製法とはいえない。今後の石油価格の動向にもよるものの、実用化には乳酸からのアクリル酸製造法だけではなく、画期的な乳酸製造法の開発も望まれる。

③ グリセリンを原料とするアクリル酸の製法

この方法は、近年大幅に生産が拡大しているバイオディーゼルの副生成物として発生するグリセリンを原料とする方法である。バイオディーゼルは長鎖脂肪酸とグリセリンのエステルである植物油をメタノールとエステル交換したものであり、副生するグリセリンの発生量はバイオディーゼル生産量の約 1/10 である。近年のバイオディーゼルの生産量の伸びは著しく、ヨーロッパでは 2000 年には 100 万 t に満たなかった生産量が、2005 年には 300 万 t、2008 年には 770 万 t に達したと報告されており[14]、北米、南米等でも急速に生産が拡大している。このような急激なバイオディーゼルの生産拡大に伴い、100 万 t に満たなかったグリセリン市場にヨーロッパだけでも 77 万 t のバイオディーゼル副生グリセリンの供給が加わることになり、供給過剰からグリセリン価格は低下している。特に粗製グリセリン価格は燃料評価レベルまで低下していると言われ、化学品原料としても利用することが可能になって来ている。

植物由来のグリセリンを原料に用いる事は、以上のような経済的利点に加え、温暖化ガス削減の観点からも有益である。我々の試算では、肥料やメタノール、ユーティリティー等に石油由来の原料を用いたとしても、最終焼却処理までの CO_2 発生量は石油由来のアクリル酸の 1/3〜1/4 程度となっている。

グリセリンを原料とするアクリル酸の製造方法は、グリセリンを脱水してアクロレインを得る反応と、得られたアクロレインを酸化してアクリル酸とする反応からなっている。現行法もプロ

第6章　バイオマスアクリル酸製造技術

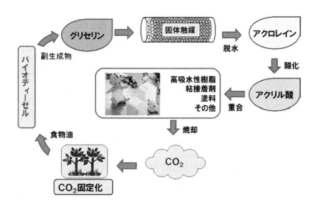

図3　グリセリンを原料とするアクリル酸サイクル

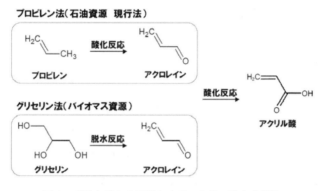

図4　グリセリンを原料とするアクリル酸合成経路

ピレンを酸化してアクロレインを得る前段反応とアクロレインを酸化してアクリル酸を得る後段反応から成っており，アクロレイン酸化には現行法の後段反応の工程が適用出来る。製品側の工程が同じであることから，まったく異なる工程で製造する方法よりも，既存のアクリル酸との同等性を高め易い。

アクロレイン酸化の工程に現行法を適用できることから，主要な技術開発はグリセリンの脱水反応である。この反応自体は古くから知られており，1900年代の初頭に主にフランスで研究されたようであるが，日本でも1934年には既に報告がなされている[15]。この脱水反応は，液相でも気相でも進行し，液相法については，1910年に$KHSO_4$を触媒とした方法が記載されている[16]。特許としては，1951年にはH_3PO_4，HPO_3，$H_4P_2O_7$，P_2O_5を担体に含浸した触媒を高沸点溶媒中に分散し，250度以上の高温に保持したところに，グリセリンを供給して脱水反応を行う方法が出願されている[17]。また，1994年にはデグサ社からはゼオライトやモルデナイトを用いた固定床反応の実施例が記載されている[18]。また，最近になって三菱化学より，カルボン酸共存

下で，あるいはグリセリドを原料としてモンモリロナイト等の粘土鉱物を触媒に用いて脱水反応を行う方法が報告されている[19]。酵素を用いた方法も1914年には既に報告されている[20]。気相法については1918年にアルミナ，銅，酸化ウランを触媒に用いた報告があり[21]，1933年には燐酸銅，燐酸リチウムを触媒に用いた特許が出願されている[22]。近年になっては，デグサ社よりハメット値が+2以下の固体触媒という定義でアルミナ担体に燐酸を含浸した触媒を使用した例が報告されている[18]。また，アルケマ社からはハメット値が-9～-18の強酸性固体触媒を用いるという定義で，硫酸やタングステンを担持した触媒[23]や燐酸鉄にアルカリ金属等を添加した触媒[24]が示されている。日本触媒からは，多数の触媒に関する特許が出願されておりP，Zr，Mnを担体に含浸した触媒[25]，Pとアルカリ金属を含有する触媒[26]，メタロシリケート触媒[27]，ヘテロポリ酸触媒[28]，リン酸の希土類金属塩結晶を含有する触媒[29]等が報告されている。

　以上のようにグリセリンを脱水してアクロレインを得る方法は，古くから知られている反応であったが，アクリル酸の製造方法としては報告が無く，2004年に日本触媒から最初の出願がなされ[30]，続いて2005年にアルケマ社より出願がなされており[31]，以後触媒及びプロセスに関する特許が両社より多数出願されている。

　直近の状況としては，アルケマ社はドイツのHTE社と共同で触媒の開発に成功し，2～4年以内にデモプラント建設すると2009年3月に発表[32]。日本触媒も触媒に目処をつけ，NEDOの助成金事業として2010年度よりパイロットプラントを建設すると発表しており[33]，両社とも技術的には企業化を視野に入れられるレベルに達していると推測される。

　以上に述べた以外のバイオマスを原料とするアクリル酸の製造ルートとしては，バイオマスプロピレンを経由する方法があるが，アクリル酸の製法としては現行法と同じとなる。

文　　　献

1) NEDO平成16年度調査報告書「バイオリファイナリーの研究・技術動向調査」
2) Antonius J. A. van Maris et al., *Metabolic Engineering*, **6** (4), 245 (2004)
3) カーギル社ホームページニュースリリース（2008/1/14）
4) 特開 2007-82476
5) WO 2008/027742
6) 特表 2004-532855
7) He Huang et al., *Catal. Commun.*, **9**, 1799 (2008)
8) He Huang et al., *Catal. Commun.*, **10**, 1345 (2009)
9) D. J. Miller, et al., *Ind. Eng. Chem. Res.*, **37**, 2360 (1998)

第 6 章　バイオマスアクリル酸製造技術

10) W. P. Ratchford, C. H. Fisher, *Ind. Eng. Chem.*, **37** (4), pp 382 (1945)
11) 米国特許 6545175 号
12) Gartner, D. H. *et al.*, *Appl. Biochem. Biotechnol.*, **70** (2), 887-894 (1998)
13) Sanseverino, J., *et al.*, *Appl. Microbiol. Biotechnol.*, **30**, 239-242 (1989)
14) 欧州バイオディーゼルボード (EBB) プレスリリース (2009/07/15)
15) 羽生龍郎，柳橋寅男，工業化学雑誌 (1934), 37, 538
16) Senderens, J. B, *Compt. rend.* **151**, 530 (1910)
17) 米国特許 2558520
18) 特開平 6-211724
19) 特開 2009-275039
20) Voisenet, H., *Compt. rend.* **58**, 195 (1914)
21) Sabatier, Paul ; Gaudion, Georges, *Compt. rend.* **166**, 1033 (1918)
22) 米国特許 1916743
23) 特表 2008-530151
24) WO 200904408
25) 特許第 4041512 号
26) 特許第 4041513 号
27) 特開 2008-13795
28) 特開 2008-088149
29) 特開 2009-274982
30) 特開 2005-213225
31) 特表 2008-538781
32) アルケマ社ホームページ，プレスリリース (2009/3/12)
33) 日本触媒ホームページ，ニュースリリース (2009/10/26)

第7章 環境対応型エピクロルヒドリン
—ソルベイ社のエピセロール—

シーエムシー出版編集部

1 はじめに

エピクロルヒドリンは、エポキシ樹脂としてもっとも代表的なビスフェノールA型エポキシ樹脂の原料で、世界で年間90万トン以上生産されている。高い反応性をもつことから、様々な化学物質の原料とされ、エポキシ樹脂のほか、医療用に使われる合成グリセリンなど、重要な原料のひとつである。

2 エピクロルヒドリンの市場動向

世界でのエピクロルヒドリンの半分をダウ・ケミカルが生産している。国内では、鹿島ケミカル、ダイソー、住友化学によって、2008年は10万6943トンが生産された。国内需要の83%が、エポキシ樹脂として使用され、そのほか、紙力増強剤などに使用される。なお、合成グリセリンは鹿島ケミカルが生産していたが、2005年で生産を中止している。

エポキシ樹脂は自動車塗料や電子基板の封止材料として使用されているが、自動車や電子機器自体の不振から、国内生産量は減少し、エポキシ樹脂向けのエピクロルヒドリンも2008年は9万8500トンから8万8650トンへと減少している。

中国やインドの旺盛な需要があり、全世界での増産が必要であるが、従来の製造方法によるのみでは原料不足が懸念され、バイオマス由来の製法に大きな期待が寄せられている。

3 バイオマスからのエピクロルヒドリンの製造方法

従来エピクロルヒドリンは、プロピレンを気相塩素化し、得られたアリルクロライドを次亜塩素化してジクロロプロパノールとし、脱塩酸によって得る（図1）。これに対してソルベイ社では、グリセリンを原料に用いたエピセロール・プロセスにより製造する。グリセリンと塩酸から中間体のジクロロプロパノールを直接合成し、従来法と同様に脱塩酸工程でエピクロルヒドリンを得られる（図2）。

塩酸
プロピレン
気相塩素化
脱塩酸
蒸留
エピクロルヒドリン
次亜塩素化
冷却
蒸留
アリルクロライド
塩素化
アルカリ

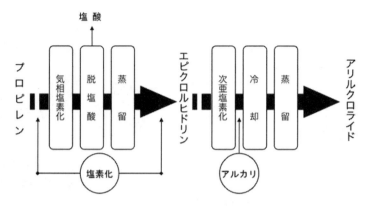

図1　従来のエピクロルヒドリンの製法

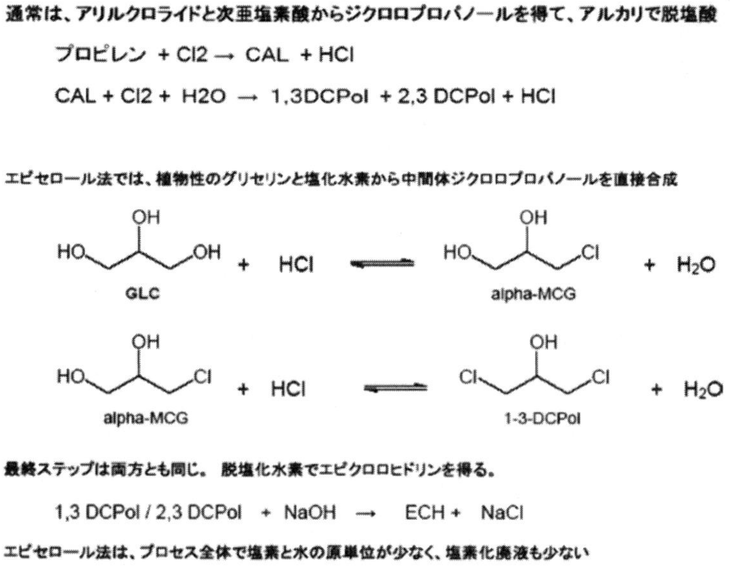

通常は、アリルクロライドと次亜塩素酸からジクロロプロパノールを得て、アルカリで脱塩酸
プロピレン + Cl2 → CAL + HCl
CAL + Cl2 + H2O → 1,3DCPol + 2,3 DCPol + HCl
エピセロール法では、植物性のグリセリンと塩化水素から中間体ジクロロプロパノールを直接合成
OH
HO
OH
+ HCl
GLC
Cl
+ H2O
alpha-MCG
1-3-DCPol
最終ステップは両方とも同じ。 脱塩化水素でエピクロロヒドリンを得る。
1,3 DCPol / 2,3 DCPol + NaOH → ECH + NaCl
エピセロール法は、プロセス全体で塩素と水の原単位が少なく、塩素化廃液も少ない

図2　ソルベイ社によるエピセロール法

原料となるグリセリンは，バイオディーゼルの生成時に副生され，世界的に供給過多となっており，原料コストが抑えられるほか，プロセス全体での塩素の使用量は1/2，水の使用量1/4，塩素化廃液は1/8となり，あらゆる点でグリーンな反応といえる（図3)。

4　バイオマスプロセスの動向

バイオマス材料を用いたエピクロルヒドリンの生産は，ソルベイが世界で最初に年産10000ト

グリーンバイオケミストリーの最前線

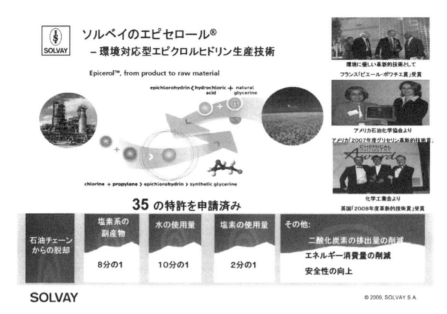

図3 グリーン反応としてのエピセロール法

ンの検証プラントを立ち上げ，市場での認証活動を開始した。その後，タイに10万トン規模のプラント建設を進めていたが，2009年，タイの塩化ビニル樹脂大手のビニタイを子会社化し，エピクロルヒドリン事業を譲渡している。また，エピクロルヒドリンの最大手であるダウ・ケミカルも，同様の技術を有し，ドイツでの2006年でのパイロットプラントを経て，年産15万トンの巨大なプラントを上海に建設すると発表した。国内企業では，鹿島ケミカルがグリセリンを原料とした量産技術確立に向けて，200トン規模のパイロットプラントを茨城で稼動させている。

謝辞

本稿の作成にあたり，ソルベイ㈱の目黒様には資料のご提供等のご協力をいただきました。ここに感謝申し上げます。

文　献

1) 「内外化学品資料」，シーエムシー出版（2009）
2) 「15308の化学商品」，化学工業日報（2009）

第8章　グリーンプラスチック
　　　『エコフレックス』と『エコバイオ』

土山武彦*

1　はじめに

　プラスチック材料の面から環境対応を考えた場合，生分解，燃焼カロリー減，植物由来原料使用など様々なアプローチ方法がある。環境対応の中では，二酸化炭素排出の抑制による地球温暖化防止が最も注目されているため，近年の樹脂業界では植物由来原料，つまりバイオマスを用いた製品開発が喫緊の課題であり，今後の製品設計，生産戦略を方向付ける上で非常に重要な要素となっている。

　BASFでは環境対応プラスチックとして生分解性樹脂の『エコフレックス』，バイオマス樹脂の『エコバイオ』を主軸として市場展開を行っている。本稿ではこれらの樹脂の詳細な物性や用途例などを中心に紹介する。

　BASFはドイツに本社を置く総合化学メーカーで，その製品分野はプラスチック，化学品を始め，高機能製品，機能性化学品，農業関連製品，石油・ガスと幅広い。世界6カ所の石油化学コンビナートに加え，約330の生産拠点を持つ世界最大の化学メーカーである。

2　『エコフレックス』，『エコバイオ』の特徴

　『エコフレックス』は汎用モノマーであるアジピン酸，テレフタル酸および1,4-ブタンジオールを主体とした共重合ポリエステル（ポリブチレンアジペート-テレフタレート，PBAT）である。テレフタル酸と1,4-ブタンジオールだけでは汎用樹脂のPBTであるが，これにアジピン酸を共重合させることによって柔軟性，延展性さらには生分解性を付与しており，また融点も115℃近辺にまで変化している。

　生分解のメカニズムとしては，土中の微生物の酵素により高分子鎖が切断され，低分子化したオリゴマーが微生物に取り込まれて消化され，最終的に水と二酸化炭素まで分解されるというものである。『エコフレックス』は分子中にベンゼン環を持っているので，他の生分解性樹脂と比

---

*　Takehiko Tsuchiyama　BASFジャパン㈱　ポリマー本部

較すると加水分解を受けづらい。また生分解速度も若干遅めである。特に空気中での安定性が優れているため，保管もしくは使用前の製品の安定性が高いが，しかし一旦土中に埋設されると比較的速やかに（それでもポリブチレンサクシネート（PBS）と比較すると遅いものであるが）分解するという，生分解性樹脂製品にとっては非常に都合の良い特性を持っている。

『エコフレックス』は非常に柔軟で強靱な物性を持っており，フィルムにした場合の引裂強度や破断伸びが非常に大きいことを特徴としている。また他の生分解性樹脂に比べて低温での耐衝撃性に優れており，寒冷地での使用にも耐えうる性能を有している。さらに成形時の耐熱安定性にも優れており，インフレーションフィルムの標準加工温度（150～160℃）では加水分解の恐れが少なく，単体での加工においては乾燥工程が不要であるという点もこの樹脂の大きな長所である。

『エコバイオ』は，『エコフレックス』とポリ乳酸（PLA）を55：45の割合でブレンドしたコンパウンド樹脂で，マーケットからのバイオマス材料への要望の高まりを受け，開発されたグレードである。コンパウンド工程においてBASF独自の相溶化剤を添加しているので，『エコフレックス』の長所である柔軟性を維持したままコシが出て硬さを増しており，さらに同比率の『エコフレックス』／PLA通常ブレンド品よりも製品の機械強度が高くなるという特徴を持っている。

表1に『エコフレックス』と『エコバイオ』の物性値およびフィルム特性を，ポリエチレン（LDPE）の代表値と比較して示す。2つの樹脂の弾性率と破断伸びの値が，上記特徴をよく表している。また図1には硬さと伸びを他の生分解性樹脂，バイオマス樹脂，汎用樹脂と比較したグラフを示す。このグラフより，『エコフレックス』がいかに柔軟であるかがわかる。『エコフレックス』を単体でフィルムにした場合，その触感はLDPEに近く，また『エコバイオ』はHDPEに近い。

表1 『エコフレックス』,『エコバイオ』の基本物性とフィルム品質

物性	単位	試験法	エコフレックス	エコバイオ	LDPE
密度	g/cm^3	ISO 1183	1.25-1.27	1.24-1.26	0.922-0.925
MFR	g/10min.	ISO 1133	2.7-4.9	1.0-1.7	0.6-0.9
融点	℃	DSC	110-120	110-120	111
	℃	DSC		150-160	
50μmインフレーションフィルムの品質					
弾性率	MPa	ISO 527	80/75*	920/470*	260/-*
破断強度	MPa	ISO 527	36/45*	54/36*	-
破断伸び	%	ISO 527	560/710*	520/430*	300/600*
衝撃強度	J/mm	DIN 53373	24	32	5.5
酸素透過	cm^3/(m^{2}d bar)	DIN 53380	1400	600	2900
水蒸気透過	g/(m^{2}d)	DIN 53122	170	92	1.7

＊：MD/TD

第8章　グリーンプラスチック『エコフレックス』と『エコバイオ』

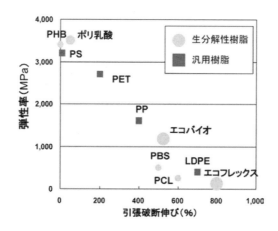

図1　『エコフレックス』とその他の樹脂の物性比較

3　加工適性およびブレンド適性

『エコフレックス』,『エコバイオ』は延展性に非常に優れているため，10μm程度の薄いフィルムへも加工が可能である。その際，LDPEやその他の軟質材料と同じ加工機械を，特別な改造などすることなく用いることができる。また他の生分解性樹脂やポリエステル樹脂とのブレンド適性も大変優れており，特別な工程を用いずにブレンド品を作製することができる。図2にエコフレックス40%，PLA60%でドライブレンドした場合の分散状態を示す。PLA中にエコフレックスが数ミクロンの大きさで分散していることが見て取れることから，ブレンド適性が良好であることがわかる。ブレンド適性はPLAだけでなく，PBSやPHAなどその他の生分解性樹脂とも同様に良好であることが確認されている。さらには生分解性樹脂以外のポリエステル（PET,

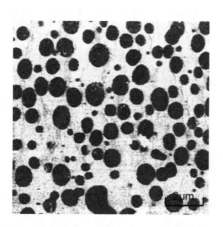

図2　エコフレックス(40)/PLA(60)での分散状態

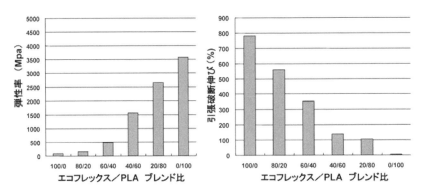

図3 『エコフレックス』の物性改善効果

PBTなど）とも良好にブレンドされることがわかっているが，ここでは詳細な説明は割愛する。

このような物性的特徴から『エコフレックス』は，その他の生分解性樹脂，バイオマス樹脂などとブレンドされ，それら製品の機械物性改善や生分解性速度の調節に用いられることが多い。図3は『エコフレックス』をPLAと各比率でブレンドしたときの機械強度改善効果を示している。前述の図1と合わせて検討することで，物性改善の方向性，度合いをある程度推測することができる。

4 『エコフレックス』，『エコバイオ』での環境対応

バイオマス樹脂は，それ単体では機械強度，分解速度，生産適性などが要求される品質を満足できず，最終製品化が困難である場合が多く，そのような不具合を『エコフレックス』をブレンドすることで改善できる場合が少なくない。『エコフレックス』そのものは，石油由来の材料から作られるため，二酸化炭素削減のようなバイオマス樹脂特有の環境対応には直接寄与することはできない。しかし上記のようにバイオマス樹脂とブレンドすることで最終製品の強度，品質，機能を向上させ，製品化を可能にするという'間接的環境対応'が可能であると考える。

5 各種用途例

① 農業用マルチフィルム（図4）

現在，『エコフレックス』，『エコバイオ』が最も多く用いられているのが農業用マルチフィルム用途である。生分解性樹脂をマルチフィルムに使用することで使用後は畑に鋤き込めばよく，重労働である回収，廃棄の手間を省くことができる。またトラックが圃場に入れるため収穫が非常に楽になる，雨の日でもフィルムを気にせず収穫を行うことができる，絡まった茎や蔓との分

第8章 グリーンプラスチック『エコフレックス』と『エコバイオ』

離が不要などの大きなメリットが得られるため，今後の需要の伸びが大きく期待される分野である。

『エコフレックス』は引裂強度が高いので展張時に裂けが発生しにくいなど，機械適性にも問題無く，また土中での分解が他の生分解性樹脂に比べて遅いことと高強度とがあいまって，地際でのフィルム破れが起こりにくいなどの大きな利点が得られることから，マルチフィルム用途に非常に適している材料であると言える。

② 林業用薫蒸フィルム（図5）

松食い虫駆除の一つの方法として薫蒸フィルムが使用されることがある。松の倒木に殺虫剤を噴霧し，フィルムで包んで虫が死滅するまで薫蒸するというものであるが，この材料を『エコフレックス』に置き換えることにより，使用後の回収の手間が省けるというメリットが得られる。『エコフレックス』は突刺強度が高いので，作業時に松の枝などの突起で破れにくいという利点があり，利用が拡大している。

図4 農業用マルチフィルム

図5 薫蒸用フィルム

③　ショッピングバッグ，ゴミ袋（図6）

『エコバイオ』は単体でHDPEのような物性であるので，袋用途には特に適している。スーパーマーケットのレジ袋や家庭用の生ゴミ袋用途は，堆肥化施設と両立できれば生分解性樹脂が非常に有効に性能を発揮することができる用途であるが，日本ではほとんどの生ゴミが焼却処分されてしまうため，今のところは一部自治体を除いてあまり普及は進んでいない。ヨーロッパなどでは堆肥化施設が広い範囲で普及しているため，生分解性樹脂がこれらの用途に大量に用いられており，環境保護に大きく貢献している。日本においても，食品リサイクル法や環境意識の高まりに伴い，各分野で最大限の環境対応効果を発揮させるには，今後の各自治体での堆肥化施設の普及と拡充が待たれる。

④　食品トレイ，各種パッケージ，紙カップ（図7）

『エコフレックス』，『エコバイオ』にはラミネート適性やヒートシール性があるので，紙やフィルムにラミネートした上で，各種トレイやパッケージ，紙カップなどに加工することができる。これらの用途では，グリーンプラスチックを使用するメリットが二酸化炭素削減以外明確ではないため，今のところはほとんど普及が進んでいない。しかし将来的には石油資源の枯渇，二酸化炭素削減目標達成などの要因により，これら汎用品にまでグリーンプラスチックの利用が進めば，大きく需要を伸ばすことが期待される。

⑤　土木資材分野（図8）

近年増加してきた用途として土木分野が挙げられる。埋立地などの土壌改良，水抜きに用いられるドレーンシートをバイオマス化するのに『エコフレックス』が貢献している。バイオマス樹脂だけでは強度が足りないため，シートを土中に打設する時や，打設後の圧力などでシートが破

図6　ショッピングバッグ

図7　各種パッケージ

第8章　グリーンプラスチック『エコフレックス』と『エコバイオ』

図8　ドレーンシート

損してしまうという問題が発生していたが，これに『エコフレックス』をブレンドすることによって効果的に強度を向上させ，問題なく使用できるよう品質を改善することが可能となっている。これも『エコフレックス』の間接的環境貢献の一例である。

6　生分解性および衛生性

『エコフレックス』は，日本バイオプラスチック協会のグリーンプラマークを取得済である（登録番号 A51301）。『エコバイオ』はグリーンプラマークおよびバイオマスプラマークを取得している。その他，食品衛生性についても，以下の試験に合格している。

・厚生省告示第 370 号（エコフレックス，エコバイオ）
・FDA（FCN 372）（エコフレックス）
・ポリ衛協（[A] Tzar-0037 エコフレックス，[A] Tzar-14012-L エコバイオ）

7　今後の展開

『エコフレックス』，『エコバイオ』を用いることで，上記のように直接的，間接的に環境対応が可能となる。今後もこの特性を生かしてマルチ，薫蒸，パッケージングのような既存用途拡大は言うまでもなく，新規用途開発も積極的に進めてゆく。バイオマス樹脂に対するマーケットからの興味と要望が非常に高まっていることから，現在 BASF では『エコフレックス』の一部モノマーをバイオマス化した『バイオマスエコフレックス』，『バイオマスエコバイオ』や，PLA 含量を変更して発泡用途に特化させた『エコバイオフォーム』などの新製品を開発中である。

その他の概念として，『エコフレックス』，『エコバイオ』を生分解性樹脂，バイオマス樹脂と

いうだけでなく，「非常に柔軟なポリエステル樹脂」として考え，電気，機械分野などへ物性改良剤として展開することも非常に興味深い。

2010年10月にはドイツ本社のエコフレックスプラントの年間生産能力が現行の14,000tから74,000tに増強される予定である。今後もさらに多くのお客様に最適なソリューションと高品質な材料を提供していく。

第Ⅴ編
展　　望

第1章　持続可能なバイオマス利用

井上雅文*

1　はじめに

　化石資源の枯渇が報じられ，原油価格が高騰する度に，バイオマス利用が脚光を浴びる。バイオ燃料の生産拡大に代表される最近のバイオマスブームは，世界大戦時，1970年代の石油危機に続いて第3回目のブームである。原油価格の高騰に加え，技術革新によってバイオエタノール生産における経済面での採算性が確立されたこと，第二世代バイオ燃料など，セルロースの変換技術への期待が高まったことなどが今回のブームを牽引している。また，バイオポリエチレン，バイオポリプロピレンなどの汎用プラスチックが実用化されつつあり，マテリアル分野においても「バイオマス由来……」が注目されている。

　一方，バイオマスへの過度の期待とその活動が，自然環境，社会，経済，文化などに不可逆あるいは修復が困難な影響を及ぼすことが指摘されている。そのため，欧米諸国，および，国連，ISOなどの国際機関では，バイオ燃料を対象として，持続可能性基準策定，標準化に向けた動きが活発化しており，温室効果ガス排出削減効果，土地利用変化，食糧問題などが中心に議論されている。バイオマスのファインケミカルやマテリアル利用は，エネルギー利用に比べて圧倒的に量が少ないため，持続可能性に関する議論を同等に扱うことはできないが，本稿では，バイオ燃料を中心にバイオマス政策，バイオマスの有効利用，環境および社会への影響などについて概略を紹介する。

2　バイオマス政策

　近年のバイオマス政策は，温暖化対策としての位置づけ，農業政策，経済政策，資源およびエネルギー政策などが複合され，複雑な構造となっている。各国のバイオマス政策は，気候，資源，食料安全保障の観点から，以下のように整理される。

＊　Masafumi Inoue　東京大学　アジア生物資源環境研究センター　准教授

2.1 気候安全保障

IPCC 第4次評価報告書では，化石資源の大量使用による CO_2 排出が地球温暖化を促進する最大原因の一つであると明言され，その対策の一つとしてバイオマス資源の利用を奨励している。これを背景に，バイオ燃料を始め，バイオマス製品の開発，生産，利用が世界的規模で促進されている。すなわち，バイオマスがカーボンニュートラルである観点から，化石資源の代替としてバイオマスを利用することによる CO_2 排出削減をバイオマス政策の基軸とする国が多くみられる。また，先進国においては，バイオマス利用が京都議定書の CO_2 削減目標達成のための重要なアイテムとなっている。

2.2 資源，エネルギー安全保障

バイオマス資源が再生可能（リニューアブル）である観点から，資源，エネルギー源をバイオマスに代替することによって，化石資源依存のリスク軽減が期待されている。また，偏在する化石資源に対して，バイオマス資源は地球上に広く賦存しており，地域の実情に即した多様なバイオマスが利用可能であることから，非石油産出国をはじめ多くの地域において，供給源の多様化とともに，資源の自給率向上が期待されている。さらに，廃棄物系，未利用系バイオマスなどの利用促進においては，廃棄物処理や資源リサイクルによる循環型社会の形成が期待されている。

2.3 食料安全保障

バイオマス資源を利用するには作物栽培が必要となり，そのための土地確保，農耕技術開発，農業人材育成が必要となる。休耕地や耕作放棄地が有効利用されることによって，農耕可能な土地が維持，拡大され，さらに，農耕技術の継承，発展，農耕従事者の維持，増加によって，農業振興を図ることが可能となり，これらによって食料生産環境が整備される。ここでは，資源作物の目的栽培であるから，食料自給率の向上は見込めないが，食料自給力の向上によって食料安全保障を確保することができる。さらに，これらを通じて地方の活性化による格差の是正など地域振興が期待されている。

3 バイオマス資源の有効利用

3.1 生態系サービス

バイオマスを持続的に利用するための原則として，まずは，バイオマス資源が生態系サービス（人類が生態系から得ることのできる便益）の一つであることを認識しなければならない。国連の主唱によって実施された「ミレニアム生態系評価」[1]では，生態系サービスを図1に示す「供

第1章 持続可能なバイオマス利用

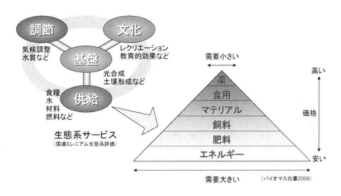

図1 バイオマスの持続的な有効利用

給サービス」「調整サービス」「文化的サービス」「基盤サービス」に分類し，人間の福利との関係を説明している。ここで供給サービスとは，遺伝子資源，生化学物質，食糧，水，繊維，燃料など，人間の生活に重要な資源を供給するサービスを示す。すなわち，グリーンバイオケミストリーの原料となるバイオマス資源は，生物多様性によって支えられる生態系の機能によってもたらされるサービスの一部であり，その能力には限界があることを知らなければならない。バイオマスは"再生可能"であるが，"無尽蔵"ではない。

3.2 カスケード利用

さらに，バイオマス資源は，本来，価値が高く需要量が小さいものから，価値が低く需要量が大きいものへ，例えば，薬用（fine chemical）→食料（food）→マテリアル（fiber）→飼料（feed）→肥料（fertilizer）→エネルギー（fuel）用の順に利用されるべきである[2]。人類は長年に渡ってこの秩序を守ってきたが，近年，急激にバイオマスのエネルギー利用への期待が過度となったことから，これらのバランスが崩れ，用途間の様々な競合がクローズアップされている。

4 バイオマス利用の環境，経済，社会影響

バイオマス資源の急激な利用拡大に伴う多方面への不都合なインパクトが，様々な観点から指摘されており，国際機関，各国政府，NGOから，バイオ燃料を対象とした持続可能性に関する原則や検討項目が公表されている。

4.1 バイオ燃料の持続可能性に関する検討

G8諸国を中心として2007年に設置された「国際バイオ燃料パートナーシップ（GBEP）」[3]で

は，バイオ燃料生産に伴うインパクトを環境影響，経済影響，社会影響に分類し，表1の項目について検討を進めている。同表に，各国政府が注力する検討項目を整理する。直近では，スイス連邦工科大学（EPFL）が主催する「持続可能なバイオ燃料に関するラウンドテーブル（RSB）」[4]が，2009年11月に「持続可能なバイオ燃料生産の原則と基準version 1」を公表しており，こ

表1 バイオ燃料の持続可能性に関する各国の検討状況

	EU 再生可能エネルギー指令	英国 RTFO	米国 RFS
バイオ燃料 導入量目標	2010年： 輸送用燃料の5.75% 2020年： 輸送用燃料の10%	2008/09年： 輸送用燃料の2% 2010/11年： 輸送用燃料の5%	2020年： 輸送用燃料の20%
持続可能性に 関する制度・検討	各国の導入目標達成量として算定されるバイオ燃料の持続可能性基準を含む「再生可能エネルギー導入促進指令」発効（09年6月） →EU加盟各国がそれぞれ認証スキーム策定を含む国内法の整備に着手	事業者に対するバイオ燃料導入義務制度（RTFO）（08年4月施行）のクレジットを取得する際に，炭素・持続可能性報告提出を義務付け →左記EU指令への整合について検討	エネルギー自立及び安全保障法（07年12月）で，事業者に対する再生可能燃料使用基準（RFS2）のクレジットを取得できるバイオ燃料のGHG削減率を設定
GHG削減率	全てのバイオ燃料について，35%（〜2017年） →既設50%，新設60%（2017年〜）	事業者毎の加重平均値として，40%（2008/09年） →50%（2010/11年）	全てのバイオ燃料について，従来型20%，先進型50〜60%
土地利用変化 に関する制度	土地利用変化については影響評価のガイドラインが公表の予定	10年以上のCO_2回収年数を超える直接土地利用変化を認めない	全ライフサイクルを対象とし，間接土地利用変化を含む
GBEPにおける 検討項目	各国政府の検討項目		
GHG削減基準	◎	○	◎
土地利用変化	◎	○	
生態系・生物多様性・景観	◎	○	
水・土壌	◎		
大気		○	
資源利用効率			
経済発展			
技術開発			
食料	△		
人権・労働・賃金	△		
土地・水の権利	△	○	

◎：それぞれのバイオ燃料について，強制力のある基準として検討
○：それぞれのバイオ燃料について，自主的な基準として検討
△：要検討事項として言及されている項目
　（出典：「日本版バイオ燃料持続可能性基準の策定に向けて」バイオ燃料持続可能性研究会（2009）を改編）

第1章 持続可能なバイオマス利用

れは今後の国際的な基準の策定，認証制度の確立に影響力が大きいと考えられる。日本では，「バイオ燃料革新技術協計画」[5]において，「持続可能なバイオ燃料の開発において配慮すべき点」として，2008年に表2の原則を公表している。その他，日本のバイオ燃料持続可能性基準に関する考え方については，経済産業省「日本版バイオ燃料持続可能性基準の策定に向けて」[6]，農林水産省「バイオ燃料の持続可能性に関する国際的基準・指標の策定に向けた我が国の考え方」[7]などを参考にされたい。

ただし，これらのインパクトの多くは，エネルギー，環境，資源，食料，生物多様性，経済，農林水産業，産業構造，廃棄物処理，文化，宗教など，多岐に渡る領域が複合して生じるものである。特定の分野について問題解決を図っても，他の分野に波及影響が生じる可能性，またその影響がより大きな負荷になりうるなど，一元的な検討では十分な成果を得られない場合が多い。また，これに加えて，各国の政策，関係者の利害が交錯するため，状況はより複雑となっている。そのため，持続可能性に関する国際会合における最近の議論は，定量的に評価が可能なLCAでの温室効果ガス（GHG）排出削減効果や，それに関連する土地利用変化など，各種バイオ燃料の化石燃料代替効果の実効性が中心となっている。各国政府が公表している制度においても，GHG排出削減効果については具体的な目標を設定しているが，その他の項目については，言及しているものの義務規定ではないものや，運用上の課題が残されているものが多い。

4.2 GHG排出削減効果

地球温暖化対策としてのバイオマス利用であるならば，ライフサイクルにおけるGHG排出量が代替する化石燃料と比べて小さくならなければならない。例えば，バイオエタノールによってガソリンを代替する場合は，ガソリンのGHG排出量 $81.7 gCO_2/MJ$（日本でガソリンを使用する場合の試算値）[8]を下回らなければ，バイオ燃料がGHG削減に寄与しているとはいえない。

GHG削減水準については，欧米の制度等においても数値目標が設定されており，例えば，欧州連合の再生可能エネルギー指令（EU指令）では，全てのバイオ燃料について，2017年までは35%，2017年以降は既設プラントで50%，新設プラントで60%としている。その他の制度については，表1の通りである。ただし，欧米の先行制度においても，一定期間の免除，段階的な導入，既存事業への優遇，状況に応じた緩和措置が設定されている。

日本では，バイオ燃料技術革新計画[5]において，達成時期や義務化については言及されていないが，エネルギー収支を2以上，CO_2削減水準をガソリン比で5割以上を目標としている。また，バイオ燃料導入に係る持続可能性基準等に関する検討会（座長：東京大学横山伸也教授）において，バイオ燃料はガソリン比52%程度の削減達成が必要としている[8]。

表2 バイオ燃料技術革新計画におけるバイオ燃料の持続可能性に関する原則

持続可能なバイオ燃料の開発において配慮すべき点（バイオ燃料技術革新計画）	
CO_2排出量削減効果	原料調達（原料の生産，収穫，運搬を含む），燃料製造（変換，蒸留，脱水，廃棄物処理を含む），利用（流通等を含む）の全工程におけるCO_2排出量を正確に把握し，総量が化石燃料使用時のそれを超えてはならない。
エネルギー生産性	バイオ燃料は，CO_2排出削減を目指して，化石燃料の代替エネルギーを提供するものであり，生産，利用の全工程でのエネルギー収支がポジティブでなければならない。
経済性	バイオ燃料の導入初期においては，補助金や税制優遇措置など政策的配慮は不可欠である。しかし，持続的な事業においては，イニシャル，ランニングコストともに，経済的に成立することが必須である。各要素技術の革新的な発展とそれらの最適システムの確立，周辺事業との複合化など，多面的なコスト削減が必要である。
供給安定性	エネルギーの安全保障において，価格と供給の安定化が不可欠である。そのため，世界情勢に影響を受けないよう，国産原料の開発を推進する必要がある。原料の量的確保とともに，季節や年次変動への対策が必須であり，国内外にシフト可能な原料の確保等の措置も重要である。
自然環境への影響	森林および既存農地での大規模プランテーション開発において，土地利用の改変がCO_2排出源増加と，吸収源減少に，また，単一作物生産，GM導入，肥料，農薬の大量投入などが，生態系，水，土壌など，自然環境への負荷が懸念される。さらに，燃料製造工程において，廃棄物や廃水処理の問題が生じる。新規の原料生産や燃料製造においては，事前調査による未然防止，試運用期間の設定，継続的なモニタリング等の慎重な対応が必要である。
資源の有効利用	バイオマス資源は，再生可能であるが，その生産には土地，水などが必要であるため，決して無尽蔵ではない。従って，優先順度を考慮した有効利用が必須となる。例えば，木質等の場合，マテリアルとしてのリユース，リサイクルを徹底し，カスケード利用を妨げてはならない。
食料との競合	人口増加，新興国の経済発展に伴う食料需要増加と嗜好・消費の変化に加え，バイオ燃料の生産が，直接あるいは間接的に，食料の安定供給に影響を及ぼしている。特に低所得国，低食料自給率国への影響，低所得層への経済的負担が大きく，政情不安の誘発，国家の安全保障問題に波及する可能性もある。原料には，廃棄物および未利用系バイオマスの利用を推進するとともに，耕作放棄地など未利用地での資源作物の目的生産により，食料の生産と供給を逼迫することのないバイオ燃料の開発が期待される。
既存産業構造への影響	建築解体材など，特定の廃棄物については，マテリアルリサイクル利用が確立している分野もあり，ここでは，既存事業の原料調達に配慮し，不必要な競合は避けるべきである。利用可能な資源量と既存産業におけるその利用状況，インフラ分布，物流状態など，地域の実態を把握した上で，既存産業と調整，合意を得ることが重要である。
地域社会への影響	バイオ燃料製造の全工程において，国際法規および当該地域の法令を遵守しなければならない。資源作物農園開発やエタノール工場建設に際しては，地域住民の合意が不可欠であり，地域の開発計画と協調した土地利用，取水，排水などを設計する必要がある。さらに，当該地域における新規産業，雇用の創出，エネルギー供給など，地域社会への積極的な貢献を図り，信頼関係を構築することが望ましい。
文化への影響	安定的な供給と需要を目指すには，当該バイオ燃料の利用形態が，広くは国際世論や国民感情，限定的には地域の事情や伝統に関して，政治情勢から宗教上の価値観に至るまで，地域ごとに確立された文化との対立を避けるべきである。

（出典：バイオ燃料技術界新計画（2008）を改編）

第1章　持続可能なバイオマス利用

4.3　土地利用変化に伴うGHG排出

現在，関係者の間で，GHG削減率の算定における最大の関心は，直接および間接的な土地利用変化に伴うGHG排出の取扱方法である。土地利用変化とは，森林，農地，草地，湿地，開発地等の炭素貯蔵量に差があるため，資源作物の目的生産のために，森林，草地等を農地へ転換する場合，前後の土地利用形態における炭素貯蔵量の変化量を当該事業のGHG削減率に計上する必要があるという考え方である。

例えば，図2において，ブラジルの既存農地のサトウキビから生産されたバイオエタノールを日本で使用する場合のCO_2排出量はガソリン比で約40％であるため，削減効果が認められる。これに対し，草地および森林をサトウキビ畑に転換するだけで，それぞれ約56gCO_2/MJ，242gCO_2/MJのCO_2が排出されることになるため，CO_2総排出量はガソリン比でそれぞれ108％，336％となり，削減効果は認められなくなる[8]。

上記の直接的な土地利用変化に加え，ILUC（アイルック：Indirect Land Use Change）と呼ばれる間接的な土地利用変化も注目されている。例えば，大豆からサトウキビへの転作によって，大豆農地確保のために放牧地が転用され，さらに放牧地確保のために森林が開墾されるといった玉突き現象が報告されている。さらに，他国への影響も考慮しなければならない。

間接的土地利用変化は評価や証明が難しく，GHG削減率への算入には賛否両論があるが，米国Renewable Fuel Standardおよびカリフォルニア州Low Carbon Fuel Standardでは「GHG削減率に間接的土地利用変化を含む」とし，算定に関するモデルを示している。英国の再生可能燃料導入義務制度（RTFO）では，「10年間以上のCO_2回収年数を要する直接的土地利用変化を起こしてはならない」と規定している。EU指令では土地利用変化に関する影響評価のガイドラインを2009年末に発表するとしていたが現在までに公表されていない。日本では，「エネルギー供給構造高度化法」の基本方針・判断基準において，直接的土地利用変化のみを算定対象とする

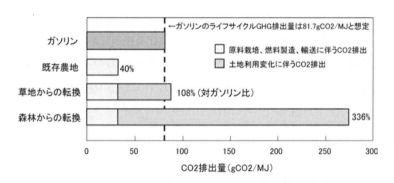

図2　ブラジル産バイオ燃料を日本で使用する場合のCO_2排出量
（出典：イネイネ日本プロジェクト第7回シンポジウム資料（井上）を改編[9]）

方向で議論されている。

4.4 その他の影響

　EU 指令では，原生林や自然草地など生物多様性の高い土地，森林や泥炭湿地など炭素貯蔵の高い土地での原料生産を認めていない。しかし，これも WTO 自由貿易ルールへの抵触の懸念，「生物多様性の高い草地」に関する具体的な定義が定められていない等の理由によって，実務的な運用の可能性は低いと考えられている。また，土壌，水，大気への環境影響や，食料価格，土地利用や労働者の権利などの社会影響に関する基準は設定されず，欧州委員会に対し，検討の継続と欧州議会および理事会への 2 年ごとの報告を義務づけるに留まっている。英国 RTFO においても，環境影響として「生物多様性を含んで環境基準を充たすこと」，社会的影響として「土地利用と労働問題」を掲げているが，現時点では事業者に対する義務規定を設けていない。

5　バイオケミストリー分野における持続可能性の検討

　バイオケミストリー分野の持続可能性に関する系統的な議論は少ないが，製品ごとの LCA による環境評価については，欧米を中心に報告されている。例えば，バイオマテリアル分野における環境評価の第一人者であるマーティン・パテル博士（ユトレヒト大学）は，BREW レポート[9]において，バイオエタノールはガソリン代替として燃料利用するよりも，エタノールそのものを溶剤などの薬剤として利用する方が，非再生エネルギー（化石燃料）使用量の削減効果が大きいと主張している。すなわち，若干，非現実的な比較であるかも知れないが，図 3 に示すように，バイオエタノールのガソリン代替による化石燃料削減効果が約 9.5GJ/ton であるのに対し，精製に化石燃料が総量約 60GJ/ton 必要となる石油由来エタノールを代替する場合の削減効果（約 37.5GJ/ton）の方が大きいと説明している。同図に，バイオマス由来のエチレンおよびポリ乳酸について，石油由来製品に対する代替効果を示す。同様に，BREW レポートに挙げられているトウモロコシデンプン由来製品の石油由来製品に対する化石燃料使用量削減効果を表 3 に例示する。ただし，これらのインベントリー評価は，使用するデータやバウンダリーの設定などによって不確実性が高いため，各専門家による製品および生産工程ごとの検証を期待する。

6　おわりに

　バイオマスを持続的に有効利用するには，エネルギー利用に特化した現状を見直し，むしろファインケミカルやマテリアルとしての利用を確立すべきであろう。また，日本は，国土事情か

第1章 持続可能なバイオマス利用

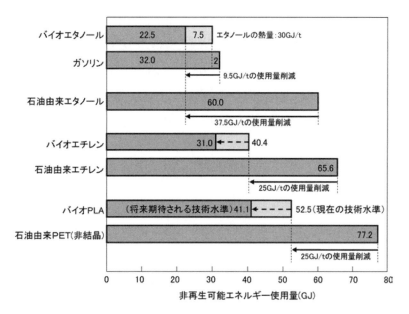

図3 製品1トン生産する際の非再生可能エネルギー（化石燃料）の使用量
（注）
・バイオマス由来の製品についてトウモロコシデンプンを原料とした場合の値を用いている。
・バイオPLA（現在の技術水準）については，BREWプロジェクト最終報告書に記載の製造手法の平均値。

表3 トウモロコシデンプン由来製品の石油由来製品に対する非再生エネルギーの使用量削減効果（BREWレポート[9]から抜粋）

製品	現在の技術水準	将来の技術水準
エタノール（燃料以外の工業用）	60%（50%～70%）	70%
1,3-プロパンジオール	30%（20%～40%）	55%（35%～75%）
アセトン・ブタノール・エタノール	10%（5%～15%）	72.5%（55%～90%）
酢酸	−180%（−140%～−220%）	−15%（−45%～15%）
アクリル酸	−	35%
こはく酸	30%（0%～55%）	40%（30%～60%）
アジピン酸	−135%	40%（30%～50%）
カプロラクタム	−	60%
水素	90%	−
ポリヒドロキシアルカン酸（微生物生産ポリエステル）	25%（−60%～50%）	50%
エチレン	40%	50%
乳酸エチル	35%	50%
ポリ乳酸	25%（20%～30%）	50%
ポリテトラメチレンテレフタレート	20%	30%

ら林産物を除いて集約的な原料調達は困難な状況であり,近い将来においてバイオ燃料の大量生産が世界に対して競争力のある産業になるとは考えにくい。すなわち,今後のバイオマス政策においては,マテリアル分野での技術開発にも注力し,バランスの取れたバイオマス利用を目指すべきであると考える。その際,生産活動の環境貢献,例えば,被代替製品に対するGHG排出削減効果が認められなければならない。そのためにも,製品ごとのライフサイクルでの環境評価が重要となる。

　真に持続可能なバイオケミストリーの技術開発において,日本がリーダシップを取れることを祈念する。

文　　　献

1) 環境省・生物多様性センターHP：http://www.biodic.go.jp/cbd/2006/pdf/1204_2_4.pdf
2) バイオマス産業社会ネットワーク HP：http://www.npobin.net/
3) GBEP HP：http://www.globalbioenergy.org/
4) RSB HP：http://cgse.epfl.ch/page65660.html
5) 経済産業省HP「バイオ燃料革新技術計画」：
   http://www.enecho.meti.go.jp/policy/fuel/080404/hontai.pdf
6) 経済産業省HP「日本版バイオ燃料持続可能性基準の策定に向けて」：
   http://www.meti.go.jp/press/20090414004/20090414004-2.pdf
7) 農林水産省HP「バイオ燃料の持続可能性に関する国際的基準・指標の策定に向けた我が国の考え方」：http://www.maff.go.jp/j/press/kanbo/kankyo/081105_1.html
8) イネイネ日本プロジェクト（第7回シンポジウム）HP：http://www.ineine-nippon.jp/
9) BREWレポート：http://www.chem.uu.nl/brew/

第2章　世界のグリーンバイオケミストリー技術動向

室井髙城*

1　プロピレングリコール

　プロピレングリコール（以下，PG）の日本での生産量は約18万t/年で需要の約70%がウレタン原料であり他に不飽和ポリエステル，不凍液，食品添加剤や化粧品に用いられている。世界の生産量は約150万tで原料のプロピレンオキサイド（PO）の半量はプロピレンのエピクロルヒドリン法で残り半量はヒドロペルオキシド法で製造されている。日本では旭硝子とトクヤマがクロルヒドリン法で製造している。

1.1　グリセロールからのプロピレングリコール製造
1.1.1　グリセロール
　天然の油脂はトリグリセラードとして存在している。グリセロールは油脂を，250〜260℃，5〜6MPa，2〜3時間の無触媒加水分解することにより99%近い収率で得られている（図1）。また，石鹸や高級アルコールの製造時に副生する。不純物を多く含有しているので活性白土や蒸留により精製されている。

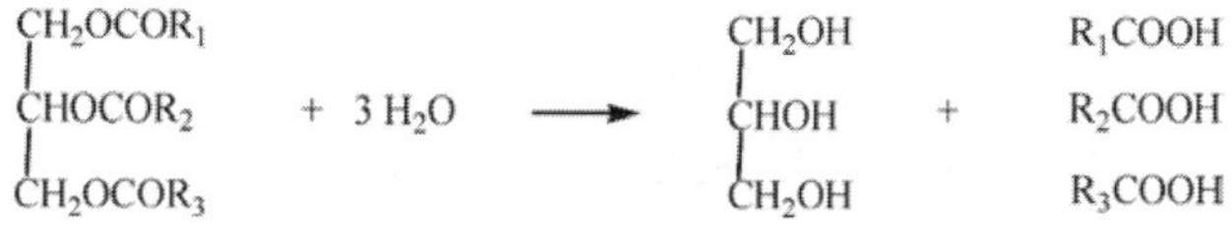

$$\begin{array}{l} CH_2OCOR_1 \\ CHOCOR_2 \\ CH_2OCOR_3 \end{array} + 3H_2O \longrightarrow \begin{array}{l} CH_2OH \\ CHOH \\ CH_2OH \end{array} + \begin{array}{l} R_1COOH \\ R_2COOH \\ R_3COOH \end{array}$$

図1　脂肪酸製造時に副生するグリセロール

　バイオディーゼル油として考えられているFAME（Fatty acid methyl ester）はトリグリセライドである油脂とメタノールとのエステル交換反応により製造される。そうなるとグリセロールが多量に副生する可能性がある。触媒としてNaOHやNaメチラートが用いられる（図2）。
　エステル交換には3molのメタノールが必要である。メタノールは天然ガスかグリセロールのNi触媒による水蒸気改質により製造される水素と一酸化炭素から合成できるが，グリセリンを直接水素化分解することによっても得られる。Oxford大学は貴金属担持触媒を用いて100℃，

---

　*　Takashiro Muroi　アイシーラボ　代表；早稲田大学　客員研究員；BASFジャパン㈱　顧問

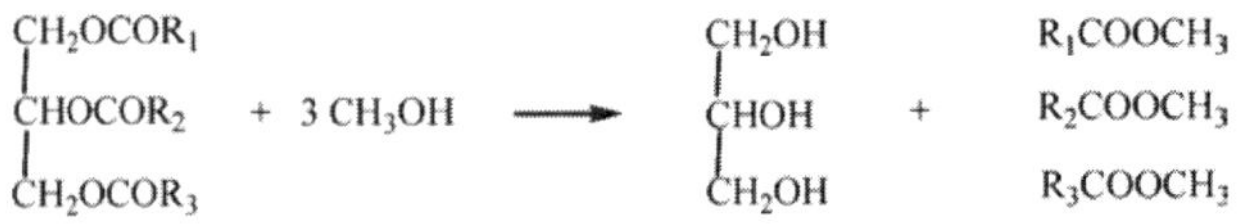

図2 油脂のエステル交換による FAME の合成

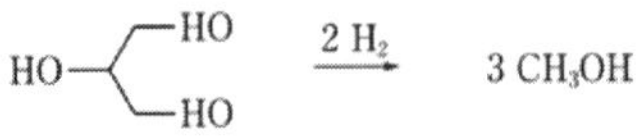

図3 グリセロールからメタノールの合成

20bar の条件でメタノールが合成できることを発表した（図3）[1]。又，FAME はディーゼル油として品質上の問題があるためフィンランドの Neste Oil 社はパーム油の水素化分解によるディーゼル油の生産を開始した。いずれの場合もグリセロールは副生しない。

1.1.2 グリセロールの脱水水素化

米国の Cargill 社はグリセロールを原料とした PG プラント 65,000t/年を 2007 年に稼動させている。米国の GTC Technology 社は中国の Lanzhou Institute と GT-ProG プロセスを開発しライセンシングを開始した。触媒は担持金属酸化物で反応条件は 190℃，4〜8MPa，Conv.70%，Sel.＞95% と開示されている[2]。Cu-ZnOx（Cu/Zn＝0.89）触媒では，270℃，100bar，触媒／グリセロール＝0.15，グリセロール：300g/L，2 時間の反応条件で転化率 96%，選択率 PG：86%，EG：4%，PrOH：3.5% が得られている[3]。

米国 Missouri-Columbia 大学の Galen J. Suppes 教授は Cu-CrOx 触媒により反応蒸留を用いて 220℃ 1.0MPa という低圧での合成法を発表し 2006 年米国グリーンケミストリー大統領賞の Academic award を受賞している。触媒の組成は 40-60%CuO-40-50%Cr_2O_3 である[4]。水素圧を低くすることによりヒドロキシアセトン（アセトール）の収率を上げることができる。反応蒸留によりアセトールの収率を＞90% で得ている。アセトールは水素化することにより＞95% の収率で PG とすることができる。化石資源からのアセトールは約 $5/b であるが Suppes の方法では約 50¢ で製造できると言われている。2万5千t/年の最初のコマーシャルプラントが 2006 年 10 月完成したはずである[5]。

Ni-Ru/カーボンを用いると PG，エチレングリコール（以下，EG）がそれぞれ選択率 76% と

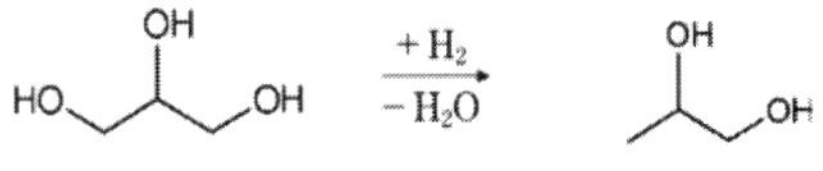

図4 グリセロールの脱水水素化による PG の製造

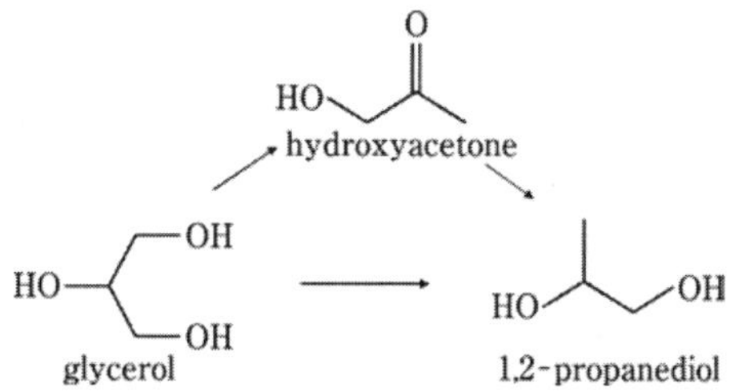

第 2 章　世界のグリーンバイオケミストリー技術動向

図5　ヒドロキシアセトンを経由するグリセロールの脱水素化による PG の合成

3％で得られると報告されている[6]。Schuster は 68％CoO-17％CuO-6％MnO$_2$-4％H$_3$PO$_4$-5％MoO$_3$ 触媒により固定床で 86.5％純度のグリセロールを用い反応条件は 210〜220℃，295bar と厳しいが 92％の収率で PG を得ている[7]。

三井化学は 2008 年 8 月グリセリンから収率 95％で PG が得られる触媒を開発したと発表している。触媒については開示されていない。

1.2　乳酸からのプロピレングリコール製造

1.2.1　乳酸

乳酸は澱粉やグルコースから発酵法により容易に得ることができる。Cargill-Dow 社は既にトウモロコシからの澱粉を原料として発酵法により乳酸を製造し 14 万 t/ 年のポリ乳酸プラントを稼動させている。乳酸はグリセロールから NaOH により 300℃，10MPa，90min で 90％の収率で得ることができる[8]。

1.2.2　乳酸の水素化脱水

乳酸の水素化脱水による PG は 2.5％Ru2.5％Re/カーボン粉末により得ることができる。反応条件は 150℃，2500psi，4 時間で Conv.95.8％，Yield：92.3％である[9]。

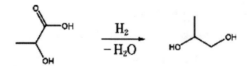

図6　乳酸の水素化脱水による PG の製造

1.3　ソルビトールからのプロピレングリコール製造

1.3.1　ソルビトール

ソルビトールはグルコース又は澱粉の水素化により製造することができる。ソルビトールの水

素化は懸濁床ではスポンジNi触媒やRu/カーボン粉末，固定床ではRu/Al$_2$O$_3$やRu/カーボン粒により行われている。木質資源からバイオエタノールの製造が検討されているが木質資源のセルロースは糖化されるとグルコースが生成される。発酵してエタノールを製造するのではなく化学品原料のソルビトールとされるべきである。

1.3.2 ソルビトールの水素化分解

PGはソルビットの水素化分解により一段で合成することができる（図7）。Ni-Ru/カーボンを用いると水溶媒，200℃，1,200psigでPG，EGがそれぞれ選択率76％，3％で得られ，活性の序列は

Ni-Ru/Granular or Extruded Norit Carbon ＞ Ni-Ru/ZrO$_2$，Ni-Ru/TiO$_2$

と報告されている[10]。

International Polyol Chemicals社はソルビトールからPGの製造プロセスを開発し中国で実証プラントを建設した。10,000 MT/yrプラントで中国のChangchunで2004年から稼動している。2基目は200,000 MT/yrプラントで建設中であり2006～2007年に稼動と報じられている。触媒は担持Ni触媒で反応条件は100～300℃，7～30MPa，溶媒は水で未反応のソルビトールはリサイクルされ，生成物はPG，EGとグリセロールである[11]。

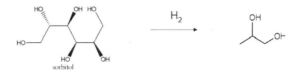

図7　ソルビトールからPG

2　アクリル酸

アクリル酸は世界で約340万トン（2005年）製造されている。アクリル酸は機能性ポリマーとして年数パーセントの需要の増加を確実に続けている。アクリル酸とアルコールによるアクリル酸エステルは主としてアクリル繊維や塗料，接着剤に用いられている。アクリル酸は特に紙おむつや生理用品，農業資材などに用いられる吸水ポリマー（SAP）の原料として需要の増加が著しく（表1），2006年では世界のSAPの生産能力は約140万tまで増加している。

2.1　グリセロールの脱水によるアクロレインの製造

現行プロセスでのアクリル酸原料であるプロピレンはポリプロピレンやアクリロニトリル原料としても需要が増大しつつあり，将来の供給は十分とは言えない。バイオマスである脂肪酸の副

第2章 世界のグリーンバイオケミストリー技術動向

表1 アクリル酸の用途

	用途割合
アクリル酸エステル	50%
吸水ポリマー（SAP）	32%
ポリアクリル酸	11%
他	7%

産物又はグルコースから誘導できるグリセロールはアクリル酸の原料として用いられる可能性が高い。アクリル酸の中間体であるアクロレインがグリセロールの脱水により容易に合成可能だからである。アクロレインはアリルアルコール，ピリジンやメチオニンの原料としても用いられる。バイオマス由来のグリセロールの利用は炭酸ガス削減にも役立つ（図8）。

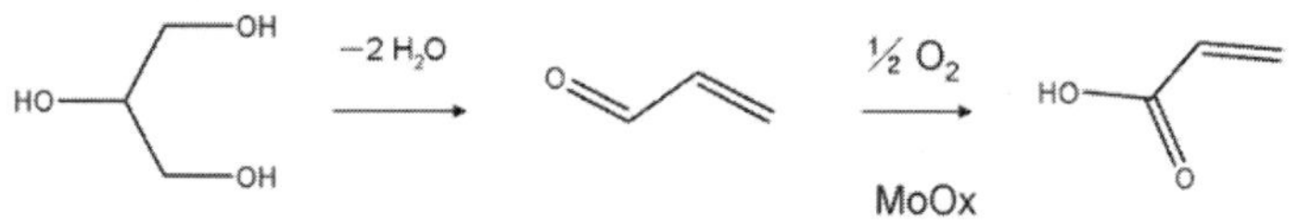

図8 グリセロールからアクリル酸の合成反応

2.1.1 ヘテロポリ酸

中国の清華大学の Dr. Song はグリセロールからアクロレインの合成にヘテロポリ酸担持触媒を気相で用いている。$H_2W_{12}PO_{40}/\alpha\text{-}Al_2O_3$ は活性劣化が早いが650℃で焼成した $H_2W_{12}PO_{40}/ZrO_2$ は転化率79%以上，アクロレインの選択率は70%で少なくても10時間は活性劣化していないことが報告されている[12]。

一方，千葉大学の佐藤教授は $H_4SiW_{12}O_{40}/SiO_2$ が転化率98.7%でアクロレインの選択率は72.3%であるが10nmのメゾ孔を持つバイモダル SiO_2 は転化率100%で選択率は87%と報告している[13]。

2.1.2 ゼオライト

固体酸としての ZSM-5 がグリセロールの脱水触媒として有効である。日本触媒は，H-MFI を用いると転化率100%，選択率72.3%でアクロレインが得られることを開示している。反応条件は360℃，$SV:640hr^{-1}$ である[14]。

カーボン質の付着により活性は劣化するが600℃，約1時間の酸化処理によるデコーキングにより再生可能である（表2）[15]。

2.1.3 WO_3/ZrO_2

独国アーヘン大学の Dr. Hülderich はジルコニア担持固体酸（WO_3/ZrO_2）がグルコースからアクロレインへの脱水反応が安定して転化率99%，選択率70.5%で得られることを発表してい

表2 H-MFIによる再生結果[15]

	新触媒	再生前 (18時間使用後)	再生条件	
			360℃×18時間	600℃×約1時間
SV hr^{-1}	640	640	640	950
グリセロール転化率 %	100	83.4	99.6	98.6
アクロレイン収率 %	63.0	41.0	62.8	61.1

反応器加熱温度:360℃

る[16]。

2.1.4 $H_3PO_4/\alpha\text{-}Al_2O_3$

一方,α-アルミナ担持燐酸は極めて安定して脱水反応を進行させている。20%グリセロールの水溶液をガス化し300℃で$H_3PO_4/\alpha\text{-}Al_2O_3$を通すとグリセロールの転化率100%,アクロレインの選択率70.5%,他に副生物として10%の1-ヒドロキシアセトンが得られている。触媒は少なくとも60時間は劣化していない[17]。

1-ヒドロキシルアセトンは水素化すれば容易にPGとすることができる。

2.2 バイオ原料

グリセロールはバイオディーゼルの副産物としての供給が期待されているが,エステル化油が含酸素化合物で不安定なため完全水素化によるバイオディーゼル油の製造がフィンランドのNeste Oil社などにより開始されている。その場合グリセロールは副生しないがグリセロールはセルロースから得ることも可能である。

セルロース → グルコース → ソルビトール → グリセロール → アクロレイン

図9 セルロースからアクロレイン合成ルート

プロセスは未だ確立されていないがグルコースを水素化するとソルビトールが得られる。ソルビトールを例えばNi-Re-カーボン粉末を用い水素化分解すればグリセロールが得られている[18]。バイオ資源としてセルロースからのアクロレインの触媒反応を用いた合成ルートの研究が必要である。

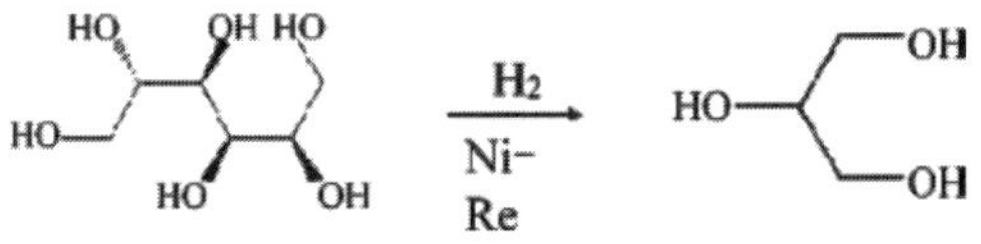

図10 ソルビトールの水素化分解によるグリセロールの合成

第2章 世界のグリーンバイオケミストリー技術動向

3 1,3-プロパンジオール

1,3-プロパンジオール(以下,1,3-PD)は低刺激性であることから日用品としてはパーソナルケアや液体洗剤,工業的には低毒性であり生分解性であるので不凍液や熱媒体としての用途が期待されている。他に高機能ポリオールや熱可塑性エラストマー原料としても期待されている。1,3-PDから製造されるポリテトラメチレンテレフタレート(PTT)は柔らかさや伸縮性,回復力などに優れているため次世代の繊維として注目されている。PTTは1,3-PDとテレフタル酸との縮重合により得られる。縮重合反応には例えばテトラプロポキシチタン($Ti(OR_6)_4$)のようなチタンアルコキシド触媒が用いられる(図11)。

1,3-PDの製造メーカーは世界で3社のみである(表3)。Shell社はエチレンオキサイド,Evonik社はアクロレイン,Dupont Tate & Lyle Bio products社はグルコースを原料としたバイオ法である。今後,中国でもプラントの建設が行われると考えられている。以下,Evonik社,Dupont Tate & Lyle Bio products社,また,その他検討されているバイオマス原料を用いた製法について述べる。

3.1 アクロレインの水和

Evonik(旧Degussa)社はプロピレンの酸化により得られるアクロレインの水和により3-ヒドロキシプロピオンアルデヒドを合成し,続いて水素化し1,3-PDを製造している。アクロレイ

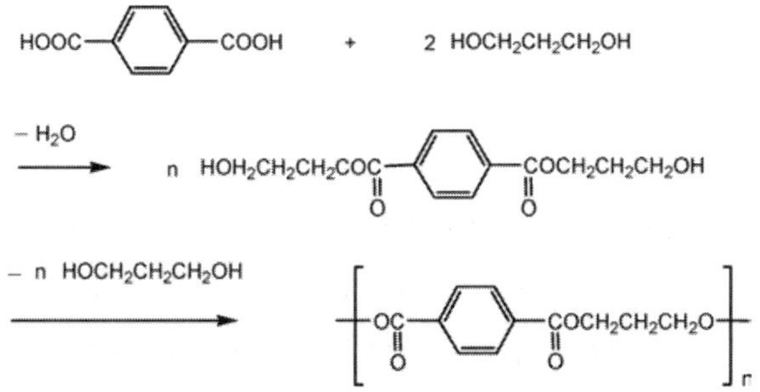

図11 縮重合反応によるPTTの合成

表3 1,3-プロパンジオール製造メーカー

メーカー	工場	製法	生産能力 t/年
Shell	Geismar(米国)	EO法	75,000
	Altamira(Mexico)	EO法	120,000
Evonik	ドイツ	アクロレイン法	9,000
Dupont Tate & Lyle Bio Products	Loudon(米国)	バイオ法	45,000

ンの水和には酸性イオン交換樹脂が60℃で用いられている。3-ヒドロキシプロピオンアルデヒドはスポンジNi触媒で水素化し転化率99.3％，選択率100％で1,3-PDを得ている（図12）。この製法に関してEvonik社はバイオマス由来のアクロレインが安価であればいつでも原料を切り替えることが可能であると発表している。

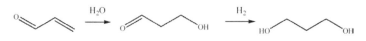

図12　Evonik社による1,3-プロパンジオール製造ルート

アクロレインはグリセロールの固体酸触媒による脱水により得ることができる。ZSM-5やシリカアルミナが検討されているが，H_3PO_4/α-Al_2O_3を用いると20％グルコース水溶液は300℃で転化率100％，選択率70.5％でアクロレインに脱水される。同時に副生成物として1-ヒドロキシアセトンが10％生成する（図13）[20]。

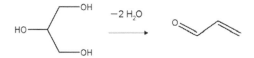

図13　グリセリンの脱水によるアクロレインの合成

3.2　デンプン発酵法

Dupont Tate & Lyle BioProduct社はDupont社とGenencor社が共同開発した遺伝子組み換え技術を基にコーン澱粉をスタートにしたグルコースを原料として用いた発酵法による1,3-PD合成プロセスを開発し工業化した。遺伝子組み換え大腸菌（genetically modified Escherichia Coli）E ColiがグルコースのグリセロールへのI分解酵母と一緒に用いられている。グルコースは最初に混合培養物の中の酵母により分解されグルコースとされ，続いて混合培養物の中の活性ジオールデヒドロターゼ又は活性グリセロールデヒドロターゼ酵素が組み込まれたE-Coliにより1,3-PDに転換される。嫌気性雰囲気の反応で35℃，24〜48時間，pH6.8の条件で35wt％以上の高い収率で1,3-PDが得られている（図14）[21]。

反応は下記ルートで進行する。

　　Glucose → Dihydroxyacetone phosphate → Glycerol 3-phosphate → 3-Hydroxypropanal → 1,3PD。

発酵培地から1,3-PDはシクロヘキサンなどの有機溶媒により抽出される。

第 2 章　世界のグリーンバイオケミストリー技術動向

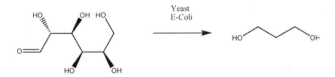

図 14　グルコースから 1,3-プロパンジオールの合成

3.3　グリセロールから 1,3-プロパンジオール
3.3.1　グリセロールの水素化分解

グリセロールの水素化分解により 1,3-PG の合成が可能である。産業技術総合研究所は Pt/WO$_3$/ZrO$_2$ 触媒を用い水素圧 8MPa，170℃の条件で，18hrs，溶媒に 1,3-ジメチルイミダゾリンを用いて収率 24.2％の 1,3-PD を得ている。1,3-PD の他に 1,2-PD が 12.5％ n-プロパノールが 6.7％得られている（図 15）[22]。

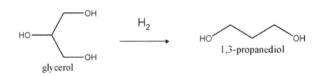

図 15　グリセロールの水素化による 1,3-PD の合成

3.3.2　菌体による 3-ヒドロキシプロピオンアルデヒドの合成

菌体（ジオールデヒドラターゼグリセロールでヒドラターゼ）に補酵素を加えた系でグリセロールから 98％の高収率で 3-ヒドロキシプロピオンアルデヒドを得る技術が日本触媒から開発されている。反応条件は 37℃，60 分である。3-ヒドロキシプロピオンアルデヒドは Pd-カーボンにより 60℃，0.1MPa，5hrs という温和な条件で収率 98％の 1,3-PD に水素化されている（図 16）[23]。

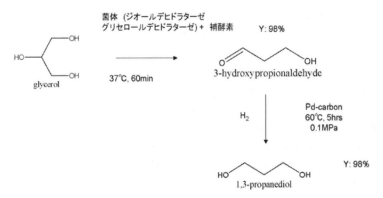

図 16　菌体触媒によるグリセロールからの 1,3-プロパンジオールの合成ルート

グリーンバイオケミストリーの最前線

3.3.3 グリセロールからの連続合成

発酵法によりグリセロールから1,3-PDを合成することはできるが，連続発酵プロセスは開発されていない。東レは多孔性分離膜を開発した。バイオ触媒には遺伝子組み換え技術により製造した微生物を使い多孔性分離膜を用いて微生物又は培養細胞の培養液を連続的にろ液から分離1,3-PDを回収している。発酵原料は連続的に追加される。37℃，pH7.0の条件で連続的に25～31％の収率で1,3-PDを得ている[24]。

3.4 アクリル酸からの合成

アクリル酸の水和及び水素化により1,3-PDを合成することもできる。

アクリル酸水溶液を例えばZSM-5（Si/Al＝80）を用い180℃，20時間で水和した後，Ru-Sn/カーボンにより水素化するとアクリル酸転化率98.5％，収率63％の1,3-PDが得られる。水溶液での反応は脱水による副反応を抑制することができる[25]。

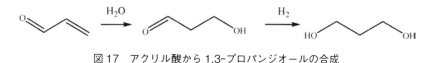

図17　アクリル酸から1,3-プロパンジオールの合成

文　　　献

1) http://www.isis-innovation.com/news/biofuelfromwastematerialdiscovered.html
2) Zhongyi Ding GTC Technology biofuels Q4 2008 29
3) USP5,214,219 Bruno Casale et. al
4) WO 2007/053705 Suppes
5) http://wwwgscn.net/r&d/
6) Pacific Northwest National Laboratory, UOP
7) USP 5,616,817 Ludwig Schuster et al.
8) 岸田央範，日立造船技法，Vol.67, No1. (2007)
9) USP6,841,085 B2, Battelle Memorial Institute
10) Pacific Northwest National Laboratory, UOP
11) http://www.agbob.com/polyol.htm
12) Song-Hai Chai, Yu Liang, Bo-Qing Xu, 14ICC presymposium Kyoto, OC307 (2008)
13) 佃，佐藤，高橋，袖澤，第98回触媒討論会，A, 93 (2006)
14) JP2008-162908 A 日本触媒
15) JP2008-110298 A 日本触媒

第 2 章　世界のグリーンバイオケミストリー技術動向

16) W. H. Hülderich, A. Ulgen, S. Sabater, 14ICC pre-symposium, Kyoto, P2113 (2008)
17) USP5387720 (1995)
18) USP6,992,209 (2004) Oodd Werpy Battle memorial Institute
19) Chemical Engineering 10, 14 (2009)
20) USP 5,387,720 (1995)
21) 特表平 10-507082 Dupnt
22) JP2008-143798A 産総研，阪本薬品工業
23) JP 2005-102533A 日本触媒
24) JP2008-43329A 東レ
25) 特開 2005-162694 日本触媒

＊本章の内容は，月刊ファインケミカルでの同氏執筆の連載「触媒からみる化学工業の未来」より，グリーンバイオケミストリー関連の情報を編集し，掲載いたしました。

第3章　バイオマス活用の為の課題と展望

瀬戸山　亨*

1　バイオマス活用の為の日本の課題

　第Ⅰ編でも述べたように，バイオマス化学品が普及すべき第一の理由は，CO_2 削減に使用規模という観点で十分に寄与するということである。科学的議論はさておきこの為に必要な要件は，

　①　バイオマスの生産性が単位時間あたりのエネルギー変換効率という観点で十分に高いこと
　②　バイオマスの成長・輸送・化学品への転換という一貫プロセスにおいて，化石資源のそれと比較して CO_2-LCA が格段に優れていること
　③　触媒プロセスという視点で，競合する石油化学品と同等程度の製造コストでの生産が可能であること

の三つに大別できる。

　①は非常に大きな課題であるが，簡単に言ってしまえばバイオマスの成長速度を一桁，二桁向上させることである。これは主としてバイオマス自身の遺伝子的改変に頼ることになると思われる。サトウキビ，パーム油，トウモロコシ等の現在バイオマス化学品の原料とされているものでは生産性の一桁以上の向上は難しい。また switch-grass のようなエネルギー穀物においてもその生産性が格段に向上することは期待しにくい。

　現状，最も有望と考えられるバイオマスは藻類であり，その遺伝子改変が大きな注目を集めている。表1に示すように一部の藻類は大豆，トウモロコシ等の穀類に比較して2桁程度大きな成

表1　バイオマス生産性の比較

トウモロコシ……140	
大豆……450	
ヒマワリ油……960	
パーム油……6000	
マイクロ Algae……17500	［手取り収率］
マイクロ Algae……45000-140000	［理論値］
（リットル-oil/ ヘクタール・年）	

＊　Tohru Setoyama　㈱三菱化学科学技術研究センター　合成技術研究所　所長

第3章　バイオマス活用の為の課題と展望

長速度を示す。

　この場合，植物工場的な製造が可能となり，季節依存性，地域依存性が小さくなり好ましい反面，こうしたバイオマスが自然界に流出することは生態系の破壊の危険性が極めて高い為，厳重な管理が必要となると思われる。また藻類の場合，製造できるバイオマスとして何を作るかという設計も可能となる。

　こうした藻類の利用は，非常に有望なものではあるがベンチャー企業が研究の主体であり，その実用化までには時間を必要とする。これに対し現在の世界的な技術開発の流れの中では，バイオ Diesel，バイオエタノール原料であるパーム油，エネルギー穀物の製造が，当面主流となると考えられる。国際的な価格体系の中では，熱帯，亜熱帯地域での大規模生産によるところに頼らざるを得ず，残念ながら日本国内での穀物（米，サツマイモ等）を利用するということは本質的には価格競争力を持ち得ない。農業政策の一部としての穀類の利用という観点での検討もされているが，規模の問題，製造コストの問題をきちんと定量的に整理し，その妥当性を検証すべきであろう。価格競争力のないバイオマス化学品は炭素税，国による政策上保護等の十分な支援がないと最終的には生き残れない。特に事業立ち上げ時の償却コスト負荷が大きい状況ではこうした保護政策でも不十分であろう。

　それでは日本がバイオマスを利用した化学品を大規模に生産する可能性はないのであろうか？日本の化学産業がナフサに依存しており，国際的な競争力を失っていることは第Ⅰ編でも述べたとおりである。また技術的，生産品目での棲み分けも進んでおり多種類の化学品を同時に生産するようなコンビナート的な生産体系は今後とることはないと考えてよい。こうした産業構造上の現状を認識しつつ，CO_2 排出削減に対する国際的な貢献度という日本の国家目標を実現するための化学産業の寄与という視点からの対応も必要となるだろう。しかしながらこうした場合であっても国内での新しいバイオマス化学品の大規模製造はコスト競争力という観点から考えると可能性は殆どなく民間企業が営利目的で実施することはありえない。

　考えられる対応としては，

① 東南アジア，中国，オーストラリア等において林業，製紙業の海外生産地での協業形態を模索すること
② 海外，特に東南アジア地域でのバイオマス生産拠点でのバイオマスエネルギー生産との協業を模索すること

の二つがある。

　①における木質系バイオマスは生産の季節依存性が少ないこと，廃材部分のコスト評価が低いことに加え，国内企業が既に生産拠点を確保していること，さらに経済成長の著しい中国，ASEAN 諸国市場へのリンクが可能な為，新しく工場，生産拠点を作りうる可能性がある[2]。こ

の場合，木材からのセルロース生産，紙の製造は確立された技術であり，単独の事業では，エネルギー回収用に利用されていた廃材等をより付加価値の高い化学品に変換した場合，経済性をより高めることが可能であり，最も実現性の高いシナリオのひとつであろう。

　②における海外でのバイオマスエネルギーの生産は基本的にEU，米国，ブラジルが先行しており日本は殆ど実績がない。エネルギー産業は国を支える基幹産業であることは何度も述べてきたとおりだが，新エネルギー産業の創出は莫大な投資と長年月の技術開発を必要とする為，国家エネルギー戦略としてのきちんとした青写真，シナリオがないと民間企業だけの意思でできるようなものではない。これまでのところ新エネルギー政策は，太陽電池，燃料電池，Li二次電池等，民生用の新エネルギーに重点が置かれ，それらについては国際競争力という意味で高い水準に到達している[3]。一方，バイオマス利用については国内の農林業の振興という政策的・恣意的な色彩が強かった為，いざ実用化ということを考えると，経済的な側面から疑問視せざるを得ない。特に熱帯，亜熱帯地域の発展途上国の地球温暖化への寄与という意味ではバイオマス資源のエネルギー・化学品用途への展開という視点は非常に有望なものであり，地理的に東南アジア，中国という国々に隣接している日本はそれだけ有利な立場にあるということを認識すべきである。実際EU諸国の東南アジアでのバイオマス生産拠点作りは確実に進展している[4]。

2 バイオマス化学品製造の技術展望

　こうしたバイオマスのエネルギー・化学品事業進展の為の支配因子に対する日本の対応遅れを前にしてわれわれは手をこまねいているだけだろうか？　日本の対応策として，出口側技術，すなわち優れた発酵技術，触媒技術を駆使したバイオマスの化学品への転換技術を開発し，それをテコに川上側のバイオマス生産事業体との関係を構築していくことが現実に取りうる手段ではないか？　以下この点を議論したい。

　バルク化学品を素材とした各種の部材においては要求スペック，価格が標準化されており，新しい化学品がそれを代替することは非常に難易度の高いことである。たとえ受け入れられた場合でも，広く流通するまでには長い時間を必要とする。必然的に石化コンビナートで生産されている既存のバルク化学品そのものをバイオマス由来の原料から合成するということが最も市場に受け入れられやすいと考えるべきであろう。一方，ポリ乳酸，コハク酸ポリエステル，1,3-プロパンジオール誘導体（ポリエステル，ポリオール）等は現状では市場規模は小さいが，将来いくつかの石化製品を代替して大きな市場を獲得し，CO_2排出削減に寄与するものと考えられ，これらは明確に区別すべきであろう（図1）。そういう観点から，エチレン，プロピレン，C4オレフィン類（ブテン類，ブタジエン），芳香族化合物をどうやって作るべきかをまず考えてみたい。

第3章　バイオマス活用の為の課題と展望

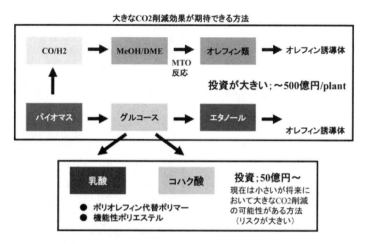

図1　CO_2排出削減に寄与する化学品の基本体系

2.1　セルロース，ヘミセルロースの糖化，エタノール製造

　バイオ燃料として最も着目されているもののひとつはバイオエタノールである。エタノールの脱水により簡単にエチレンが製造できる為，化学品原料としてはエタノールが最も有望であろう。このエタノールの製造法としては，グルコースの発酵法が既に確立された技術であるが，グルコースの大半は可食系バイオマス（デンプン等）から誘導されている為，食料問題が常に議論されることになる。従って大量合成可能であり，かつ安価なエタノールを得るという視点から非可食系バイオマスからの直接エタノール合成が望まれている。しかしながら一般に非可食系バイオマスは以下のような理由により糖化プロセス技術が完成していない。

① バイオマスの種類により含まれているセルロース，ヘミセルロース，リグニンの含有量が異なる為，バイオマスに依存したセルロース，ヘミセルロースの取り出し法が必要になる。穀物系のバイオマスはセルロース（＋ヘミセルロース）含有量が高いが，生産に季節性がある場合が多く，またヘミセルロースとセルロースの取り出しやすさ（加水分解）が大きく異なる為，それらの分離プロセスが複雑になる。一方，生産の季節性の少ない木質系バイオマスの場合，リグニン分が多い為，分解を受けにくい固体のハンドリング工程の負荷が大きい（図2）。

② セルロース（非可食系）はβ-グリコシド結合により縮合している為，加水分解の容易なα-グリコシド結合で縮合しているデンプン（可食系）と異なり，グルコースへの誘導が難しい（図3）。

③ グルコースに代表される6単糖とキシロースに代表される5単糖それぞれからの発酵法によるエタノール製造は代謝系が異なる為，両立しないことが多い。

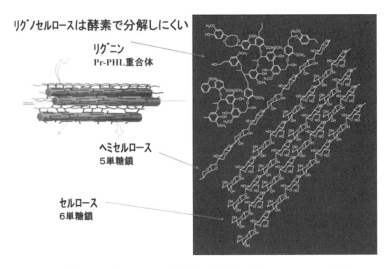

図2 (安い＋競合しない＋安定な) 木質系リグノセルロースの構造

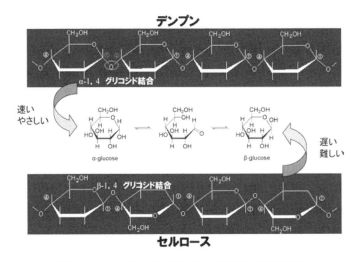

図3 セルロース，デンプンの加水分解の本質的差異

こうした理由により，
① なるべく有効成分であるセルロース (＋ヘミセルロース) 分が多く含まれ，リグニンが少ないバイオマスへ改良すること
② セルロースの糖化に有効な触媒，酵素を開発すること
③ 5単糖，6単糖双方からエタノールを製造できる新しい発酵プロセスを開発すること

などが必要となる。これに加え，最初に述べたバイオマスの生産性の低さに関する抜本的な改良も必要であり，今後これらの複数の課題を包括的に解決するルート，プロセスが必要となる。

第3章 バイオマス活用の為の課題と展望

2.2 バイオエタノール誘導品
2.2.1 エチレン及びその誘導品

　化学品原料として最も普及しやすい状況にあるのはエタノールである。この場合，エタノールの脱水反応によりエチレンを合成することは容易であり確立された技術であるので，ポリエチレン，エチレンオキサイドのようなエチレン系の誘導品は石化コンビナートで適用されている既存の技術によって製造できるのでこれらエチレン誘導品については極めて現実的なターゲットと考えてよい。実際欧米の企業においてバイオポリエチレンの生産が報道されている[5]。この部分は技術的難易度が極めて低いので，バイオエタノール市場にアクセス権を持つ企業であれば容易に参入できる。

2.2.2 プロピレン及びその誘導品

　ナフサクラッカーにせよ，エタンクラッカーにせよエチレンに対してプロピレンは生産量が少ないことに加え，特に中東でのエタンクラッカーの新設によりプロピレン／エチレンの生産比率のバランスが崩れていること，誘導品としてはエチレン系よりも高価格品が多いことがあり，エタノールからプロピレンを合成できることの価値は大きい。エチレンからプロピレンを合成する手法としてはエチレンを二量化して得られる1-ブテンとエチレンのメタセシス反応によりプロピレンを製造する触媒プロセスが工業化されている[6]。エタノール脱水によるエチレンを原料としてこの二量化＋メタセシス法で合成できるが，この場合，脱水工程＋エチレン圧縮工程（二量化反応は液相反応）が加わることになり，ポリプロピレン以外の誘導品においてはこの液化工程は不要である。これにより建設費が相当膨らむと考えられ，プロピレン製造コストとしては割高になる。技術的にはかなり難易度が高いがエタノールから直接プロピレンを合成できる触媒プロセスが望まれている。三菱化学[7]，旭化成から新しい触媒が提案されている。

2.2.3 C4オレフィン類及びその誘導品

　炭素数4の大型化学品としては，エチレン－ブテンコポリマー，SBR，1,4-ブタンジオール及びその誘導体，メタクリル酸（樹脂）と分かれており，原料としては1-ブテン，ブタジエン，イソブテンといろいろのオレフィン類，ジエンが使用されている。エタノールから誘導できる可能性のあるのは二量化による混合C4オレフィン類の製造ルートが提案されているが[8]，低選択率しか得られない触媒では，その触媒活性の急激な低下，分離工程の複雑になると予想され，工業的に意味を持つには，100％に近い選択率が必要になろう。エタノール脱水エチレンの二量化による1-ブテンの合成は確立された技術であり，またメタセシスによりプロピレンへの誘導も可能である為，プロピレンとブテンを併産することによってC3，C4双方の製造コストを割安にできる可能性もある。

2.3 リグニンの利用：芳香族類製造の可能性

この部分についてはおそらく手付かずに近い状況にあると言ってよい。芳香族系の化学品の大半はベンゼン，及びパラキシレンの誘導品である。もう一段先を考えると，フェノール，スチレン，パラキシレンの3者が大半ということができる。芳香族化合物のアルキル化，異性化はほぼ確立された技術であるので，バイオマスから選択的に芳香族類が得られればそこから必要に応じたBTX類を調達することは容易である。また直接フェノール，テレフタル酸等を得ることができればより好ましい。リグノセルロースに含まれるリグニンは基本的にはモノアルキルフェノール類の重縮合体であり，石炭あるいは石油に多く含まれる多環芳香族を殆ど含んでいない[9]。リグニンは構造上不明の部分が多く，特定の化合物に誘導することが今のところ困難である為，強酸，あるいは超臨界水中での加水分解が提案されている[10]。モノアルキルフェノールという基本骨格を考えれば芳香族化合物への誘導をもう少し考えてみるべきかもしれない。

2.4 それ以外のバイオマス資源の活用方法

2.4.1 バイオマスのガス化によるCO/H_2の製造，及びメタノール合成，MTO（Methanol to olefin）反応によるオレフィン合成

メタノールからのオレフィン合成はほぼ確立された技術であり，本ルートのキーはバイオマスから如何に効率的かつ安価にCO/H_2を作るかである。バイオマス自身は改質反応を受けやすいヘミセルロース，セルロースと，芳香族骨格を有し改質されにくいリグニンの双方を含むので，吸熱反応である改質反応の熱源としてリグニンを充当し，CO_2-LCA排出量をミニマム化するという方向で検討が進められているが，バイオマスは水分を多く含む為，必ずしも良いエネルギー源ではない。好ましいCO_2-LCAを得ることと，経済性を確保することは，想定プロセスの詳細にエネルギー収支を見積もり，建設費を見積もりに加えて，バイオマスの種類，立地に大きく経済性が依存すると考えられる。化石資源系で最もCO_2負荷の小さいCH_4起源のメタノールはメガメタノールと呼ばれるように200万トン／年前後の生産量に達している。これと競合できる為には，バイオマスガス化の場合も相当の規模が必要となり，国内での立地は現実的ではないし，日本が主体となってこのような大規模触媒プロセスを開発していくことは必然性にかける。しかしながらプロピレン，ブテン等の特定のオレフィンを選択的に製造する為の触媒プロセス技術は開発途上であり，この部分で優れた技術を確立するという戦略は，天然ガスからのメタノール経由のオレフィン合成と技術的にはほぼ共通するので，かつてC1化学を相当の技術レベルまで高めた日本にとっては不利ではないと考えている。

第3章 バイオマス活用の為の課題と展望

2.4.2 糖類の発酵法による乳酸，コハク酸の製造

ポリ乳酸，コハク酸ポリエステルがバイオマス由来プラスチックの実用化という意味では最も先行しており，本書でもいくつも紹介されている。汎用プラスチックの代替という意味ではある程度の規模も期待でき，また CO_2-LCA という視点でも妥当であり，今後技術が洗練され，使用量が拡大していくことが期待されている。詳しくは本書の該当箇所を参考されたい。

2.4.3 グリセリンからのアクリル酸合成

バイオ Diesel の副生物であるグリセリンを原料として，脱水＋酸化によってアクリル酸を製造する試みが幾つか報告されている[11]。超吸収性樹脂に使用されるポリアクリル酸は生分解性を有しないので，グリセリンからアクリル酸を合成することは LCA 的に正当化されるものである。問題は原料であるグリセリンの価格である。プロピレン→アクリル酸，グリセリン→アクリル酸がそれぞれ 100％収率で進行した場合，グリセリン単価がプロピレンのそれの 40％程度となってほぼ同等の原料コスト（変動費）となる。バイオ Diesel 製造時のトリグリセリドのエステル交換反応によって得られた粗グリセリンは大量のアルカリ塩，水分，その他不純物を含んでおり，アクロレインへの脱水反応においては酸触媒を被毒する。超臨界，亜臨界水を利用した触媒にあまり依存しないプロセス[12]と原料グリセリンの単価，取り扱い等がこの技術開発の key であろう。

3 おわりに

以上，バイオマス化学品製造技術の課題，方向性について述べてきたが，日本の国策としては十分な対応がなされているとは言いがたい。今後，地球温暖化抑制策としての再生可能資源の活用は後戻りすることはなく，着実に進展していくと考えるべきであろう[4]。新しい産業創出の機会が訪れていることを十分認識し，日本の化学産業が保有する発酵技術，触媒プロセス技術を活用して大きなビジネスチャンスに変えていきたいものである。図4に化学品原料としての炭素資源の将来展望の一例を示す。バイオマスが全てをまかなえるわけではないし，その前に化石資源のより効率的な活用という現実的かつ効果的な選択肢もある。個人的には地球温暖化に対する人類の生産活動は極めて大きいと考えている。バイオマス資源の活用がこの課題に対して有効な対処手段である為の中長期的なビジョン，road-map が国として求められている。

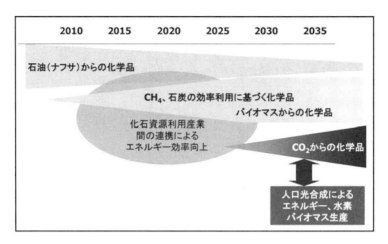

図4 化学原料の将来展望

文　　献

1) http://www.oilgae.com/
   http://www.eere.energy.gov./biomass/pdfs/biodiesel from algae.pdf
2) 住友信託銀行，産業調査レポート No.12 (2002)
   紙・パルプ業界最新動向，業界分析・企業分析研究所 (2005)
3) 資源エネルギー庁，エネルギー統計 2006
   NEDO 太陽電池発電ロードマップ（PV2030）
4) The World Energy Outlook 2009
5) 日経ビジネス On Line，2007/10/09
6) 触媒便覧，17.5.3，オレフィンメタセシス (2009)，p-674-，触媒学会
7) 特開 2005-232121，特開 2007-297363，出願人三菱化学
8) 特開 2008-88140，出願人サンギ
9) Glazer, A. W., and Nikaido, H. (1995). Microbial Biotechnology : fundamentals of applied microbiology. San Francisco : W. H. Freeman, p.340. ISBN 0-71672608-4
10) 化学工業資料，第 27 巻，第 1 号，p-2 (1958)
11) 特開 2008-162907，出願人日本触媒
12) 化学工学会，第 74 年会，8-d，反応・物質変換

第4章 グリーンバイオケミストリーにおける生体触媒の展望

松山彰収*

1 はじめに

自然における微生物の生命の営みを巧みに利用して,古くから人類にとって酒,味噌,醤油,食酢等の醸造は非常に身近のものであった。その醸造から,醗酵産業が生まれ,そして,微生物の代謝を制御し,特定の化合物を著量生成させることに成功して,有機酸,医薬品,アミノ酸等を大量生産する工業として大きく発展してきた。生命の営みである代謝は生物が生きていくための細胞内の連続的な酵素反応である。その個々の酵素反応を利用することで,微生物の代謝の利用ではなく,微生物の酵素を化学反応の触媒とすることによって物質生産する「生体触媒」という概念が生まれた。そこには科学的に特定の反応を触媒する酵素を微生物菌体の中に大量に作らせる遺伝子操作が簡便に出来る技術の飛躍的な進歩があった。生体触媒は,化学触媒では困難な,その選択性の高さという優位性を持って,化学工業のファインケミカル分野で,光学活性化合物のような,より付加価値の高い化学品の製造に使われてきた。そして,生体触媒は,持続可能な高度社会に,安全・安心,資源の循環,環境負荷の低減という観点から貢献できるバイオマスからの物づくりやグリーンバイオケミストリーの勃興によって,更なる進化,発展の段階に来たと思われる。

かつて化学品を最初に微生物で生産したのは酵母によるエタノール醗酵であると言われている。そして,アセトン・ブタノール・エタノール(ABE)醗酵がそれに続いて工業化[1]された。しかしながら,微生物本来の醗酵・代謝能を利用した化学品生産は,その微生物の物質の代謝系を利用している限り,その代謝産物しか作り得ないという限界がある。それゆえ,代謝産物以外の物質を生産させるには,微生物細胞に外部から新しい機能を付加することが必要になってくる。それが,細胞と酵素の有用な機能を自由に組み合わせて,新しい物質を生産し,より生産性の高い物質生産を目指すアセンブリ手法[2]である。近年の各種生物のバイオリソースの確保,ゲノム情報の解明,遺伝子工学の発展によって可能になってきた。新しい微生物の宿主細胞の探索とそれに導入する酵素遺伝子の組み合わせを最適化する技術がこれからの微生物による物質生産

---

* Akinobu Matsuyama　ダイセル化学工業㈱　研究統括部　技術企画グループ　主席部員

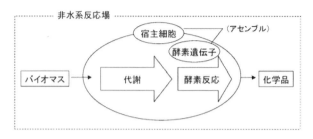

図1　将来の生体触媒の概念図

に必要になってくる。宿主細胞の高度化という観点から、ミニマムゲノムファクトリー (MGF) というコンセプトで大腸菌のゲノムの不必要な領域を削除して、生産効率の高い宿主としての大腸菌を構築[3]している。MGFのような宿主細胞としての微生物と酵素遺伝子の組み合わせを多数持つことで、その多様性によって、微生物による物質生産の可能性は果てしなく広がって行くと思われる。米国デュポン社の研究グループによって、新規ポリエステルの原料であるバイオ1,3-プロパンジオール生産が研究開発されて実用化されている[4]が、これもアセンブリ手法のひとつの成功例と言う事ができるだろう。図1に示したように、これらの技術を発展させて、微生物の細胞内の代謝反応に酵素の単位反応を自由に組み合わせ、高度に組み立てることが出来れば、将来的に自由自在に"One-Pot"で微生物、生体触媒によって様々な物質を生産させることも決して夢ではないと考える。

以上のような未来技術のイメージを持って、バイオマスの利用、生体触媒反応の種類、新しい反応場という切り口からグリーンバイオケミストリーにおける生体触媒の展望について述べたい。

2　バイオマスの利用

炭酸ガスを固定し、太陽エネルギーを蓄積した植物由来の非可食性バイオマスを原料にする物質生産システムは太古から地球自体がやってきた活動そのものであり、資源循環、環境負荷の低減の社会が望まれる現在、最もリーズナブルな物質生産システムであろう。しかしながら、非可食性バイオマスはそのままでは多くは自然の中では耐久性の持った高分子であり、バイオマスを原料にした低分子化合物生産には、まずバイオマスを低分子化、単分子化する必要がある。非可食性バイオマスで大きな比率を占めるのは、セルロースであり、ヘミセルロースであり、リグニンである。これらの高分子を低分子化する酵素として、セルロース、ヘミセルロースにはセルラーゼ、ヘミセルラーゼという加水分解酵素群があり、リグニンにはリグニンペルオキシダーゼ、

第4章　グリーンバイオケミストリーにおける生体触媒の展望

マンガンペルオキシダーゼ，ラッカーゼというリグニン分解酵素群がある。これらの酵素に関しては，非常に多数の知見[5]があり，個々に関しては，ここでは説明は省略するが，バイオマスの利用が目的であるなら，バイオマス利用の最も重要な酵素であり，その機能を持った生体触媒は必要不可欠であると思われる。これらの酵素を生体触媒の構成として利用したユニークな試みに，近藤らのアーミング酵母を使ったバイオマスの糖化と発酵方法がある。酵母の細胞表層提示技術を用いて酵母の表層に加水分解酵素を提示して無蒸煮デンプン[6]，セルロース[7]，ヘミセルロース[8]からの糖化とエタノール発酵に成功している。アセンブリ手法として細胞表層提示技術は卓越した方法であり，更なる高度化が期待される。バイオマスの生物的利用において，物質生産方法としての最大の課題は，これらバイオマスは高分子であり，水に不溶であるので，水に溶けない限り，酵素が利用しにくいということである。そこで，セルロースを効率よく利用する方法として，最近，水溶媒とは異なるイオン液体という反応場にセルロースを溶解させて，セルラーゼを作用させることが試みられている[9]。イオン液体がセルロースの水素結合を切断することによって溶解すると考えられているが，水－イオン液体混合液中において高効率でセルロース分解に成功しており[10]，生体触媒のバイオマスの利用に水溶媒以外の新しい反応場という概念が必要になってきた。

3　生体触媒反応の種類

エタノールの酸化による酢の生産が最も古い酵素反応の利用例と言えるが，有機合成反応というものに酵素反応を応用したのは，1920年代にNeubergらによる酵母の存在下でベンズアルデヒドを1-フェニルプロパノンに変換してL-エフェドリンに誘導した例[11]，酢酸菌によってD-ソルビトールからD-ソルボースに変換してアスコルビン酸を合成した例[12]であると言われている。その後，ステロイドの水酸化[13]，抗生物質の側鎖の合成に利用された例[14]等が見られるが，日本で実用化されたものとして，1970年代に田辺製薬の研究グループによって固定化アミノアシラーゼによるL-アミノ酸生産，そして，京大・カネカによるD-アミノ酸生産，京大・日東化学によるアクリルアミド生産，京大・カネカによる各種キラル化合物の生産等がある[15]。

有機合成反応における酵素触媒の反応種は多岐に亘っている。基本的に反応として酵素は1. Oxidoreductase, 2. Transferases, 3. Hydrolase, 4. Lyases, 5. Isomerases, 6. Ligasesの6つに分類されており，ExPASy WWW serverには4150種もの酵素が登録[16,17]されている。また，微生物の酵素種も多種多様であり，これら物質生産への利用には多くの報告や成書[18]があるので参考にしてほしい。以前は，酵素反応を物質生産に用いる場合に，手近に入手しやすいパン酵母による不斉還元反応やリパーゼによる加水分解反応，エステル化反応等に限定されてきたが，最

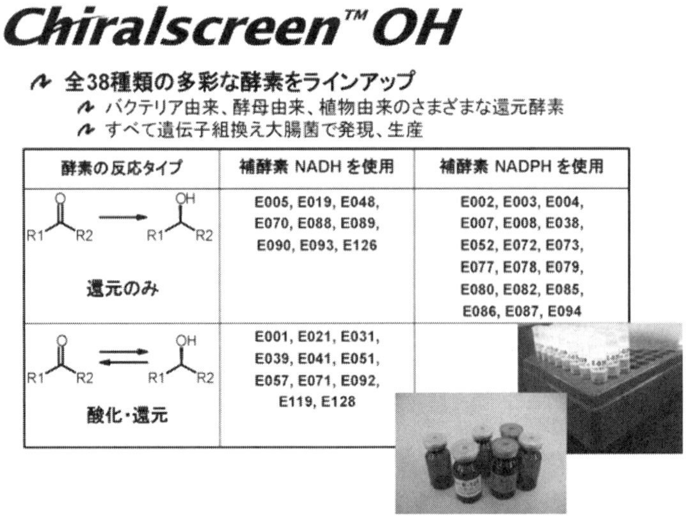

グリーンバイオケミストリーの最前線

Chiralscreen™ OH

- 全38種類の多彩な酵素をラインアップ
  - バクテリア由来、酵母由来、植物由来のさまざまな還元酵素
- すべて遺伝子組換え大腸菌で発現、生産

酵素の反応タイプ	補酵素 NADH を使用	補酵素 NADPH を使用
還元のみ (R1R2C=O → R1R2CHOH)	E005, E019, E048, E070, E088, E089, E090, E093, E126	E002, E003, E004, E007, E008, E038, E052, E072, E073, E077, E078, E079, E080, E082, E085, E086, E087, E094
酸化・還元 (R1R2C=O ⇌ R1R2CHOH)	E001, E021, E031, E039, E041, E051, E057, E071, E092, E119, E128	

図2 試薬としての生体触媒

近，酵素を生体触媒として有機合成に利用出来る機会を増やすために，商業的に試薬として供給[19]されている．図2に示したように，様々な酸化還元反応や不斉アミノ化反応の生体触媒が販売されており，今後，手軽に有機合成反応に利用することが出来て，生体触媒の利用拡大に貢献して行くと思われる．

4 新しい反応場

原始より生物は水とともに生きて，水溶媒の中で酵素反応は行われてきたと言える．しかしながら，物質生産という観点から水溶媒の反応場では不都合なことが多い．例えば，水溶媒に溶けない原料は非常に反応速度が遅くなったり，反応しないケースも多い．また，生成物を水中から取り出すには，水を蒸発させたり，何らかの方法で水から抽出したりしなければならないので，その工程には大きなエネルギーが必要である．また，反応後の汚染された水は環境負荷を高め，それを浄化することにも更に大きなエネルギーやコストがかかる．これらの不具合を解消する有力な手段として，生体触媒を水溶媒でない反応場で反応を行わせて，物を生産する方法がグリーンバイオケミストリーとして検討[20]されている．

水を溶媒に使用しない反応場として有機溶媒，超臨界流体，イオン液体等の反応場[21]がある．超臨界流体の反応場を用いた例として，反応後の生成物の分離が容易になるという利点から超臨界炭酸ガスが用いられている[22]．超臨界炭酸ガス中でリパーゼによるラセミ体の1-フェニルエタノールのアセチル化による光学分割[23]，不斉還元反応によるS-1-フェニルエタノール生成[24]

第4章　グリーンバイオケミストリーにおける生体触媒の展望

等が報告されている。また，水溶媒，有機溶媒の次に第三の溶媒として近年，注目を浴びているイオン液体は塩であるために蒸気圧がほとんどなく，有機物であるが難燃性であり，揮発して大気に拡散する恐れがないという利点がある。イオン液体中での酵素反応はリパーゼ触媒アシル化[25]等があり，イオン液体でコーティングしたリパーゼPSがジイソプロピルエーテル中のアシル化反応で反応が加速されること[26]がわかっている。その他，イオン液体中での酵素反応に関しては中島らの総説[27]によって詳細に説明されている。ここでは非水溶媒反応場として有機溶媒に絞って話を進めたい。初めて酵素が有機溶媒中で働くことをKlivanovが実証[28]してみせた。それ以降，有機溶媒中で酵素によって物質生産することが，加水分解酵素であるリパーゼによるアシル化やプロテアーゼによるアスパルテーム合成等によって実施された。リパーゼを用いた酵素反応による物質生産は多数，報告[29]されている。また，最近，荻野らは有機溶媒耐性リパーゼ，プロテアーゼを有する有機溶媒耐性微生物 *Pseudomonas aeruginosa* を分離して，それらの酵素を用いた物質生産を検討した。有機溶媒耐性プロテアーゼの変異酵素がアスパルテーム前駆体合成酵素としてサーモライシンより優れていること[30]を示した。また，有機溶媒耐性の不斉還元酵素を大腸菌で高発現させてポリエチレンイミンとグルタルアルデヒドで固定化して2-プロパノール中で500時間以上，反応させた例[31]も報告されている。

微生物の有機溶媒耐性に関しては，Inoueらによってトルエン耐性の *Pseudomonas* で初めて報告[32]されて以降，数多くの報告があるが，ほとんどが，微生物が有機溶媒によって生育が阻害されないことを有機溶媒耐性と定義づけており，ベンゼン，トルエン，キシレンに耐性な微生物が報告[33]されている。有機溶媒の毒性は，その疎水性と関連付けられていて，水とオクタノールへの分配係数の逆数であるLogPowが指数として用いられている。ベンゼンは2.0，トルエンは2.5であり，一般の微生物はその辺りの数値以下の有機溶媒に強く阻害され，有機溶媒耐性菌は耐性を持っている。

また，有機溶媒耐性機構に関して膜の組成の構成変化，有機溶媒等の毒性物質の排出ポンプ，そして，その分子生物学的な研究[34]が行われている。有機溶媒耐性遺伝子の探索も行われ，*pur*R等の溶媒耐性に関与している遺伝子が見出された[35]。

一方，著者らは有機溶媒中で生育できる，生育できないという評価ではなく，有機溶媒中で有機合成反応に利用出来るという観点から宿主細胞となる微生物のスクリーニングを行った。生体触媒として利用するためには，有機溶媒中における細胞構造の維持が最も重要な機能と考え，比較的毒性の強いペンタノールに微生物の細胞を曝した場合において，細胞構造の維持の評価をその細胞懸濁液の濁度変化で行った。細菌，酵母等の微生物200属709種1477株を評価したところ，その中で1183株は溶菌して濁度が減少するのに対して294株は濁度の変化がほとんどないことがわかった。同様に，更に毒性の高いオクタノール，ノナノールによって濁度変化のない微

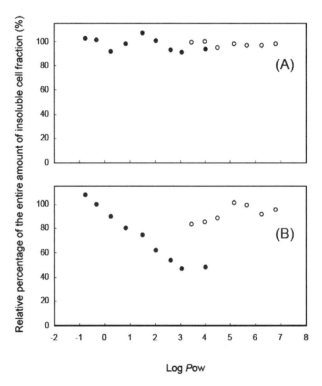

図3 DC2201と大腸菌の各種有機溶媒に晒した場合の濁度変化（A：DC2201，B：大腸菌）

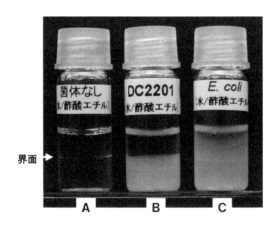

図4 酢酸エチル／水 50％溶液に晒した場合の菌体の状態（A：菌体なし，B：DC2201，C：大腸菌）

生物を絞り込み，最終的に *Micrococcus luteus* DC2201を選択[36]した。筆者らは，図3に示したように，−0.8〜7までの幅広い範囲のLogP_{ow}値を示す28種類のアルカン，アルコール，ケトン，エステル類の有機溶媒に晒した場合においても，比較対照として用いた大腸菌が濁度の大き

第4章　グリーンバイオケミストリーにおける生体触媒の展望

な変化，減少があるのに対して，DC2201はほとんど濁度の変化がなく，細胞構造に変化がないことを確認[37]した。例えば，酢酸エチルに晒すと，図4に示した写真のように大腸菌は溶菌して水と酢酸エチルの界面に不溶物が生じるのに対して，DC2201はほとんど溶菌せずにきれいな界面を示し，大きく挙動が異なる。この菌は有機溶媒反応場で利用できる生体触媒の宿主細胞として有望である。

5　おわりに

水溶媒以外の反応場を用いることによって，従来，使用出来なかった疎水性の原料を利用出来るようになるだろう。例えば，イオン液体の反応場を用いることで，バイオマスであるセルロースが溶解し，それから生体触媒によって様々な物質生産するプロセスも可能になるし，水溶媒反応場によって制限されていた生体触媒によって生産できる化学品の数は飛躍的に増加すると思われる。そういう利点から，今後，非水溶媒反応場を用いた非水系バイオプロセスの研究開発の事例はますます増えて行くものと予想される。また，その技術はブタノール等のソルベント発酵にも応用出来，阻害するソルベント生産物を非水溶媒で抽出しながら反応することによって，その生産性を上げることも可能になるだろう。細胞機能と酵素機能を有効にアセンブルした生体触媒と，有機溶媒やイオン液体のような非水溶媒反応場を組み合わせることによって，生体触媒によるグリーンバイオケミストリーにおける化学品生産，物質生産の可能性が無限に広がって行くであろうと期待される。

文　献

1) D. T. Jones *et al. Microbiol. Rev.*, **50**, 484 (1986)
2) 松山彰収ら，バイオサイエンスとインダストリー，**1**, 62 (2003)
3) Mizoguchi H. *et al., Biotechnol. Appl. Biochem.*, **46** (3), 157 (2007)
4) C. E. Nakamura *et al., Current Opinion in Biotechnology*, **14**, 454 (2003)
5) 安戸饒，バイオサイエンスとインダストリー，**47**, 840 (1989)
6) H. Shigechi *et al., Appl. Environ. Microbiol.*, **70**, 5037 (2004)
7) Y. Fujita *et al., Appl. Environ. Microbiol.*, **70**, 1207 (2004)
8) S. Katahira *et al., Appl. Environ. Microbiol.*, **70**, 5407 (2004)
9) 大野弘幸，*Techno Innovation*, **18**, 50 (2008)
10) N. Kamiya *et al., Biotechnol. Lett.*, **30**, 1037 (2008)

11) Neuberg et al., *Biochem. Z.*, **115**, 282 (1921)
12) Reichstein, T. et al., *Helv. Chim. Acta*, **17**, 311 (1934)
13) Peterson, D. H. et al., *J. Am. Chem. Soc.*, **74**, 5933 (1952)
14) Handbook of Enzyme Biotechnology, p493, Ellis Harwood, London (1995)
15) J. Ogawa et al., *Trends Biotechnol.*, **17**, 13 (1999)
16) Webb, Edwin C., ENZYME (Enzyme nomenclature database), San Diego: Published for the International Union of Biochemistry and Molecular Biology by Academic Press (1992)
17) ExPASy. http://www.expasy.org/enzyme/
18) A. Liese et al, Industrial Biotransformations, WILEY-VCE Verlag GmbH, Germany (2000)
19) http://www.daicelchiral.com/jp/contents/stage/research/chralscreen/
20) 太田博道,生体触媒を使う有機合成,講談社サイエンティフィック (2003)
21) G.Carrea et al., Organic Synthesis with Enzymes in Non-Aqueous Media, WILEY-VCH Verlag GmbH&Co.KgaA (2008)
22) 松田知子,*BIO INDUSTRY*, **26**, 4 (2009)
23) T. Matsuda et al., *Chem. Commun.*, 2286 (2004)
24) T. Matsuda et al., *Chem. Commun.*, 1367 (2000)
25) 伊藤敏幸,有機合成化学協会誌, **67**, 143 (2009)
26) T. Itoh et al., *Chem. Eur. J.*, **12**, 9228 (2006)
27) 中島一紀ら,*BIO INDUSTRY*, **25**, 7 (2008)
28) A. M. Kilibanov, *CHEMTECH*, **16**, 354 (1986)
29) Ramesh N. Patel, Biocatalysis in the Pharmaceutical and Biotechnology Industries, CRC Press, USA (2006)
30) 荻野博康,*BIO INDUSTRY*, **25**, 7 (2008)
31) N. Itho et al., *Appl. Microbiol. Biotechnol.*, **75**, 1249 (2007)
32) Inoue, A. et al., *Nature*, **338**, 264 (1989)
33) Sardessai, Yogita N. et al., *Biotechnology Progress*, **20** (30), 655 (2004)
34) 青野力三ら,蛋白質核酸酵素, **42** (15), 2532 (1997)
35) Shimizu, K. et al., *J. Biosci. Bioeng*, **991**, 72 (2005)
36) K. Fujita et al., *J. Appl. Microbiol.* **97**, 57 (2004)
37) K. Fujita et al., *Enzyme and Microbial Technology.*, **39** (3), 511 (2006)

第5章　グリーンバイオケミストリーの企業動向

シーエムシー出版編集部

　2008年，2009年に公表された情報を元にグリーンバイオケミストリーの事業動向および開発状況をまとめた。

【2008年】
□帝人

　帝人（新事業開発グループ）は，これまで世の中に存在しなかった，耐熱性，透明性に優れた植物由来の非晶性プラスチックを開発した。

　このプラスチックは，エンジニアリングプラスチックの中でも成長が著しいポリカーボネート樹脂と特徴・性能が類似しているいわば「バイオポリカーボネート」である。

　植物性プラスチックは，原料の植物を育成する過程でCO_2を吸収し，地球温暖化の抑制に貢献する"カーボンニュートラル"な素材として注目されている。主なものとしてポリ乳酸などがすでに実用化されているが，その耐熱性は50～60℃の熱で変形してしまうため，展開用途が限定されていた。

　これに対して，このたび開発したバイオポリカーボネートは，約140℃の高温まで耐えることができ，また，力を加えても変形しにくく，さらに非晶性であることから光の透過率が85％と高いため，CDやDVDなどの光学用途をはじめとする透明性を求められる用途にも適しており，バイオ由来のポリカーボネートとして期待されている。

□帝人

　トヨタ自動車からポリ乳酸（PLA）の生産実証プラントを譲り受け，供給能力を拡大することを決めた。トヨタ自動車・広瀬工場（愛知県）から帝人・松山事業所（愛媛県）への設備移転を進め，2009年9月に稼働した。生産能力は約5倍の年1,000トン以上に拡大したとみられる。バイオフロントとしてすでにカーシートやボタンなどで製品化のメドがたっていたが，既存設備を譲り受けることで効率的に供給力を拡大し開発期間を短縮した。

グリーンバイオケミストリーの最前線

□東大・帝人などの産学共同体

　東京大学を代表とする4大学と帝人，三菱商事など4企業は11日，産学連携で二酸化炭素（CO_2）を利用した高機能脂肪族ポリカーボネート樹脂の開発を開始すると発表した。

　脂肪族ポリカーボネート樹脂は，CO_2 が重量の50％を占めることから，化石資源の省資源化が可能となり，省エネルギー化につながると期待される。また，樹脂組成や物性を制御することにより，多くの既存樹脂の代替が可能となり，生分解性やバイオマス原料利用などにも対応することができる。研究期間は2年半で，研究費総額は4億6000万円。研究成果をもとに参加企業が事業化を進め，包装用途や接着剤，フィルム，バインダーなどでの製品展開を進める予定。

□キリンホールディングス

　キリンホールディングスのフロンティア技術研究所は，グルコースからバイオプラの原料になるL-乳酸を高効率で生産する酵母菌「KY2199株」を開発した。同酵母菌は遺伝子組み換え技術で，乳酸に変換する機能のある遺伝子を宿主酵母に導入した。酵母による乳酸生産技術に強みのあるトヨタ自動車が協力している。開発した酵母菌は，キャンディダ・ボイディニ酵母を宿主に，乳酸脱水素酵母の産生に関するLDH遺伝子を導入。同遺伝子は，グルコースを代謝するプロセスで生成されるピルビン酸を脱水素して乳酸に変換する働きがある酵素を産生する。

□三菱化学

　三菱化学は，開発を進めている新バイオポリマー「バイオポリカーボネート」について，黒崎事業所（北九州市）の溶融法ポリカーボネート設備を転用して事業化する方向で検討を進める。

　同じ溶融法プロセスを活用できることから，安価な投資で商業生産が可能となる。今期中にもパイロット設備を建設し（年産300トン），実証試験を経て設備改造を行っていきたい方針。「バイオポリカーボネート」はポリカーボネート結合を持つイソソルバイドで，三菱化学が独自技術を活用して事業化を目指している。光学特性に優れており液晶ディスプレイの偏光フィルム向けなどでの実用化が目標。

　また先行して開発を進めている脂肪族ポリエステル樹脂（ポリブチレンサクシネート「GSPla」）でも市場展開を加速させている。2008年夏に能力を年産3,000トンに倍増している。

□ピューラック・ジャパン

　ピューラック・ジャパンは，タイからの発酵乳酸の輸入を本格化する。世界最大の発酵乳酸のメーカーであるピューラック（オランダ）が，2008年に入ってタイ工場で商業生産を開始しているもので，今後，逐次タイ製品に切り替えていく。計画では2008年度は1,500トン，2009年

第5章 グリーンバイオケミストリーの企業動向

度は3,000トンの輸入を予定している。タイ工場は年産10万トンで世界最大規模。立地はバンコクから南東へおよそ160kmのラヨンのマプタプット工業団地にある。発酵乳酸の日本での用途は食品，医薬品，化粧品，化学工業向けなどだが，同社では今後，特にバイオプラスチック向けのポリ乳酸，バイオソルベント向けの乳酸エチルに力を入れる方針。

□北海道大学／トヨタ自動車

　北海道大学田口精一教授らは，トヨタ自動車，豊田中央研究所と共同で微生物を用いてワンステップでポリ乳酸を合成する画期的な技術の開発に世界で初めて成功した。大腸菌に組み込んだ乳酸重合酵素を用いて，バイオマスから一段で合成する。今回開発した手法はこれまで困難だった光学異性体を選択的に合成可能であるなど多くの特徴を有している。
　この成果は，米科学アカデミー紀要の電子版に掲載された。

□テレス

　（米）テレスは，微生物を使った生分解性バイオプラスチックの用途開発が軌道に乗ってきた。「ミレル」ブランドで展開するポリヒドロキシアルカン酸（PHA）で，2007年デパートのギフトカードとして実用化されたのに続き，2008年はごみ袋，使い捨て実験器具への採用も決めた。2009年第二・四半期に年5万トン規模の商業プラントを稼働させる計画を明らかにしており，将来的には日本での実用化も期待される。

□ネイチャーワークス

　（米）ネイチャーワークスLLCは，ポリ乳酸（PLA）の生産を拡大する。ネブラスカ州にある製造プラントの改修工事を実施し，2009年5月をメドに生産能力を公称年14万トンに倍増する。植物由来のポリ乳酸は包装資材や繊維用途を中心に需要が急増しており，2011～12年にはフル稼働体制とする方針。新規プラント建設の事業化調査も併せて進めており，欧州，アジアなど米国以外での立地を視野に入れながら2012年以降の稼働を目指していく。世界最大のPLAメーカーである同社の増産計画が明確になったことで，今後日本でのPLA製品の用途開発が加速しそうである。

□帝人

　帝人は，次期中期経営計画内に高耐熱ポリ乳酸（PLA）の本格商業化を開始する。唐澤佳長代表取締役副社長・CMOは記者会見で，「今後3年間で高耐熱PLAの生産量を万トン規模に引き上げる」考えであることを明らかにした。高耐熱バイオプラスチック「バイオフロント」は，

共同開発したマツダのカーシートに採用されるなど広がりを見せつつある。2008年夏には，トヨタ自動車から年産能力1,000トン規模のPLAプラントを譲り受けるなど，量産体制の構築を進めている。2009年度からスタートする新中期経営計画内にはPLAの生産能力を万トンレベルに引き上げるとともに，非可食資源の活用も検討して行く。

2009年には耐加水分解性に優れた（従来のPLAの10倍以上）グレードも開発している。

□チッソ

福井県立大学の濱野吉十講師の研究グループと同種類のアミノ酸だけが連結するホモポリアミノ酸の合成酵素「PLS」を世界で初めて発見した。

酵素の改良，応用研究を進め，新規の機能性ポリアミノ酸の創製，ポリアミド系バイオプラの直接重合による工業化を目指す。これは米国の科学雑誌「ネイチャーケミカルバイオロジー」のオンライン版に掲載されている。

□旭化成せんい

北陸先端科学技術大学院大学の金子達也准教授と旭化成せんいは，植物由来で耐熱温度が300℃を超える生分解性を有した高分子材料の共同開発に取り組む。

植物由来のポリフェノール類を重縮合することによって得られる芳香族系植物樹脂を高温高圧処理することによって実現。高温特性が要求される自動車エンジン周りの燃料ポンプインペラやインテークマニフォールドなどへの応用を目指した加工技術の開発を共同で行なう。

□東レ

東レは，ポリ乳酸（PLA）フィルム・シートの用途開拓を加速する。耐熱性，柔軟性，ヒートシール性を高めた特殊グレード3品目を開発，サンプルワークを開始した。耐熱グレードは透明性を維持しつつ耐熱性を90℃まで高めたもので，独自のナノアロイ技術を駆使し製品化した。各種パッケージ材料や搬送用トレー用途での採用を見込んでいる。バイオマス素材であるPLA製品の需要が高まるなか，同社ではこれら特殊グレードを積極投入しながら新規用途を開拓，現行設備の早期フル稼働につなげていく。

□リコー／帝人

リコーと帝人グループは，デジタル複合機向けに高い植物度と高耐熱性を併せ持つ植物由来プラスチック部品を共同開発した。帝人が開発した高耐熱ポリ乳酸（PLA）「バイオフロント」をベースとしたもので，75％以上の植物度を持ちながら200℃（荷重たわみ温度）の耐熱性を発揮

第5章 グリーンバイオケミストリーの企業動向

する。UL940V-2相当の難燃性も付与した。両社は今後，同技術をベースに強度や成形加工性，難燃性などの向上を図り，実製品への搭載を目指す。

□帝人

独自に「ステレオコンプレックス型（SC-PLA）PLA樹脂＝バイオフロント繊維」を開発，用途開拓中。2008年度上期に200トン／年設備を設けている。2010年には年産数千トンを目指している。

＊高純度L乳酸とD乳酸を原料にするが，原料乳酸は武蔵野化学研究所と共同開発した。
＊マツダと自動車用シートを開発している。
＊豊橋技術科学大学と共同で2003年からPLAのケミカルリサイクル技術の研究を行なっている。

□クレハ

クレハは，ポリグリコール酸樹脂（PGA）の用途開発を急ぐ。高いバリア性を利用した炭酸飲料用ボトル向け以外にも，医療，電子，エネルギーなど広範な領域に向けアプリケーション開発を進めており，需要産業の動向の影響はあるものの，現在米国で建設中の第1号プラントが稼動する2010年にあわせ，複数の事業化を図りたい考え。同社では，2012年度までの中期経営計画を始動，そのなかでPGAの用途拡大を研究開発における最重要テーマに位置づけている。PGAは高ガスバリア性，易加水分解性，高強度などの特徴を併せ持つポリエステル樹脂である。

PGA（ポリグリコール酸）はポリ乳酸系ポリマーに比べて剛性がさらに高い樹脂である。現在，その用途は「手術用縫合糸」中心であるが，その量は小さいものと見られる。

2009年からは伊藤忠商事が用途開拓をサポートしていく。

PGAの製造はグリコール酸を環状二量化しグリコリド（1,4-ジオキシ2-5-ジオン）としこれを開環重合して得られる（少量の触媒，約120～250℃に加熱。塊状重合か溶液重合が好ましい）。

今のところグリコール酸の一段反応での合成は達成できていないようだ（分子量が上らないこと，反応中間体として1,3-ジオキソラン-4-オンや少量のジグリコール酸無水物が単離するなど問題点が多いと言われる）。ポリ乳酸ポリマーと異なり直接重合はまだ困難とされている。

日本触媒は，グリコール酸メチルをグリコール酸オリゴマー（分子量3,000～20,000）とし，これから高分子量のPGAを製造する特許を出願している（特開2004-307726）。

□花王

花王は，独自の結晶化促進剤などの添加剤により石油系樹脂と遜色のない改質ポリ乳酸樹脂

「ECOLA（エコラ）」を開発したと発表した。従来のポリ乳酸（PLA）は耐熱性のほか，硬い，割れやすい，成形時間がかかるといった課題があったが，独自の結晶制御技術や軟質化技術を駆使し，耐熱性・耐衝撃性，結晶化速度などに優れた改質 PLA の実用化に成功したもの。新製品は押出成形による透明軟質シート製品や射出成形による多様なプラスチック製品に利用できる。同社では押出成形用，射出成形用の 2 タイプの「エコラ」を製品化し，ユーザーへの紹介をはじめた。

【2009 年】
□カネカ

カネカは，生分解性ポリマーの PHBH（3-ヒドロキシ酪酸と 3-ヒドロキシヘキサン酸共重合ポリエステル）の実証プラント建設に向けた検討を開始した。国内に年産 1,000 トン規模の設備を 2009 年度にも稼動させる。PHBH はポリ乳酸（PLA）系樹脂と比べて耐熱性，耐久性，耐衝撃性などに優れることから，幅広い分野での利用が見込まれており，実証プラントを通じ商業ベースでの製造コストなどを検証することで用途開拓を具体化する。

□帝人

木質バイオマスから得られるバニリンから PPS 樹脂に近い機械的特性を持つ新規バイオポリマーを開発した。

□日立プラントテクノロジー

中国の医療衛生用品メーカーの河南飄安集団にポリ乳酸製造プロセスライセンス供与し重合機など主要機器を受注した。同社が海外のポリ乳酸設備を受注するのは初めて。プラントは 2011 年に本格稼動する予定となっている（年産 1 万トン能力）。

今後，アジア市場での受注獲得を加速していく予定。同社は世界トップ水準の高粘度液処理技術をアピールし，本格普及を進めて行く。

□日清紡

日清紡は 2009 年度，高機能添加剤「カルボジライト」の売上高 20％増を目指す。塗料架橋剤などが主力だが，化学反応性や密着性の良さに加え，低毒性で安全性に優れる点をアピールし世界で新市場を取り込んで行く。ポリ乳酸（PLA）改質剤としての展開も強化する。

加水分解による性能劣化を抑えられ，耐黄変性も付与できる。自動車や OA・電気機器への PLA 素材の採用も活発化しているため需要拡大が期待できる。

第5章　グリーンバイオケミストリーの企業動向

□富士通／出光興産

　富士通は，出光興産と共同で新規バイオプラスチックを開発した。ポリ乳酸（PLA）とシリコーン共重合ポリカーボネートのポリマーアロイ化により，耐熱性を大幅に高めたもので，2009年春モデルのノートパソコン筐体の一部に採用した。また富士通ではヒマシ油由来プラスチックの実用化に成功しているほか，非可食材料の活用なども検討しており，バイオプラスチックの搭載機種を順次拡大させながら，環境負荷の低減，石油資源の使用量削減を目指していく。

□リコー

　リコーは，複写機・複合機部品へのバイオプラスチックの採用を拡大する。花王と共同開発した植物度約70％の新規バイオプラスチックを最新デジタルカラー複合機のマニュアルポケットに採用したのに続き，東レと共同開発した，ポリ乳酸とメチルメタクリレートをポリマーアロイ化し耐衝撃性を高めた透明部品を2月に発売する複合機に搭載する。また植物由来トナーの開発にも着手しており，部品以外にも環境負荷低減素材を積極採用していくことで，化石資源エネルギーやCO_2排出の削減につなげて行く。

□デンソー

　デンソーは，デュポンと共同開発した植物由来樹脂（Nylon610）によるラジエータタンクを開発した。開発した樹脂は，ヒマシ油から抽出した有機化合物を主原料に使用しており，最高で110℃の高い耐熱性やラジエータタンクの圧力上昇に耐える耐久性を備える。まず国内外で発売される一部の車両向けに2009年春から愛知県の池田工場で量産を開始し，順次採用車種を拡大していく考え。今回開発したバイオマスプラスチックは，ヒマシ油から生産するセバシン酸に，石油を原料とするヘキサメチレンジアミンを加えて化学反応させ，ガラス繊維などの添加物を加えたもの。構造は中間層を植物由来樹脂（Nylon610），上下をNylon66とNylon610のブレンド樹脂で成形した3層構造となっている。

□トヨタ自動車

　トヨタ自動車は，1月11日から米国デトロイトで開催されている2009年北米国際自動車ショーで，ハイブリッドの新型車2車種（うち1車種はプリウス）と小型電気自動車1車種の環境対応車を出展した。これらの新モデルでは内装材の原材料として植物由来のエコプラスチックの採用を大幅に拡大させたことでも注目を集めそうだ。新型プリウスではフロントシートクッションのフォーム部分にヒマシ油由来のポリオールを原料としたウレタンフォームを採用したほか，スカッフプレートではポリ乳酸とポリプロピレンを均一に混合した材料を採用している。

グリーンバイオケミストリーの最前線

□ネイチャーワークス

　(米)ネイチャーワークスLLCは，ポリ乳酸（PLA）「Ingeo（インジィオ）」の新グレードを日本市場に投入する。新グレードは，電機製品や自動車部品をはじめとする各種耐久財の射出成形性向上を目的に開発されたもの。流動性や寸法安定性に優れるのが特徴。成形サイクルタイムの短縮につながるという特徴を生かし，一般用ポリスチレン（GPPS）や耐衝撃性ポリスチレン（HIPS），ABS樹脂といったポリスチレンの代替用途を中心に採用を働きかけていく。

　(蘭)アバンティウム社と次世代バイオポリマー「フラニクス」（フラン環〈セルロース由来〉を有するバイオベース不飽和ポリエステル樹脂）などの市場導入に向けた開発パートナーシップを結んだ。

□アルケマ

　(仏)アルケマは，植物由来エンジニアリングプラスチックの新製品を日本市場に相次ぎ投入する。2008年に発売した植物由来のアミノ11を原料とした熱可塑性エラストマー（Pebax Rnew）に続き，透明度の高い非晶性ポリアミドで植物由来グレードの「リルサン クリア Rnew」（商品名），100%植物由来グレードのホットメルト剤「PlatamidHX2656 Rnew」（同）の2品を，早ければ2009年6月にも上市する計画。こうした新製品の投入とともに，エレクトロニクス分野を中心とした新規需要の開拓で，植物由来合成樹脂製品の日本市場での売上を2010年までに現状の1.5倍に引き上げる。

　なおNylon11はソニーのデジタル一眼レフ"α"のボディキャップや新しいところでは富士通のPC部品にも共同開発によるグレードが採用されている。

□ピューラック

　スペインでPLA向け年産5,000トンのラクチド設備を完成。世界最大の発酵乳酸メーカーの(蘭)ピューラックは，スペイン工場に工業用ラクチドの製造プラントを完成させた。すでにバイオプラスチックメーカー向けにサンプル供給を開始している。生産能力は年産5,000トン。従来ラクチドは吸湿性が高く輸送が困難だったが，同社独自の技術でフレーク状にすることにより問題をクリア。これによりバイオプラメーカーは，ラクチドを製造する技術的ハードルと設備投資を低減でき，ポリ乳酸（PLA）参入が容易となった。またコポリマーなど特徴ある新製品の開発が可能となる。

　これを機に日本市場の開拓を加速させる。すでに東洋紡と戦略的提携を強化し同社ポリ乳酸向けに供給を開始している。

第5章　グリーンバイオケミストリーの企業動向

□BASF

　（独）BASFは，国内エレクトロニクス市場においてバイオ原料を用いたポリアミド樹脂の用途開拓を推進する。新たに市場投入したのは，精密部品向けでは国内初のラインアップとなるポリアミド610樹脂「Ultramid Balance」。植物由来成分であるセバシン酸を63％使用し，既存のポリアミド樹脂に比べて吸水性が低く寸法安定性に優れるのが特徴。すでにドイツではバッテリーチャージャーのハウジングで採用実績があり，国内でもサンプル出荷を開始した。同社では環境配慮製品として拡販していく。

　子会社のElastogran社は，独自の方法でヒマシ油から新しいポリオール（Lupranol Balance50）の生産に成功している。BASF社はヒマシ油からポリエーテルポリオールを製造する特殊な製法特許を有している。

□デュポン

　（米）デュポンの1,3-Propanediol（PDO）はトウモロコシの糖質から自社独自特許による発酵法で量産されている。これをベースにポリマー，化成品事業を広く展開している。
〈ポリマー〉
・BiomaxPTT：PTT繊維である。トヨタ自動車の新型プリウス，新型HVE車「SAI」純正（オプション）フロアマット，天井，サンバイザー，ピラーガーニッシュなどの表皮に採用され話題となった。
・SoronaEP：融点227℃のPTT3015G（GF15％），3030G（GF30％）の2種類が上市されている。融点はPBT樹脂の228℃に近い。しかし機械的強度や寸法安定性，表面特性などに優れている。PLAより強度が高く，PLAのように補強用樹脂のブレンドを要しない。応用面では高密度コネクタなどに開発中といわれる。
・HytrelRS：PDOをベースとするPTMEG（Cerenol）から重合された成分をソフトセグメントにし，従来の結晶性ポリエステルをハードセグメントとした熱可塑性ポリエステルエラストマーである。再生可能なバイオベース成分は20〜25％含まれていることになる。
・BiomaxRS1001：コンテナ，キャップ，メディアケースなどPP樹脂の代替を想定したポリマーである。
・SolarVP：通気性フィルムで，新鮮な魚介類など呼吸する食品などの包装用として使われる。
・Cernol：PDOから重合されるPTMEGである。エラストマー原料，ウレタン弾性繊維原料。
・Bio-PDO：パーソナルケア，不飽和ポリエステル・ウレタン・冷却液原料用
〈その他，生分解性ポリマー〉
・APEXA（ポリエチレン・テレフタレート・サクシネート）：芳香族環を有する生分解性ポリ

エステルである。

〈フィルム〉東セロが「二軸延伸生分解性フィルムパルグリーンBO」を上市。

食品包装，青果物包装，雑貨包装，書類包装，紙ラミネート（紙袋，紙器），窓付き封筒，粘着加工（テープ，ラベル），フィルムカップ等に用途がある。

〈繊維〉Columbia Japanのスポーツカジュアルウエアー，PHENIXのFUJISAN AIDエコシャツ洋服の青山のワイシャツ（Slow Tech），ゴールドウインのラテラのシャツ，FUJIXの縫い糸（KING BIO），池内タオルの風で織るタオル，クラボウの洗えるウールや綿との混毛素材（バイオネーチャー），シキボウのAPEXAの混毛素材（KAX）などに採用されている。

□デュポン，エボニック・デグサ

（米）デュポン，（独）エボニック・デグサがNPE2009でNylon1010を発表している。

Nylon1010は半結晶性Nylonである。物性的にはPA12やPA1212とPA6や66の間に位置するといわれ，ガソリン等に対する耐久性が高いので，非強化タイプは"燃料チューブ"に強化タイプは電子デバイスなどに使える。PA1010はヒマシ油から作られるセバシン酸を原料としている。

商品名はDupon（Zytel RS），Evonik Degussa（VESTAMID Terra）となっている。

□DSM

（蘭）DSMは，次世代新ポリマー，Nylon410「エコパックス（EcoPaxx）」を開発。同製品は長鎖ポリアミドが持つ低吸湿性と高融点（およそ250℃），高結晶化度などの特徴を有する。

低吸湿性で優れた耐化学性（例えば塩化カルシウムなどの塩害に強い）および耐加水分解性を有しているため，自動車，電気・電子といった要求特性の厳しい用途に適している。

原料は，ヒマシ油（キャスターオイル）由来の原料（セバシン酸）からなっている。

□ユニチカファイバー

Nylon11繊維を開発。京都宇治工場で紡糸し2009年から秋冬向けスポーツ用素材として販売。

Nylon6，66系繊維に比べ，耐摩耗性，耐屈曲疲労性，寸法安定性が高く，植物原料由来のためカーボンニュートラル素材であり環境適合性が高い。

□三井化学

同社はサトウキビの加工時に出る「廃糖蜜」と呼ぶ副産物や，廃木材を大腸菌で分解して樹脂の原料をつくる。千葉県茂原市の工場で試験製造を始めた。

第5章　グリーンバイオケミストリーの企業動向

2010年秋から数百トン規模で，食品容器向けなどの生分解性樹脂原料を製造する。将来は20億～30億円を投じ，年産数万トン規模のプラントを建設する計画。

□三井化学

植物由来原料（ポリオール）を用いたポリウレタンフォームがトヨタ自動車の新型レクサスHS250hに採用された。植物由来ポリオールによる自動車用シートクッションへの利用はトヨタ自動車とトヨタ紡織との共同開発による。

植物由来ポリオールは「ヒマシ油」の成分（リシノレイ酸）を分子レベルでポリオールに近い構造へと変性させる技術が用いられている。なお関連する特許として特開2006-2145などが出願されている。

□日本触媒

同社はパームヤシからバイオディーゼル燃料を作る際に副産物として出るグリセリンを使用し，紙おむつ原料の「アクリル酸」を製造する。

2010年度に兵庫県姫路市の工場に約2億円を投じて試作設備を導入し，採算性を確かめたうえで，2012年度にも東南アジアに年産能力5万トン規模の工場を建設する計画。

□バイオテクノロジー（東京）

非トウモロコシ系バイオマスプラスチック「BTペレット」の普及促進に注力。BTペレットは，非食用の資源米などを原料としたもので，古古米の有効利用の一つとして注目されている。すでにゴミ袋，イベントバック等に採用されている。

□積水化成品

ビーズ法ポリ乳酸発泡体（EPLA）「バイオセルラー」を2010年度から事業化する。すでに2009年春にテスト成形加工機を導入，事業化準備を進めている。すでに加熱寸法安定性などが評価され，高炉用ヘルメットのインナー部材として採用，また工業部材，自動車向けを中心に用途が拡大している。当面，年産120トンで5倍の600トンまでの拡大も視野に入れている。

□東洋紡

水分散型ポリ乳酸をラインアップ。環境対応型接着・コーティング剤用途分野を拡大する。食品包装分野などをターゲットに早期実用化を図る。

グリーンバイオケミストリーの最前線

□日本ユピカ

バイオマス成分を利用した不飽和ポリエステル樹脂「BIOMUP（バイオマップ）」を開発しグレードの拡充（新たに4グレードを追加）を進めている

□日立製作所

木質バイオマスに含まれるリグニンを主原料に用いて，有機溶媒に溶けるエポキシ樹脂を開発。リグニンを添加することで，ガラス転移点が200℃以上の高耐熱性が得られる。3～5年後を目処にPCB（プリント配線基板）など電気絶縁用途への適用を目指す。

□東レ

非可食バイオマスからの「バイオナイロン」の試作に成功。東レが誇る世界トップレベルの水処理部分離膜技術とバイオ技術を融合し，セルロースから低コストで高品質の糖を得る革新的なセルロース糖化技術の確立を目指している。糖は発酵技術でアミノ酸（リジン）とし酵素法によりC_5ジアミン（1,5-ペンタンジアミン）に変換し，これと各種カルボン酸（シュウ酸〈C_2〉，アジピン酸〈C_6〉，セバシン酸〈C_{10}〉など）と縮合反応により「バイオナイロン」が製造できる。

カルボン酸の種類を選択・工夫することで200℃前後～300℃超の広範囲の耐熱性（融点）を有するナイロンを設計することが出来る。

これら「バイオナイロン」は，従来の（石油化学系）ポリアミドが有する物理特性，機械特性，耐久性を基本的に備えている事が確認されている。このため繊維，樹脂，フィルム用途での幅広い展開が期待されている。

開発中の膜利用発酵プロセス（化学プロセス並みの高効率）では，社外との技術連携も視野にいれた研究を推進して行く。

グリーンバイオケミストリーの最前線
《普及版》
(B1168)

2010年4月1日	初　版　第1刷発行
2016年6月8日	普及版　第1刷発行

監　修　　瀬戸山　亨，穴澤秀治　　　　　　Printed in Japan
発行者　　辻　賢司
発行所　　株式会社シーエムシー出版
　　　　　東京都千代田区神田錦町1-17-1
　　　　　電話 03(3293)7066
　　　　　大阪市中央区内平野町1-3-12
　　　　　電話 06(4794)8234
　　　　　http://www.cmcbooks.co.jp/

〔印刷　日本ハイコム株式会社〕　　© T. Setoyama, H. Anazawa, 2016

落丁・乱丁本はお取替えいたします。

本書の内容の一部あるいは全部を無断で複写(コピー)することは，法律で認められた場合を除き，著作者および出版社の権利の侵害になります。

ISBN978-4-7813-1110-4 C3052 ¥4600E